U0206783

国家重点研发计划资助项目"黄淮海地区地下水超采治理与保护关键技术及应用示范"（编号：2021YFC3200500）

国家自然科学基金青年科学基金项目"气候变化对华北平原地下水灌溉供水可靠性的影响及适应性管理研究"（编号：71603247）

国家自然科学基金面上项目"海河流域农村区域地下水超采综合治理措施的成效评估"（编号：71874007）

国家自然科学基金重大国际合作项目"提高区域食物—能源—水系统的可持续性：基于潜在的气候和发展情景下美国东南区域和中国华北平原的跨区域综合集成对比研究"（编号：41861124006）

现代农业经济管理学系列教材

变化环境下的
适应性灌溉管理

Adaptive Irrigation Management
under Changing Environment

张丽娟　姜雨婷　王金霞　孙天合　著

中国社会科学出版社

图书在版编目（CIP）数据

变化环境下的适应性灌溉管理/张丽娟等著．—北京：中国社会科学出版社，2022.5

现代农业经济管理学系列教材

ISBN 978-7-5227-0243-8

Ⅰ．①变…　Ⅱ．①张…　Ⅲ．①灌溉管理—高等学校—教材　Ⅳ．①S274.3

中国版本图书馆 CIP 数据核字（2022）第 089098 号

出 版 人	赵剑英
责任编辑	刘晓红
责任校对	周晓东
责任印制	戴　宽

出　　　版	中国社会科学出版社
社　　　址	北京鼓楼西大街甲 158 号
邮　　　编	100720
网　　　址	http：//www.csspw.cn
发 行 部	010-84083685
门 市 部	010-84029450
经　　　销	新华书店及其他书店

印　　　刷	北京君升印刷有限公司
装　　　订	廊坊市广阳区广增装订厂
版　　　次	2022 年 5 月第 1 版
印　　　次	2022 年 5 月第 1 次印刷

开　　　本	710×1000　1/16
印　　　张	22.5
插　　　页	2
字　　　数	336 千字
定　　　价	128.00 元

凡购买中国社会科学出版社图书，如有质量问题请与本社营销中心联系调换
电话：010-84083683

"现代农业经济管理学系列教材"序

实施乡村振兴战略，是党的十九大作出的重大决策部署，以"产业兴旺、生态宜居、乡风文明、治理有效、生活富裕"为总要求，以农业农村现代化为总目标。农业经济管理学科集经济学、管理学、农学、生态学、环境学等多学科特点，旨在为促进农业农村发展提供理论和政策依据，是实施乡村振兴战略的重要支撑学科之一。在新农科助力乡村振兴实现和新文科用中国理论、中国范式、中国自信讲好中国故事的背景下，为培养适宜中国农业农村发展的综合性人才，编制一套适应时代发展需要的现代农业经济管理学系列教材尤为必要。

农业经济管理学科注重理论与实际相结合，遵循从理论到实践，并在实践中不断完善理论的发展过程。在实施乡村振兴战略、实现农业农村现代化和全民共同富裕的过程中，有系列的伟大实践和理论创新，为教材编写提供了丰富而精彩的素材；同时也要求农业经济管理学科教研必须紧跟农业农村现代化进展，深挖中国农业农村改革和发展的"富矿"，讲好中国故事。唯有如此，才能编写出具有新时代中国特色的优秀教材。

中国农业政策研究中心（China Center for Agricultural Policy，简称CCAP）是北京大学现代农学院专门从事农业经济管理与政策研究的一个教研中心。自CCAP成立以来，经历了在中国农业科学院的创建发展期（1995—2000年）、在中国科学院的快速发展期（2000—2015年）和在北京大学的迈向新时期，已经具有近30年的丰富教研经验，并一直致力于农业经济和农村发展领域的研究和高端人才培养；其宗旨是根据其研究成果推动农业经济管理学科发展，为中国及发展中国家农业农村实现快速、包容和永续的发展做出重要的贡献。此次

CCAP 组织编纂的这套教材是践行科教并重和潜心育人的承诺，也是实现知识传承和广泽普惠的途径。教材内容涉及农业经济管理学科的诸多方面，包括农业科技经济、食物与农业经济、资源环境经济和农村发展经济等领域。这套丛书既是系列教材，也是学术专著，每本书都有一个共同特点：注重严谨的实证与政策研究，以宏微观数据的分析来解析现实世界的变化。

本系列丛书的编写和出版得到了中国社会科学出版社的大力支持，在此表示衷心感谢！丛书读者定位于从事农林经济管理教学和研究的高校老师和科研院所研究人员、相关专业的研究生，以及高年级本科生。我们衷心希望借助教材的出版，加强与国内外各领域专家学者的学术交流，为中国农业经济管理学科的教学和科研提供实用的教材和参考文献，助力乡村振兴和人才振兴。

北京大学中国农业政策研究中心名誉主任
北京大学新农村发展研究院院长

前　　言

　　粮食安全是关系到经济发展、社会稳定和国家自立的全局性重大战略问题。愈演愈烈的缺水问题严重威胁中国粮食安全。灌溉是保障中国粮食安全的重要手段，超过70%的粮食生产依赖灌溉。中国农田有效灌溉面积虽居世界首位，但超过60%的灌溉农田面临较为严峻的水资源压力，尤其是在高度依赖地下水灌溉的农业主产区，地下水抽取速度远快于补给速度，地下水面临枯竭的风险。因此，推进水资源全面节约、集约和高效利用对于保障粮食安全和农业可持续发展至关重要。

　　灌溉虽然是保障粮食安全的重要途径，但也面临不断变化的社会经济转型和气候变化等环境风险。改革开放以来，中国经历了快速的农村经济转型，最重要的标志之一就是农村劳动力的就业转型。农村劳动力就业转型的核心特征是非农化程度大幅提高，表现为农村劳动力非农就业比例持续增长。非农就业的迅速发展影响农业投入和产出，灌溉作为农业生产投入中的关键环节，不可避免地会受到相应影响。在这一农村经济转型背景下，如何提升适应性灌溉管理水平就显得尤为重要。

　　除了适应农村经济转型外，灌溉农业也面临如何提升适应气候变化能力的挑战。气候变化会增加极端天气气候事件的频率和强度，改变平均气候条件和变异程度。中国水资源系统和农业系统对气候变化表现得十分脆弱。气候变化不仅会加剧缺水问题，而且会加重农业生产的灾害损失，从而给农业生产者和粮食安全带来负面影响。对于资源禀赋差、用水竞争激烈、抵御冲击能力较脆弱的区域（如华北平原）来说，这种影响更加严重。基于未来气候变化情景，必须提高适应性灌溉管理水平，改变现有的水资源利用方式和管理措施，只有这样，才能更好应对气候风险的挑战。

在农村经济转型和气候变化背景下，中国政府改进适应性灌溉管理的努力从未停止过，旨在通过改善灌溉基础设施、促进节水技术采用、推行管理体制改革等一系列措施确保有限的灌溉水资源得到最高效的利用和合理配置。在这一过程中，农民作为农业生产的决策者和灌溉管理的田间实践者，在面对社会经济环境和气候条件变化的情况下，也一直在主动或被动地做出可能的适应性反应，以求降低社会经济转型和气候变化风险可能带来的潜在损失，从而筛选更有效的应对策略。

尽管适应性灌溉管理已经得到政府部门和学界的高度关注，但相关的研究成果还较少，尤其缺乏微观层面的深入定量分析。开展这一领域的研究对于提高国家粮食安全保障能力、促进水资源可持续利用意义重大。本书的研究目标就是在理论分析的基础上，运用现代计量经济学方法，定量分析农村劳动力非农就业对农户节水技术采用、灌溉用水及灌溉用水技术效率的影响，评估气候变化背景下华北平原地下水灌溉供给脆弱性，识别气候变化对华北平原地下水灌溉供给可靠性的影响，评价地下水适应性灌溉管理应对气候风险的成效。所用数据主要基于北京大学中国农业政策研究中心（CCAP）长期跟踪的中国水资源制度和管理调查，该调查时间跨度长达 16 年，调查对象包括社区领导、农户和灌溉管理者。本书分析还结合了一些二手资料，例如国家气象站点的长期观测数据。本书将研究视角放在灌溉用水的末端用户上，让农民参与灌溉管理并发挥其主体性作用是灌溉管理体制改革的方向。

本书的读者对象主要为水资源管理研究领域的科研人员、研究生和高年级本科生，也可作为相关研究领域的参考书目。

张丽娟　姜雨婷

王金霞　孙天合

2022 年 4 月 22 日

目　录

上篇　农村经济转型背景下的适应性灌溉管理

第一章　引言 ……………………………………………………………… 3

　　第一节　研究背景 ……………………………………………………… 3

　　第二节　问题的提出 …………………………………………………… 8

　　第三节　研究目标与内容 ……………………………………………… 8

　　第四节　数据说明及本篇结构 ………………………………………… 9

第二章　文献综述 ………………………………………………………… 16

　　第一节　农村经济转型背景下非农就业的变迁 …………………… 16

　　第二节　非农就业对节水灌溉决策影响的理论基础 ……………… 21

　　第三节　非农就业对节水技术采用及灌溉用水的影响 …………… 28

　　第四节　国内外研究述评 …………………………………………… 41

第三章　非农就业的现状及变化趋势 ………………………………… 42

　　第一节　中国非农就业政策背景 …………………………………… 42

　　第二节　非农就业总体趋势 ………………………………………… 43

　　第三节　农户非农就业演进与特征 ………………………………… 50

第四章　非农就业对节水技术采用的影响 …………………………… 59

　　第一节　描述性统计分析 …………………………………………… 59

第二节　非农就业对三大类型节水技术采用的影响 ………… 68

第三节　非农就业对七种细分类别节水技术采用的影响 …… 97

第五章　非农就业对灌溉用水的影响 ……………………… 119

　　第一节　描述性统计分析 ………………………………… 119

　　第二节　计量模型设定 …………………………………… 125

　　第三节　计量模型估计结果 ……………………………… 128

第六章　非农就业对灌溉用水技术效率的影响 …………… 149

　　第一节　灌溉用水技术效率测算 ………………………… 149

　　第二节　描述性统计分析 ………………………………… 158

　　第三节　计量模型设定 …………………………………… 161

　　第四节　计量模型估计结果 ……………………………… 164

第七章　非农就业对农户购买地下水灌溉服务的影响 …… 170

　　第一节　非农就业对农户购买地下水灌溉服务的
　　　　　　影响机理 ………………………………………… 170

　　第二节　描述性统计分析 ………………………………… 173

　　第三节　计量模型设定 …………………………………… 175

　　第四节　计量模型估计结果 ……………………………… 179

第八章　结论和政策建议 …………………………………… 185

　　第一节　主要结论 ………………………………………… 186

　　第二节　政策建议 ………………………………………… 188

下篇　气候变化背景下的适应性灌溉管理

第九章　引言 ………………………………………………… 195

　　第一节　研究背景 ………………………………………… 195

第二节 问题的提出 ……………………………… 198

第三节 研究目标和内容 ………………………… 200

第四节 数据说明及本篇结构 …………………… 201

第十章 文献综述 ………………………………… 204

第一节 水资源脆弱性评价 ……………………… 204

第二节 气候变化对水资源供给的影响 ………… 218

第三节 气候变化背景下水资源适应性管理及成效研究 …… 224

第四节 国内外研究述评 ………………………… 236

第十一章 气候变化、灌溉供给及管理变迁 …… 238

第一节 气候变化及特征 ………………………… 238

第二节 地下水灌溉供给变化及特征 …………… 242

第三节 地下水适应性灌溉管理的演变 ………… 248

第十二章 气候变化背景下地下水供给脆弱性评价 …… 253

第一节 地下水供给脆弱性的评价方法 ………… 253

第二节 构建地下水供给脆弱性的评价指标系统 …… 257

第三节 评价指标的标准化和权重确定 ………… 259

第四节 地下水供给脆弱性综合评价指数 ……… 264

第十三章 气候变化对地下水灌溉供给可靠性的影响 …… 267

第一节 气候变化对村地下水灌溉供给可靠性的影响 …… 267

第二节 气候变化对地块灌溉供给可靠性的影响 …… 274

第十四章 气候变化对村地下水水位变动的影响 …… 281

第一节 描述性统计分析 ………………………… 281

第二节 计量模型设定 …………………………… 283

第三节 计量模型估计结果 ……………………… 284

第十五章 应对气候变化地下水适应性灌溉管理的成效 ············ 289

第一节 描述性统计分析 ···················· 289

第二节 计量模型设定 ···················· 292

第三节 计量模型估计结果 ···················· 294

第十六章 结论和政策建议 ···················· 303

第一节 主要结论 ···················· 303

第二节 政策建议 ···················· 307

参考文献 ···················· 310

后 记 ···················· 348

上　篇
农村经济转型背景下的
适应性灌溉管理

第一章

引　言

第一节　研究背景

一　灌溉在农业生产中占据重要地位

农业在国民经济和社会发展中发挥着关键作用，灌溉则是保障粮食安全的重要手段。灌溉农业是中国最主要的农业形式，一直保持着稳定发展的趋势，促进了中国粮食产量的增长。《中国农村统计年鉴2017》数据显示，中国的有效灌溉面积已经达到6781.3万公顷，和20世纪80年代相比增长了48.8%。中国灌溉面积的年增长率现阶段超过世界平均水平的2.7%，处于高速增长时期（刘荣华，2017）。得益于灌溉面积的增加，中国粮食产量在过去的60年增长显著（Madramootoo and Fyles，2010）。灌溉对作物单产提高有重要作用，中国有效灌溉面积粮食单产比旱田平均每公顷多3750千克，灌溉产量一般是雨养产量的1—3倍（李海鸥，2017；王冠军等，2010）。

中国水土光热资源时空分布极不均衡，使农业生产高度依赖灌溉。中国人均耕地面积不到世界人均水平的30%，但是人均灌溉面积却达到世界平均水平，耕地灌溉率是世界平均水平的3倍（李代鑫，2009）。中国75%的粮食作物和90%的经济作物依靠灌溉土地生产（Yu et al.，2011）。在北方，作物用水占据了平原区超过70%和山麓区87%的地下水流量（Hua et al.，2010）。随着灌溉农业的发展，地表水已经不能满足灌溉需求，地下水逐渐成为灌溉的主要水源（Wang et al.，2009）。Grogan 等（2015）估算，如果不使用地下水灌溉，中国北方地区损失的作物产量将达到全国作物产量的 10%。

二 中国农业灌溉面临水资源短缺及灌溉用水技术效率低的挑战

农业部门作为中国最大的耗水部门，受中国水资源短缺问题的影响越来越严重。随着社会经济的发展，中国农业用水不断被其他部门挤占，占总用水量的比重从中华人民共和国成立初期的 97%，下降至 1978 年的 88%，直至 2017 年的 62.3%[①]。假设不超采地下水，中国农田灌溉缺水将会超过 200 亿立方米（王亚华，2009）。水资源分布不均，则进一步加剧了中国不同地区之间农业灌溉水资源短缺问题。中国北方地区用全国 22% 的水资源量和 60% 的耕地面积生产了 76% 的粮食；13 个粮食主产省份的耕地面积占全国的 64%，水资源总量却只占全国的 40%。在农业用水短缺态势更为严重的华北地区，该地区的可耕地面积占全国耕地面积的 40%，粮食产量占 50%，却仅拥有全国 8% 的水资源量（Tang，2014）。西北地区的农业生产面临长期干旱的威胁，干旱使西北内陆诸河流域面临严重的退化，流域水短缺问题不断加剧（王金霞，2008）。

中国农业灌溉不仅受水资源短缺的影响，而且存在严重的浪费，农业节水技术采用率低是灌溉用水技术效率低下的直观技术原因。中国农田灌溉水有效利用系数为 0.548，与发达国家 0.7—0.9 的平均水平尚有差距（刘昌明，2014；方诗标，2013），另有多名学者的研究发现，中国多地农业灌溉技术效率处在不超过 0.5 的低效状态（Cremades et al.，2015；Tang，2014；许朗，2010）。中国灌溉水资源在输水过程中的损失率高达 55%（Peng，2011），当前节水灌溉面积仅占有效灌溉面积的 46%，采用微灌等先进节水设施的灌溉面积更是低于 10%（顾涛等，2017）。

三 中国积极采取灌溉管理措施，提高灌溉技术效率，缓解用水压力

农业部门是中国最大的耗水部门，中国灌溉管理政策的一个核心

---

① 数据来源：《2017 年全国水利发展统计公报》。

就是减少灌溉用水量，提高灌溉用水技术效率。2012 年，国务院出台了《关于实行最严格水资源管理制度的意见》，确立灌溉用水技术效率控制红线，提出到 2030 年农田灌溉水有效利用系数提高到 0.6 以上的发展目标。为此，国家主要采取了三个方面的措施，包括灌溉管理制度改革、水价改革和水权制度构建以及推广农业节水技术。自 20 世纪 90 年代以来，改革灌溉管理制度成为中国水利部门的工作重点，农民用水者协会和个人承包管理逐渐取代了村层面传统的集体灌溉管理（Huang et al.，2010；Wang，2005）。农业水价改革和水权制度构建则基本实现了农业水价相关法规从无到有、从有到相对完善的发展历程（姜文来，2011），中国不断完善水价成本核算和水费计收管理办法，努力提高水费实收率，加强对水权交易过程的监控与协调作用。同时，中国积极推动节水技术采用，提出建立节水奖励机制，多渠道筹集精准补贴和节水奖励资金，"十三五"时期全国新增高效节水灌溉面积超过 1 亿亩。这一系列措施的目的，是改善灌溉管理部门运行效率，建立节水激励机制，调节农民灌溉用水需求，最终提高灌溉用水技术效率。

学术界的研究也重点关注灌溉管理制度和政策如何能有效引导农户灌溉决策的改变，从而促进农户采用节水技术，调节灌溉用水需求，提高灌溉用水技术效率。对灌溉管理制度的研究，涉及用水者协会、承包管理和私人管理等多种管理方式，以及这些管理方式的运行效率和不足（王亚华，2013；韩青等，2011；孔祥智等，2009）。王金霞等（2005）发现，集体管理会增加农户的灌溉用水量，在有节水激励情形下，用水者协会管理和承包管理形式会显著减少农户用水量（Wang et al.，2011）。也有学者认为，用水者协会对农户灌溉用水的影响并不显著（王亚华，2013）。总体上看，农业水价的提高会使农户减少灌溉用水量，一方面水价直接影响农户采用节水技术或加强用水管理，直接产生节水的效果（Cremades et al.，2015；Zou et al.，2013）；另一方面则是通过影响农户调整种植结构，减少耗水作物的种植比例而达到减少灌溉用水的效果（Schoengold and Sundin，2014）。除了水价，水权也会对灌溉用水造成影响。Holly 等（2010）

发现水权面积占灌溉面积的比例越高，农户的灌溉用水量相对而言就越少。但是 Zuo 等（2015）研究认为，水权总量对农户灌溉用水量的影响并不显著。同时，采用节水技术是减少灌溉用水量、提高灌溉用水技术效率的有效途径。节水技术能够减少灌溉水运输过程中的水资源浪费，而滴灌和喷灌等高效节水技术还能进一步减少灌溉所需劳动力（Fishman et al.，2015；Xu et al.，2010；Poussin et al.，2008）。

尽管灌溉管理和节水激励政策会影响农户的灌溉决策和灌溉技术效率，但是农户用水问题不仅被用水部门内部相关因素影响，农村社会经济环境变化也会影响农户用水行为。王冠军（2010）指出，非农就业导致农户农业收入占比不断减少，农田水利对农民增收的贡献率降低，因此，农民会放松田间灌溉管理，管理农田水利的积极性也受到较大影响。2016 年中国农村劳动力的非农工作参与率已超过 70%（Zhang et al.，2018），因此，非农就业是改革开放以来农村社会的深远变化之一，农业内部劳动力配置随之发生改变，而农户的灌溉决策行为与农业内部劳动力配置密切相关。但目前无论是政府决策者还是学术界，对于以非农就业为代表的农村社会环境改变对灌溉的影响还没有给予足够的关注。

四 在农村社会经济转型背景下，农户生产决策受到影响

改革开放以来，中国经历了快速的农村经济转型，最重要的标志之一就是农村劳动力就业转型。农村劳动力就业转型的核心特征是非农化程度大幅提高，表现为农村劳动力非农就业比例持续增长。随着中国城镇化的进一步发展，非农就业日益成为农村劳动力的主要就业选择（Zhang et al.，2018）。非农就业的迅速发展影响农业投入和产出，灌溉作为农业生产投入中的关键环节，不可避免地也会受其影响。其中，非农就业对于农业投入的影响主要集中在化肥、种子、农药、土地和资本投入方面。在非农就业对农业投入影响的研究中，学者（Ma et al.，2017；栾江，2017；史常亮等，2015；Lamb，2011）均认为非农就业对化肥的投入有正向的影响。同时，也有研究表示非农就业对化肥投入没有产生显著的影响（Zhou et al.，2010；Abdoulaye and Sanders，2005）。在非农就业对农药投入影响的研究中，Ma 等

（2017）认为，非农就业对农药投入会有正向影响，然而也有其他研究表明非农就业对农药投入没有产生显著影响（Nkamleu and Adesina，2000），或是产生了负面影响（Phimister and Roberts，2006）。在对资本投入的影响研究上，纪月清等（2013）认为，非农就业会促进农户的生产性资本投入，但是 Su 等（2015）则得出了相反的研究结论。大部分学者研究认为，非农就业对土地转入有显著的负面影响，但是会促进土地转出（周来友等，2017；Deininger and Jin，2008）。

除了对农业生产投入的影响外，非农就业对农业产出的影响同样引起了学者的关注，研究内容主要集中在对作物产量、产值、生产技术效率以及种植结构的影响等方面。在对作物产量的影响上，Lien 等（2010）得出，非农就业对作物产量有正向的影响，也有其他学者研究认为，非农就业不利于农业产量的增长（朱丽莉、李光泗，2016；Taylor et al.，2003；Rozelle et al.，1999）。关于农业产值，目前相关文献研究认为，非农就业对农业产值会产生负面的影响（钱龙、洪名勇，2016；董晓霞，2008；Pfeiffer et al.，2009；Taylor et al.，2003）。在非农就业对农业生产技术效率的研究上，认为非农就业对农业生产技术效率产生负面影响的研究较多，会导致农业生产技术效率下降（Yang et al.，2016；Goodwin and Mishra，2004；Kumbhakar and Bailey，1989）。

以上研究证明非农就业使农业生产发生了多方面的变革，灌溉作为农业生产投入中的关键环节，也会因非农就业导致的生产要素的改变而受到影响。非农就业对灌溉的影响也逐渐引起了学者的关注，主要集中在农户节水技术采用以及灌溉用水等方面。Yin 等（2016）和 Holly 等（2010）主要研究了非农就业地域的差别对农户灌溉用水的影响。虽然也有部分其他研究考虑了非农就业对灌溉的影响，如非农就业对节水技术采用的影响（Zhou et al.，2008；刘亚克等，2011），对灌溉用水量和灌溉技术效率的影响（张新焕等，2013；许朗、黄莺，2012；Gebrehaweria et al.，2009），但是并没有将非农就业作为关键变量进行分析。对于灌溉面临的一系列问题，当前国家和学界主要聚焦于灌溉运行系统的内部革新，以非农就业为代表的农村社会环境改变对灌溉的影响还没有引起足够的重视。因此，需要对非农就业影响灌溉进行全面和系统的分析，厘清非农就业对灌溉的影响机理，从而让灌溉系统改革能够更加适应农村社会环境的变化，改善灌溉改革措施的实施效果。

第二节　问题的提出

基于以上背景可知，灌溉农业对中国粮食安全具有至关重要的作用，农业灌溉发展中学者多关注水资源短缺以及灌溉用水技术效率低等挑战对灌溉的影响，对农业生产环境的变化重视不够。无论是宏观政策制定还是微观层次研究，多局限于在灌溉部门内部考虑农户用水问题。但是，农户用水行为不仅受用水部门内部相关因素影响，还受农村社会经济环境变化的影响。虽然学者关于非农就业对农业生产投入和产出影响的研究结论不一致，但是证明了非农就业对农业生产存在多方面的影响。灌溉作为农业生产中的重要环节，农户的灌溉决策会因非农就业导致的生产要素改变而受到影响。但当前缺乏足够的研究关注非农就业以及非农就业地域差异对灌溉的影响，因此，有一系列相关问题需要解答。

（1）非农就业对农户节水技术采用的影响有多大？不同类型的节水技术受到的影响是否存在差异？

（2）非农就业对灌溉用水量的影响有多大？

（3）非农就业对灌溉用水技术效率的影响有多大？

（4）非农就业是否会影响农户选择购买灌溉服务？

第三节　研究目标与内容

本篇的研究目标是通过厘清非农就业对农户灌溉决策的影响机理，定量评估农村劳动力非农就业对农业生产中节水技术采用、灌溉用水量、灌溉用水技术效率、灌溉服务购买的影响，为中国在非农就业为主要特征之一的农村社会经济环境变化背景下，实施灌溉用水管理政策提供科学依据。

为了实现上述研究目标,本篇包括以下几个方面的研究内容:

第一,非农就业对农户节水技术采用的影响研究。基于农户追踪调研数据,将节水技术按照采用特点分成三个主要类型与七种细分类别,通过构建计量经济模型,采用多种估计方法分析家庭非农就业劳动力比例以及非农就业地域差异对不同种类节水技术采用的影响。

第二,非农就业对农户灌溉用水量的影响研究。通过构建小麦和玉米的灌溉用水需求函数,分别定量分析非农就业对小麦和玉米灌溉用水量的直接影响,以及非农就业通过节水技术采用对作物灌溉用水量产生的间接影响。

第三,非农就业对农户灌溉用水技术效率的影响研究。基于农户追踪调研数据,运用随机前沿生产函数分析测算小麦和玉米的灌溉用水技术效率,定量分析非农就业对作物灌溉用水技术效率的直接影响,及其通过节水技术采用对灌溉用水技术效率造成的间接影响。

第四,非农就业对农户购买地下水灌溉服务的影响研究。在分析家庭劳动力非农就业对农户是否选择购买地下水灌溉服务的影响机理基础上,利用微观调查数据,通过构建Ⅳ-Probit模型和固定效应模型识别家庭劳动力在本地非农就业和外出非农就业对农户是否选择购买地下水灌溉服务的差异化影响。

第五,提出政策建议。总结提炼以上研究,为中国在非农就业为主要特征之一的农村社会经济环境变化背景下,实施灌溉用水管理政策提供科学依据和政策建议。

第四节 数据说明及本篇结构

一 数据说明

(一)中国水资源制度和管理调查数据

1. 调查内容

本篇研究所用的调查数据是北京大学中国农业政策研究中心

（CCAP）的中国水资源制度和管理调查（简称 CWIM）数据。该数据是通过五轮调查完成的，第一轮调查是在 2001 年开展的，第二轮调查开展于 2004 年，第三轮、第四轮以及第五轮调查分别于 2008 年、2012 年和 2016 年完成，调查区域包括黄河流域上游的宁夏和下游的河南两个省（区）以及海河流域的河北省。

调查采用面对面访谈的形式。调查的层次完整，包括农户、村领导、地表水渠道管理者和地下水机井管理者四种问卷。其中，农户调查的内容第一部分是家庭基本情况，涉及农户家庭中每个成员的年龄、受教育水平、务农状况、非农就业史等基本信息，这部分内容为农户的非农就业基本状况与变动趋势分析奠定了基础。第二部分是农户地块投入产出信息，在农户经营的所有土地上，按照面积大小以及是否种植粮食作物为主要筛选条件，抽取农户 1—2 块种植粮食作物的地块，详细记录包括地块特征、作物灌溉面积及水源、作物用水情况、节水技术采用情况、整个生产过程要素投入状况。前两轮主要收集了调查实施当年（2001 年和 2004 年）的生产经营数据，后三轮收集了前一年（2007 年、2011 年和 2015 年）的数据，这部分内容为研究农户层面和地块层面的节水技术采用、灌溉用水状况提供了保障。村领导访谈调查的内容主要涉及以下方面：村整体社会经济状况、村领导者个人特征、村灌溉设施建设情况、村灌溉管理方式、作物灌溉用水情况、村节水技术采用情况、水利设施投资情况等。地表水管理者调查的内容包括：村渠道基本特征、地表水灌溉管理方式、作物用水情况、地表水水费收取方式等。地下水管理者调查的内容包括：灌溉机井建设基本情况、用水及灌溉方式、作物用水情况、水价、地下水灌溉服务市场发育情况以及设施投资维护情况等方面。

2. 抽样原则

在分层随机抽样原则下，首先根据地理位置选取样本村。河北的样本村是从山区附近的县、靠近海岸的县以及位于中部地区的县中随机抽取；河南和宁夏的样本村则是按照距离黄河的远近进行抽取。随后，根据样本县中不同乡镇水利设施建设情况的差异性，在每个样本县中随机抽取 2—4 个乡镇。在每个乡镇中，还会再随机选取一条灌渠，并根据灌渠的地理位置分别从灌渠上游和下游随机抽取一个样本村，最后在每个村里随机抽取 4 户农户。在调查的样本中，除了对其家庭所有地块特征进行基本统计外，还要根据灌溉条件、地块特征和作物结构对其中的 1—2 个主要地块进行详细的调查。另外，在村层面上，对每个村的村领导也进行问卷调查，并根据村内灌渠和机井的管理方式，在每一类管理方式下抽取一个样本进行调查。在样本选择上，尽量保证在每个村都调查一定数量的灌溉机井与灌渠。

3. 样本统计

为了获得长期的面板数据，调查中会尽力保证原始样本的可追踪性。尽管在每一轮的追踪调查中，调查员都回到原来的样本村，追踪初始选取的样本户、渠道和机井，但是在跨度 16 年的追踪过程中，由于村庄合并搬迁、农户家庭变故、机井或渠道废弃等不可控的因素，存在有部分旧样本的损失和新样本的更替。在出现农户流失无法继续追踪的情况时，调研员会随机选择新的农户替代流失的农户，以此确保每个村至少访问 4 户农户。在第三轮调查中出于样本丰富性的考虑，在河北省新增加了 1 个元氏县进行调查，共计 8 个村（32户），也对新加样本对应的配机井和渠道进行了调查。经历过五轮调查后，共计对 15 个样本县中 88 个样本村的 574 户农户，1176 个地块，78 条渠道和 187 眼机井开展过实地调查。表 1-1 反映了各轮调查中样本的分布情况。

表 1-1　　　　　中国水资源制度和管理调查样本分布

| | 第一轮 | 第二轮（2004 年） | | 第三轮（2008 年） | | 第四轮（2012 年） | | 第五轮（2016 年） | | 合计 |
	总样本	总样本	新样本	总样本	新样本	总样本	新样本	总样本	新样本	
县（个）	14	14	0	15	1	15	0	15	0	15
河北	3	3	0	4	1	4	0	4	0	4
河南	6	6	0	6	0	6	0	6	0	6
宁夏	5	5	0	5	0	5	0	5	0	5

续表

	第一轮	第二轮(2004 年)		第三轮(2008 年)		第四轮(2012 年)		第五轮(2016 年)		合计
	总样本	总样本	新样本	总样本	新样本	总样本	新样本	总样本	新样本	
村(个)	80	80	0	88	8	88	0	88	0	88
河北	24	24	0	32	8	32	0	32	0	32
河南	24	24	0	24	0	24	0	24	0	24
宁夏	32	32	0	32	0	32	0	32	0	32
农户(户)	338	315	24	354	84	352	72	352	56	574
河北	105	97	6	129	49	128	22	128	8	190
河南	103	88	6	96	15	96	23	96	5	152
宁夏	130	130	12	129	20	128	27	128	43	232
渠道(条)	68	68	7	60	0	59	2	60	1	78
河北	9	16	7	15	0	12	0	12	0	16
河南	19	14	0	13	0	15	2	15	0	21
宁夏	40	38	0	32	0	32	0	33	1	41
机井(眼)	109	100	5	99	15	103	36	125	22	187
河北	49	50	4	45	7	43	9	65	21	90
河南	60	50	1	54	8	54	21	55	1	91
宁夏	0	0	0	0	0	6	6	5	0	6

（二）其他数据

1. 气象数据

气候变量作为影响作物需水和生长的重要因素，本篇部分模型中加入了降水和温度等相关因素。所涉及的基础气候数据来自中国国家气象信息中心网站上公布的全国 753 个国家气象站的实际观测值，包括 1960—2017 年分月的温度和降水数据。由于并不是每一个县都有气象观测站，因此运用 Thornton 插值方法的点插值结果，插值流程见图 1-1。气候数据包括样本县的逐月平均温度和降水量数据。

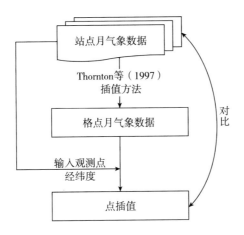

图 1-1 气象数据插值流程

2. 价格指数数据

由于研究跨度时间较长，所以必须考虑价格变动的因素，并且对相关变量进行折现值计算。本篇选定第一轮调查年份，即 2001 年为基年。从《中国统计年鉴》收集了 2001—2015 年农村居民劳动力消费价格指数，用于村人均纯收入、小麦和玉米作物价格以及相关投入要素（水、化肥、劳动力和其他相关资金）价格的折算。

（三）相关数据处理说明

1. 水价

研究中用到的水价数据，是通过农户因灌溉最终支付的所有直接费用计算得出的，主要包括水费，以及由于收费方式不同而支出的电费和油费。对于单一灌溉水源样本，灌溉水价由实际费用除以灌溉用水量所得；对于联合灌溉样本，处理方式是对地表水价和地下水价进行加权平均得到灌溉水价。考虑到价格水平的长期变动，依据中国农村居民消费价格指数统一折算成 2001 年的水平。

2. 计量水费收取方式

在调查中，关于灌溉用水的收费方式分别调查了农户以及渠道和机井管理者。在落实到农户层面时，调研员会要求农户回答收费方式，经过与灌溉管理者的信息相比对，确认最终的收费方式。在调查中涉及按照面积、按照时间、按照用水量、按照用电量（地下水抽水用电量）以及按照家庭人口数进行收费的形式。其中，本篇将按灌溉时间、用水量和用电量这三种形式作为计量收费方式，其余方式则为非计量收费方式。

二　本篇结构

根据以上研究目标与内容，本篇由以下八章构成：

第一章引言。介绍本篇的研究背景，提出本篇关注的研究问题，阐述本篇的研究意义与主要研究目标，在确定研究内容后，简述本篇的结构。

第二章文献综述。主要回顾、梳理中国灌溉水资源面临的挑战及管理措施，非农就业对农业生产的影响，非农就业影响灌溉的理论途径，非农就业以及其他因素对节水技术、灌溉用水量以及灌溉用水技术效率的影响，最后对文献进行总结与评述。

第三章非农就业的现状及变化趋势。分析中国农村劳动力非农就业参与率、非农收入与就业地域选择的变化趋势，同时基于农户追踪调研数据分析非农就业结构特征演变，对非农就业的类别特征（本地与外出；全职与兼业），以及非农就业劳动力的年龄特征、性别特征、教育水平等方面进行描述。

第四章非农就业对节水技术采用的影响。基于农户追踪调研数据，将节水技术按照采用特点分成三个主要类型与七种细分类别，通过构建计量经济模型，定量分析家庭非农就业劳动力比例以及本地和外出非农就业劳动力比例对不同种类节水技术采用造成的影响。

第五章非农就业对灌溉用水的影响。运用描述性统计和计量模型的方法，分析非农就业以及就业地域差异对小麦和玉米灌溉用水量变化的影响。

第六章非农就业对灌溉用水技术效率的影响。基于农户追踪调研数据，运用随机前沿生产函数测算作物（小麦和玉米）的灌溉用水技术效率，并通过计量模型分析非农就业以及就业地域差异对作物灌溉用水技术效率的影响。

第七章非农就业对农户购买地下水灌溉服务的影响。利用华北平原河北省和河南省的五轮实地追踪微观调查数据，描述地下水灌溉服务市场的发展与农户非农就业的变化，并通过构建计量模型识别家庭劳动力本地非农就业和外出非农就业对农户是否选择购买地下水灌溉服务的差异化影响。

第八章结论和政策建议。本章主要汇总以上几章的研究结论，并就研究结论提出有现实应用价值的政策建议；同时，指出创新点、不足以及有待进一步研究的问题。

第二章

文献综述

第一节　农村经济转型背景下非农就业的变迁

中国农业灌溉在面临水资源短缺等一系列挑战的同时，也需要应对农村社会经济环境的变化。改革开放以来，随着中国农村经济转型，农村劳动力非农就业迅速发展，对农业生产、农民生产决策产生了重要影响。

一　非农就业的发展趋势

从农民增收渠道看，大部分研究认为农村劳动力非农就业对农村内部收入增长和收入分配有促进作用（蔡昉、王美艳，2009；王德文、蔡昉，2006）。中国农村劳动力的非农就业参与率2015年已经超过70%（Zhang et al.，2018），对中国经济增长、缩小城乡差距和区域差异起到了积极的作用（李实，2013；蔡昉，2009）。农村劳动力非农就业有助于减少贫困并且促进农民增收，外出务工的工资性收入是农民增收的主要源泉（Giles，2006；张红宇，2004；Rozelle et al.，1999；Parish et al.，1995）。随着非农就业人数的增加，工资性收入对农民增收的贡献不断提升（陈锡文，2009；刘维佳，2005）。

从非农就业的地域分布看，非农就业有本地就业和外出就业两种形式。依据国家统计局的统计口径，本地非农就业一般指农村劳动力一年中在本乡以外的地区从事非农工作超过6个月，外出就业则是去

本乡以外的地区从事非农工作。依据非农就业政策的演变，20 世纪
90 年代之前，本地非农就业是主流，农村剩余劳动力主要流入乡镇企
业。随着经济的发展，乡镇企业的吸纳能力不断减弱，外出就业成为
农村非农就业的主要方式（李石新、郑婧，2009）。但是张俊良等
（2009）研究发现，虽然有大批量非农就业的农村劳动力跨省转移到
东部发达地区，农村劳动力依然以省内流动为主。国家统计局农调总
队的抽样调查显示，2008—2017 年，农村劳动力在非农就业的地区流
向中，省内的非农就业比例不断提升，省外的非农就业比例呈下降
趋势。①

　　从农户兼业经营角度看，中国选择兼业经营的农户比例不断扩
大，农户兼业化在中国继续深化。中国以农业为主兼营非农业户和以
非农业为主兼营农业户的比重基本在44%左右，纯农户比例在持续下
降。Kimhi 等（2003）认为，农户兼业是一种稳定的形式，而非农民
离开农业的过渡，农民兼业行为将长期存在。赵佳、姜长云（2015）
将兼业农户和家庭农场两种经营主体进行比较分析，认为在中国兼业
农户的长期存在客观上是无法避免的。农业劳动力就业转移和人口迁
移不同步造成兼业农户的长期存在，即使劳动力转移与市民化同步的
障碍消除，兼业农户也不会消失（徐雪高等，2017）。

　　二　非农就业对农业生产的影响

　　农村劳动力非农就业的迅速发展，导致了农民收入结构以及农业
生产要素多方面的变化。无论是农业投入还是产出，都受到了非农就
业的影响。当前，关于非农就业对农业生产影响的研究主要集中在对
农业生产投入和产出的研究上。其中，非农就业对于农业投入的影响
主要集中在化肥、种子、农药、土地和资本投入方面；对于农业产出
的影响，则多与作物产量与产值，技术效率和种植结构选择等相关。

　　（一）对农业投入的影响

　　表 2-1 梳理了非农就业对农业投入影响的一些文献。在对化肥的

①　资料来源：《2017 年农民工监测调查报告》，http：//www. stats. gov. cn/tjsj/zxfb/
201804/t20180427_ 1596389. html.

投入上，学者（Ma et al.，2017；栾江等，2017；史常亮等，2015；Lamb，2011）通过利用二手面板数据以及农户截面数据，利用包括Tobit模型以及随机效应模型等计量模型方法，对中国甘肃等地以及印度的非农就业对化肥投入的影响进行研究，均认为非农就业对化肥的投入有正向的影响。但是，Mathenge等（2015）、Phimister和Roberts（2006）对肯尼亚和英国的研究发现，非农就业对农户化肥投入存在负面的影响。同时，也有研究表示非农就业对化肥投入没有产生显著的影响（Zhou et al.，2010；Abdoulaye and Sanders，2005）。Babatunde等（2010）针对非洲尼日利亚的研究也表明，非农收入对于农户家庭购买农业生产投入的影响是正向显著的。Shi等（2011）的研究则表明，非农就业会使水稻生产和经济作物的生产活动强度减弱，其中化肥和有机肥的施用强度也会减少，尤其是化肥减少的幅度更大。

在非农就业对农药投入影响的研究中，Ma等（2017）认为，非农就业对农药投入会有正向影响，会增加农业生产中农药的使用。然而也有其他研究表明非农就业对农药投入没有产生显著影响（Nkamleu and Adesina，2000），或是产生了负面影响（Phimister and Roberts，2006）。在对资本投入的影响研究上，纪月清等（2016）认为，非农就业会促进农户的生产性资本投入，但是Su等（2015）则得出了相反的研究结论。

非农就业对土地流转也会产生影响。大部分学者研究认为，非农就业对土地转入有显著的负面影响，但是会促进土地转出（周来友等，2017；Deininger and Jin，2008）。而Huang等（2012）对中国六省的研究认为，非农就业对土地转入没有产生显著的影响。Feng等（2010）研究土地转入与非农就业的相关性，认为两者之间存在负向关系。此外，还有学者就非农就业对农业生产中劳动投入以及总投入等方面的影响作了分析（钟甫宁、纪月清，2009）。

由此可以发现，关于非农就业对农业投入影响的研究中，所用数据多为农户调查截面数据或者二手面板数据，研究方法上多采用计量模型进行分析。研究结论上，学者的研究结论并不一致，因此，非农

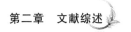

就业对农业生产各要素投入的影响需要进一步探讨。

表 2-1　　　　　　非农就业对农业投入影响的文献梳理

农业投入	结论	研究区域	数据类型	模型方法	文献
化肥	+	中国	截面/面板	Tobit 模型、双向固定效应模型	Ma 等，2017；栾江等，2017；史常亮等，2015；Lamb，2003
	−	肯尼亚/英国	面板	样本选择模型	Mathenge 等，2015；Phimister 和 Roberts，2006
	不显著	中国/尼日尔	截面	Tobit 模型	Zhou 等，2010；Abdoulaye 和 Sanders，2005
农药	+	中国/英国	截面/面板	处理效应模型、样本选择模型	Ma 等，2017；Phimister 和 Roberts，2006
	−	英国	面板	样本选择模型	Phimister 和 Roberts，2006
	不显著	喀麦隆	截面	Probit 模型	Nkamleu 和 Adesina，2000
资本	+	中国	面板	半对数模型	纪月清等，2016
	−	中国	面板	似不相关回归	Su 等，2015
土地转入	−	中国	截面/面板	Logit 模型、Probit 模型 IV-Tobit 模型	周来友等，2017；Deininger 和 Jin，2008；Kung，2002
	不显著	中国	面板	IV-Probit 模型固定效应模型	Huang 等，2012
土地转出	+	中国	截面/面板	Logit 模型、Probit 模型、Tobit 模型	周来友等，2017；苏卫良等，2016；Huang 等，2012；Deininger 和 Jin，2008

注："+"表示正向影响，"−"表示负向影响。

资料来源：笔者整理。

（二）对农业产出的影响

除了对农业生产投入的影响外，非农就业对农业产出的影响同样引起了学者的关注。表 2-2 梳理了非农就业对农业产出影响的一些文献。在对作物产量的影响上，Lien 等（2010）利用两阶段最小二乘法对挪威农户非农就业对农作物产量的影响进行估计，结果得出非农就业对作物产量有正向的影响。而也有其他学者研究认为，非农就业不仅不利于农业产量的增长，而且会降低农作物产量（朱丽莉、李光泗，2016；Taylor et al.，2003；Rozelle et al.，1999）。同时，也有研究发现，非农就业对农作物产量的影响并不显著（Feng et al.，2010；林坚、李德洗，2013）。

关于农业产值，目前相关文献研究认为，非农就业对农业产值会产生负面的影响，降低农业产值，学者的研究方法主要还是以应用计量模型为主，包括嵌套模型和生产函数模型等，研究数据包括农户调查截面数据以及二手面板数据（钱龙、洪名勇，2016；Pfeiffer et al.，2009；董晓霞，2008；Taylor et al.，2003）。

在对农业生产技术效率的研究上，学者的研究结果存在分歧。发现非农就业对农业生产技术效率产生负面影响的研究较多，研究区域涉及中国及美国等地区。非农就业由于会减少农业生产中的相关投入，包括劳动力等方面，因此会使农业生产技术效率下降（Yang et al.，2016；Goodwin and Mishra，2004；Kumbhakar and Bailey，1989）。但是苏卫良等（2016）利用大规模农户调查数据发现，非农就业会促进农业生产技术效率的提升。同样，也有学者研究认为，非农就业对农业生产技术效率没有显著的影响（史常亮等，2015）。

非农就业对种植结构的影响，主要通过对农户种植作物多样性的影响来体现。非农就业主要会从两个方面导致种植结构的变化，一是劳动力的配置改变，二是非农就业促使了农民收入提高，但降低了对种植业收入的依赖性。很多学者持有非农就业会降低农户种植多样性的看法，并且其研究结论也支持了这一观点（钟太洋、黄贤金，2012；朱启荣，2009；董晓霞，2008；陆文聪等，2008）。田玉军等（2009）指出，非农就业的增加使农业劳动机会成本上升，从而促使种植结构偏向于单一化。钟太洋、黄贤金（2012）采用 Posisson 回归方法，证明家庭里负责农业生产的成员参与非农活动会导致种植多样性减少 11%。

表 2-2　　　　　　　　非农就业对农业产出影响的文献梳理

农业产出	结论	研究区域	数据类型	方法	文献
产量	+	挪威	面板	联立方程模型	Lien 等，2010
	−	中国	截面/面板	似不相关回归、动态自回归模型	朱丽莉、李光泗，2016；李德洗，2012；Taylor 等，2003；Rozelle 等，1999
	不显著	中国	截面	联立方程模型	林坚、李德洗，2013；Feng 等，2010
产值	−	中国	截面/面板	联立方程模型、IV-Tobit 模型	钱龙、洪名勇，2016；董晓霞，2008；Taylor 等，2003；Pfeiffer 等，2009
技术效率	+	中国	面板	工具变量法	苏卫良等，2016
	−	中国/美国	截面/面板	固定效应模型；IV-Probit 模型	Yang 等，2016；Goodwin 和 Mishra，2004；Kumbhakar 和 Bailey，1989
	不显著	中国	面板	Tobit 模型	史常亮等，2015
种植结构	+	中国	截面	似不相关回归	李德洗，2012
	−	中国	截面/面板	Probit 模型、空间误差模型	钟太洋、黄贤金，2012；朱启荣，2009；董晓霞，2008；陆文聪等，2008

注："+"表示正向影响，"−"表示负向影响。

资料来源：笔者整理。

第二节　非农就业对节水灌溉决策影响的理论基础

传统上非农就业对农业生产的影响主要集中在农业投入和产出两大方面，灌溉作为农业生产投入过程中的重要环节，非农就业对灌溉的影响机制还没有引起足够的重视。

一 新劳动力迁移经济学

（一）理论基础

新劳动力迁移经济学（Taylor et al.，2003；Rozelle et al.，1999）是 20 世纪 80 年代以来，Stark 和 Taylor 等针对以往劳动力流动模型的不足所提出的新的劳动力迁移理论。比如 Lewis 模型中对农村剩余劳动力边际生产率为零，城市工业部门不存在失业的相关假设与发展中国家的国情不符（杜鑫，2009）。Todaro 模型中以劳动力个体为决策主体，忽视了迁移劳动力家庭为单位的决策以及其农业生产变化的情形。因此，新劳动力迁移经济学假定了一个劳动力市场或者信用市场缺失或不完善的环境，迁移决策主体不是个人而是整个家庭（Taylor，1989），劳动力流失和因迁移获取的额外收入会通过复杂情况影响家庭农业生产。新劳动力迁移经济学认为，农户家庭成员间由隐性的契约安排联系为一体，共担成本并共享收益，因为这种互相依赖的关系，所以农户家庭成员的流动（向非农产业转移）是可计算的策略，而不是无边界的最优化行为（Stark and Bloom，1985）。在这种决策单位中，家庭成员迁移的主要目标不仅是最大化预期收入，同时也考虑最小化家庭风险，以此来减轻由于各种市场不完善（如保险市场、信贷市场、农作物市场、期货市场等）对家庭经济生产活动带来的负面影响（Stark and Taylor，1991；Stark，1984；Stark and Lehari，1982）。

新劳动力迁移经济学指出，在发达国家，家庭风险可以通过相对完善的保险市场，由政府或保险公司分散；但发展中国家尚未建立成熟的保险制度，因此，家庭通过在不同的市场进行劳动力配置来降低风险。同时，发达国家相对发达的资本信贷市场，使家庭更容易获得资金，而在发展中国家则缺乏资金保障。因此，由于保险市场、资本市场等的不完善，部分农户家庭为分散风险、克服资本约束而采取迁移行动。

（二）主要思想

新劳动力迁移经济学在更广阔和更真实的背景下讨论劳动力迁移行为。该理论的一个主要思想是：在发展中国家，农户通过家庭成员的迁移，克服了改造家庭和技术升级中的主要障碍，包括投资资金的匮乏（信贷市场的约束）和风险规避工具的缺失（保险市场的约束）。迁移使技术改造成为可能，一是通过城乡汇款；二是通过分散收入来源，降低了风险水平（Stark，1991）。新劳动力迁移经济学对解释发展中国家劳动力流动有很强的现实意义。农村家庭作为决策单位，将家庭劳动力在不同地区和产业之间进行资源配置，从而规避家庭经营风险，促进收入平稳增长。

新劳动力迁移经济学另一个主要思想是相同收入对个体的效用不同。新劳动力迁移经济学认为，除了绝对收入外，家庭成员的迁移决策同时也是为了提高其相对于其他家庭的收入，以此来减轻在某一参照群体内的相对贫困感（蔡昉、都阳，2002）。迁移者个人或者家庭在所处群体中的相对经济地位导致的满足或失落叫作相对贫困，因为相对经济地位低而失落的个人或者家庭，更具有通过迁移提高经济收入的意愿，这也解释了发展中国家农村收入分配不平等的地区迁出率较高的现象（Rozelle et al.，1999）。

二 对灌溉决策和灌溉技术效率的影响机理

新劳动力迁移经济学对研究中国农业人口流动有一定理论参考价值。在中国尤其是在农村地区，人们普遍有强烈的传统家庭观念，加之农村家庭联产承包责任制对农民家庭作为基本经济主体地位的强化，以家庭作为迁移决策的分析单位更符合国情（陈芳妹、龙志和，2006）。农村地区市场体系和市场制度的发育程度相对落后，农民普遍缺乏农业保险、失业保险等保障制度，资金信贷困难，非农收入已经构成农民收入的主要部分。

因此，在农业生产比较效益较低的情况下，为获得更多和更稳定的家庭收入，农户决策者（主要是户主）决定让部分家庭成员转移到非农产业，虽然减少了农业生产中的家庭劳动力投入，但转出者的非农收入增加了农户总收入。额外的收入使非农就业的农户可以通过雇佣劳动力、购买更多其他的投入，或者进行生产性投资，来弥补一定程度上的劳动力损失。

（一）影响机制

1. 市场风险

当一个或多个家庭成员从事非农活动时，会对家庭经济及其农业投入的决定产生影响。从理论上讲，农户可以通过缩减农业生产规模、种植更多的劳动力节约型作物或增加劳动力替代型生产要素的投入等方式，来减少农业生产中的劳动力投入，也可以通过雇佣劳动力来替代减少的家庭劳动力投入。在没有市场缺陷的完全竞争的新古典世界里，非农就业不会影响家庭的农业生产和投入水平。

但是，如果劳动力和信用市场不完善，非农就业对农业生产的正面和负面影响可能会同时存在（Yin et al.，2016）。实证性证据支持劳动力市场在中国绝大部分农村地区不完善这一说法（Wang et al.，2014；Knight and Song，2005）。一是城乡劳动力市场之间存在一定程度的分割，降低了劳动力替代的效率。二是市场上各类要素流通不畅，农户无法方便地在市场上通过增加资本投入来减少劳动投入。三是资本与劳动力的价格关系不能反映两者相对稀缺程度，农户缺乏劳动力替代的激励。农业生产活动过程不易监督，信用市场不完善使农业雇工难以真正替代家庭劳动力投入，因迁移导致的劳动力流失不能被雇佣劳动力有效替代，土地流转机制不畅让农户难以改变土地经营规模，减少的家庭劳动力最终将影响农业生产。

2. 劳动力损失效应

参与非农就业意味着家庭劳动力资源减少，农业劳动力市场不完善，家庭损失的劳动力难以被有效替代，"劳动力损失效应"就可能影响农户生产选择。本地非农就业一般居住在家里，外出非农就业产生的这种效应很可能会比当地非农就业更为明显（Holly et al.，2010）。外出非农就业会导致家庭可从事农业生产劳动力数量减少，并且由于外出非农就业的劳动力以青年男性居多，会影响家庭农业劳动力结构，造成农业劳动力女性化和老龄化的现象（Yang et al.，2016）。留守务农劳动力平均素质下降，缺乏高效农业生产的潜力，从而阻碍农业生产中的劳动力与技术要素投入（杨宇、李容，2015；李浸等，2009；马草原，2009；Mines and Janvery，1982）。考虑到劳动力和灌溉的关系，如果劳动力和灌溉是互相替代的关系，非农就业导致农业生产劳动力数量减少，那么灌溉用水会相应地增加（Yin et al.，2016）。但是鉴于中国农村灌溉的实际情况，灌溉属于劳动力密集型的农业投入，因此和劳动力也可能属于互补关系，从这一角度来说非农就业可能会减少灌溉用水。

3. 收入效应

参与非农就业通常会增加和稳定家庭的总收入，即形成所谓的"收入效应"。这可能有助于放宽家庭环节投入和生产性投资中的预算约束，从而增加农业灌溉相关的投资。部分学者研究认为，非农收入能够增加农户的农业投资，为提高农业生产效率，农户会采用节约劳动的农业技术，通过增加其他要素投入来替代劳动力的投入（李明艳等，2010；陈开军，2010；曹光乔等，2010），和灌溉相关的投资也会因此增加，灌溉技术得到升级从而减少灌溉用水，提高灌溉用水技术效率。

但是现代劳动经济学原理认为，收入提高使农村劳动力的闲暇相对更加可贵，因而劳动成本上升，农户可能为了实现效用最大化而减少劳动时间。因此，收入增长会降低农户家庭对农业收入的依赖，在实际生产中农户可能会选择粗放式经营，从而放松田间灌溉管理，并且将非农收入用于家庭消费而不是投资于农业生产（李谷成等，2008；Zhao，2002）。在这种情形下，非农就业会阻碍用水技术效率的提升。所以非农就业对灌溉的影响方向不明，需要进一步的分析。

（二）模型说明

依据以上理论，参照 Brauw 和 Giles（2012）、Wang 等（2014）、Yin 等（2016）的研究经验与基础，利用一个简化的模型从收入效应和劳动力损失效应两方面来说明非农就业可能影响灌溉决策的路径。

1. 模型构建

农户在 t 期的效用 $u(c_t, \varepsilon_t; \alpha)$，是一个关于消费 c_t 和用来休闲的时间 ε_t 的函数，它也会被农户特征影响，以 α 表示。农户通过作物生产和非农就业获得收入，$Q(l_t^a, x_t, I_t; K_t)$ 是作物产出函数，由农业生产劳动力投入 l_t^a，灌溉用水 x_t，和其他投入 I_t 组成。农业生产率取决于农业投资的水平，K_t 反映了农业资本存量，包括农业机械和灌溉设施以及生产技术（包括节水技术）。农户依照以下方式积累农业资产：

$$K_{t+1} \leq K_t + Q(l_t^a, x_t, I_t; K_t) - r_t x_t - p'_t I_t + R(l_t^o; \beta) - c_t \tag{2.1}$$

农户面临资金约束，方程（2.1）假设农户面临着借贷约束并且所借不能超过现有农业资本和农业与非农收入。r_t 是单位用水成本，p'_t 是其他投入的价格向量。作物产出价格标准化为 1。右边的第二、第三和第四部分计算出来农业收入，R 代表非农收入，l_t^o 是农户花在非农工作总时间的函数，本地非农劳动力市场和迁移地劳动力市场状况等影响非农劳动力需求的因素被包含在向量 β 中。非农收入 R 是上升的凹函数，随着更多的时间分配给非农工作，边际回报会下降。农户同样面临时间约束：

$$l_t^o + l_t^a + \xi_t \leq \overline{L_t} \tag{2.2}$$

其中，$\overline{L_t}$ 代表家庭时间禀赋。农户在 t 期内会最大化总效用并服从方程（2.1）和方程（2.2）中的约束：

$$\max u(c_t, \xi_t; \alpha) + \delta V_{t+1}(K_{t+1}, \overline{L_{t+1}}; \alpha) \tag{2.3}$$

其中，δ 是折旧因子，$V_{t+1}(K_{t+1}, \overline{L_{t+1}}; \alpha)$ 是代表未来总效用最大化 $\max \sum_{t+1}^{\infty} \delta^{s-(t+1)} u_s(c_s, \xi_s; \alpha)$ 的价值函数，当效用最大化时，家庭会综合考虑生产和消费决策的时间分配。

2. 影响路径

以上 3 个方程中最大化问题包括两种非农就业影响节水技术和灌溉用水的潜在路径。第一种是农户非农就业会对劳动时间影子价格产生影响（Yin et al., 2016），假定劳动力和用水在效用最大化问题中暗含的必要关系是：

$$\frac{\partial Q(l_t^a, x_t, I_t; K_t)/\partial x_t}{\partial Q(l_t^a, x_t, I_t; K_t)/\partial l_t^a} = \frac{r_t}{w_t^s} \tag{2.4}$$

其中，w_t^s 代表方程（2.2）中和时间约束有关的影子价格。非农就业比例的提高将会减少家庭花费在农业生产和休闲上的时间，因此会增加时间的边际价值。面对更高的时间影子价格，农户也许会调整灌溉用水，但是该调整取决于农业生产函数决定的劳动力和用水之间的关系。灌溉需要一定量的劳动力投入，尤其是畦灌和沟灌这两种中国农村传统的灌溉方式，相较喷灌等现代灌溉设施更具有劳动力密集型的特点。所以，对绝大多数农户而言，灌溉用水和劳动力可能是互补的，初期在节水技术上更多的劳动力投入也许会减少灌溉用水量。然而，灌溉用水和劳动力同样也能形成互为替代的关系，尤其是当水资源变得稀缺的情况下，为了保证农业生产的稳定，劳动力也许反而会选择增加灌溉用水，在这种情况下，非农就业会导致节水技术采用的减少、灌溉用水的增多。这种非农就业影响灌溉用水和节水技术采用的途径通常就是由"劳动损失效应"产生的（Taylor et al.，2003）。如果劳动力市场完善，没有时间约束，这种效应就不会存在，然而现实中家庭劳动力和雇佣劳动力并不能完全替代。

第二种非农就业影响灌溉用水和节水技术采用的途径是对资本影子价格的影响，这一路径通常和收入效应（Du et al.，2005）联系在一起。非农收入的上升将会放松方程（2.1）中的信贷约束，因此，资本的影子价格会下降。在最大化情景下，K_{t+1} 的必要条件是：

$$\delta \frac{\partial V_{t+1}(K_{t+1}, \overline{L}_{t+1}; \alpha)}{\partial K_{t+1}} = \lambda_t \tag{2.5}$$

因此，当影子价格 λ_t 下降，农户可能会选择增加未来的资本存量 K_{t+1}，增加的程度取决于折旧系数，如果折旧系数高，农户会倾向于把更多的非农收入分配给当前的消费，分配的多少受资本影子价格影响。它衡量了通过改善农业生产率，每单位额外的农业资本可以增加的收益。投资灌溉也许会带来高回报，很多学者已经证实灌溉会提高农作物产量（李海鸥，2017；王冠军等，2010；Madramootoo and Fyles，2010），来自非农就业的收入可能会被用来投资灌溉所需水量或者建造新的水利灌溉设施。除了建设新的灌溉设施，更多的非农收入也可能会促使农户节水技术的采用。很多学者通过研究认为，收入能够促进农户节水技术采用（高雷，2010；许朗、刘金金，2013），Zhou 等（2008）发现，家庭收入和农民水稻生产中采取节水措施的概率呈正相关。

三 理论局限

当前研究的局限是很难将这两种途径的影响单独甄别出来。一是劳动和其他投入之间的替代也可能影响灌溉用水。在这种情况下，由于劳动力和资本之间的替代也会影响灌溉用水，很难辨别具体是劳动和资本，还是劳动和其他投入替代关系产生的影响。二是收入的上升会增加对休闲的需求，这会提高劳动时间的影子价值，资本的影子价格就会进一步下降。除非信用市场的不完善被消除，收入的影响不再存在，劳动力损失效应可以被实证量化，或者劳动力市场被完善，收入效应就能被准确估计。因此，对效用最大化问题的比较动态分析不能确定非农就业对灌溉水利用或灌溉节水技术采用的影响，影响的方向取决于农户特征，劳动力市场和信用市场是否完善，以及不同投入之间和投入产出之间的替代关系。

第三节 非农就业对节水技术采用及灌溉用水的影响

一 非农就业对节水技术采用的影响研究

（一）非农就业对节水技术采用的影响

从研究内容和方法看，大部分文献都是将非农就业作为控制变量来考察其对节水技术的影响。就非农就业的衡量角度而言，已有文献主要用家庭非农就业劳动力比例、非农就业地域（本地或外出）以及非农收入占总收入的比例等来衡量家庭的非农就业水平与差异。非农就业对节水技术采用的影响主要分成两个方面，一是对于是否采用节水技术的影响，或者是农户对节水技术采用的支付意愿。这涉及具体的节水技术种类，如畦灌、输水管道、喷灌和滴灌等现代灌溉设备（Yin et al., 2016；Holly et al., 2010；Zhou et al., 2008；张兵、周彬，2006），或者将节水技术根据不同的技术特征分为几种类别。以

Logit 和 Probit 为代表的离散选择模型是该类研究内容中主要采用的方法，同时通过工具变量法控制内生性的影响。二是非农就业对节水技术采用播种面积比例的影响，主要从村庄和农户两个层次进行度量（刘亚克等，2011；刘宇等，2009），分别测度非农就业对不同类型节水技术采用面积比例的影响，主要研究方法涉及似不相关回归（SUR）和 Tobit 模型。

从研究结论看，国内外学者从不同的角度考量了非农就业对节水技术采用的影响，发现其对节水技术采用的影响作用方向是多样的。部分学者认为，非农就业促进了节水技术的采用，张兵、周彬（2006）发现，农户家庭非农就业的劳动力比重和农业收入占家庭总收入的比重能够提高农户的农业科技投入支付意愿。李俊利、张俊飚（2011）分析河南省农户灌溉技术的影响因素，发现非农工作经历能够促进农户采用节水技术。刘亚克等（2011）采用面板数据对中国黄淮流域村整体节水技术的采用进行分析，认为非农就业可以促进社区型节水技术的采用。Yin 等（2016）通过实证分析本地非农就业和外地非农就业对中国北方河北省地下水灌溉用水的影响发现，非农就业对农业灌溉节水技术采用有积极作用。

也有学者得出相反的结论，认为非农就业对节水技术采用有负面的影响。刘宇等（2009）对全国 10 省的研究发现，家庭非农就业比例越高，农户采用节水技术的概率就越低。Zhou 等（2008）发现，农田管理者一年中的非农工作天数与水稻生产中某项节水技术的采用呈负相关性，这可能与农田管理者从事农业的时间因为非农工作而减少有关。Holly 等（2010）分析了张掖市民乐县农户的外出和本地非农就业对地表水灌溉用水的影响，得出的结论是无论是本地还是外出非农就业，对节水技术采用都没有明显的影响。因此，关于非农就业对节水技术采用的影响方向，目前还没有一致的结论。

（二）其他因素对节水技术采用的影响

节水技术采用除了受到非农就业影响外，还受到多种因素的影响，表 2-3 列出了已有文献关注的一些可能影响节水技术采用的其他主要因素。

表 2-3　　　　　　　其他影响灌溉节水技术采用的因素

其他因素	结论	区域	数据类型	方法	文献
灌溉特征					
水资源稀缺度	+	中国	截面	Logistic	Liu 等，2008；Zia 等，2011；李俊利、张俊飚，2011
	不显著	中国	截面	Logit/Probit	Cremades 等，2015
水价	+	中国	截面	Logit	许朗等，2010；李俊利、张俊飚，2011；王昱等，2012
	−	中国	截面	Logit/Probit	Carey 等，2002；Cremades 等，2015
农户特征					
年龄	−	中国	截面	Logistic/Probit	Zia 等，2011；李俊利、张俊飚，2011；王昱等，2012；Holley 等，2010
	不显著	中国	截面	Logit/Probit	Zhou 等，2008；Cremades 等，2015
教育	+	中国	截面	Logit/Probit	He 等，2007；Schuck 等，2005；Zhou 等，2008；刘红梅等，2008；李俊利、张俊飚，2011
	不显著	中国	截面	Logit/Probit	Cremades 等，2015
家庭人口规模	+	中国	截面	Logit/Probit	He 等，2007；Holley 等，2010
	−	中国	截面	Logistic	Zhou 等，2008；Zia 等，2011；Yin 等，2016
收入情况	+	中国	截面	Logit	张兵、周彬，2006；Zhou 等，2008；Liu，2008
	不显著	美国	截面	Logit	Schuck 等，2005；廖西元等，2006
补贴与培训					
是否有补贴	+	中国	截面	Logit	He 等，2007；Holley 等，2010；李俊利、张俊飚，2011；王昱，2012；Cremades 等，2015
	−	中国	面板	Tobit	Blanke 等，2007；刘亚克等，2013
节水技术认知	+	中国	截面	Logistic	He 等，2007；Zia 等，2011；周玉玺等，2014

续表

其他因素	结论	区域	数据类型	方法	文献
是否有培训	+	中国	截面	Logistic	He 等，2007；李俊利、张俊飚，2011
土地特征					
灌溉面积比例	+	美国	截面	Logit/Probit	Schuck 等，2005；Liu 等，2008
	−	中国	面板	Logit/Probit	刘亚克等，2011；Cremades 等，2015
耕地面积	+	中国	截面	Logit/Probit	张兵、周彬，2006；王昱 等，2012；刘亚克等，2011
	−	中国	面板	Tobit	Green，1996；刘亚克等，2011
土地细碎化	−	中国	截面	Logit	李俊利、张俊飚，2011；王昱 等，2012
土地质量	+	中国	截面	Logit/Probit	Zhou 等，2008；黄玉祥等，2012
	不显著	中国	面板	Tobit	Liu 等，2008；Cremades 等，2015
经济作物比例	+	中国	面板	Tobit	Liu 等，2008；刘亚克等，2011；王昱 等，2012

注："＋"表示正向影响，"－"表示负向影响。

资料来源：笔者整理。

1. 灌溉特征

村灌溉供水可靠性越低，水资源稀缺程度越高，会促进节水技术的采用（王昱等，2012；Zia et al.，2011；Liu et al.，2008）。王昱等（2012）和李俊利（2011）研究认为，灌溉用水价格越高，农户采用节水技术的可能性越高。但是 Cremades 等（2015）研究发现，水价和节水技术采用呈负相关性。Liu 等（2008）研究提出水资源的稀缺程度是影响农户采用节水灌溉技术的决定因素。

2. 农户特征

农户的受教育程度会促进节水技术的采用（李俊利、张俊飚，2011；Zhou et al.，2008；刘红梅等，2008；He et al.，2007；Schuck et al.，2005），也有学者认为，受教育程度的影响并不明显（Cremades et al.，2015）。农户对节水技术的认知以及灌溉投资的满意度也会对节水技术采用产生影响（许朗、胡莉红，2017；Zia et al.，2011；He，2007）。农户家庭收入在节水技术采用中的作用也不容忽视，人均收入越高，采用节水技术的可能性越低（Zhou et al.，2008；Liu et al.，2008）。Carey 等（2002）采用随机动态模型研究发现，如果农户预期采用节水技术所需要的成本高于收益，那么该农户就会倾向于不进行新的技术投资。

3. 补贴与培训

He 等（2007）研究发现，政府对农户进行各类节水技术采用的培训指导，提供节水技术采用补贴，会对农户采用节水技术有积极的促进作用。李俊利、张俊飚（2011）也得出了类似的结论。此外，农户对节水技术的认知程度也会影响其是否采用节水技术的决策，Zia 等（2011）研究发现，本身对各类节水技术比较熟悉的农户，更愿意采用节水技术。

4. 土地特征

土地特征也会显著影响节水技术采用，包括耕地面积、耕地质量、耕地细碎化程度以及土壤类型等方面（刘军等，2015；刘红梅等，2008；Schuk et al.，2005；Green et al.，1996）。Green 等（1996）通过定量研究发现作物耕地特征，如土壤的渗透性、耕地规模等对农户节水技术的采用有显著影响。Schuck 等（2005）发现，土地产权、耕地规模对节水灌溉技术的采用有正向影响。刘红梅等（2008）发现，耕地细碎化程度越高，越不利于农户节水技术的采用。

二 非农就业对灌溉用水量的影响研究

（一）非农就业对灌溉用水量的影响

关于非农就业对灌溉用水影响的研究较为匮乏，在目前涉及非农就业影响灌溉用水的研究中，从非农就业的差异化角度看，学者主要从非农就业的区域选择差异来分析非农就业对灌溉用水需求的影响。研究内容上，包括对灌溉用水量的影响，以及对灌溉次数和灌溉时间的影响。研究方法上，以计量模型为主，依据研究内容的不同，涉及似不相关回归、两阶段最小二乘法以及 Logit 模型等多种方法。

从研究结论看，目前大多数学者认为，非农就业会减少灌溉用水量。Holly 等（2010）分析了中国张掖市民乐县农户的外出和本地非农就业对地表水灌溉用水的影响，得出无论是在本地还是外出非农就业，都会对农业生产中的每亩用水量产生负面影响，并且本地非农就业产生的负面影响更加显著。Yin 等（2016）通过实证分析本地非农就业和外地非农就业两种不同的非农就业形式对中国北方河北省地下水灌溉用水的影响，发现非农就业对灌溉用水量有负向影响，家庭劳动力外出就业增加1%会减少总灌溉时间的1.54%和地下水抽取总量的1.33%，但是其研究结果没有显示非农就业对灌溉次数产生影响，不过文中也指出可能是因为小麦生产在研究区（中国河北）严重依赖灌溉，放弃一次灌溉将显著减少产量。此外，Wang（2016）研究发展中国家农村人口转移对农村集体行动的影响，也有涉及对灌溉行为的影响分析，具体分析了农村向城市的人口转移对集体灌溉管理造成的不利影响，发现中国农村人口向外迁移对于集体灌溉形式有负向影响，外出迁移的人口比例以及户数比例越高，渠道、机井等集体灌溉形式的比例越小，农业生产对雨养依赖越严重，相应的灌溉用水就越少。

（二）其他因素对灌溉用水量的影响

1. 节水技术

各类节水技术的研究表明，使用节水技术可以显著减少灌溉用水量。学者主要采用的方法包括计量分析（许朗、胡莉红，2017；Huang et al.，2016；Wang et al.，2015；冯保清，2013）和水文模型（Fishman et al.，2015；彭致功等，2012；Xu et al.，2010；王贵玲等，2005），也有学者通过实验观测进行分析（Zhang et al.，2014；Foster et al.，2010；Zhang and Cai，2001），同时也存在少量的描述分析（张宝东等，2011；郑昌晶等，2010；Thompson et al.，2009）。计量分析在具体的研究模型上，除了传统的 OLS 外（冯保清等，2013），固定效应模型以及 Tobit 模型等也被用于此问题的分析（许朗、胡莉红，2017；Huang et al.，2016）。水文模型是学者研究该问题采用的主要方法之一，王贵玲等（2005）和彭致功等（2012）均通过水文模型，设立不同水资源开发利用情景研究节水技术对灌溉用水的影响，地下水平衡模型也被相关学者应用于对该问题的研究（Fishman et al.，2015；Xu et al.，2010）。在实验观测法的应用上，学者主要是比较是否采用节水技术，以及采用不同节水技术情况下灌溉用水量的差异（Foster and Perry，2010；Zhang and Cai，2001），也有学者关注使用节水技术后地下水动态平衡的变化（Zhang et al.，2014）。除此之外，郑昌晶等（2010）通过地下水二手监测数据，推算节水技术是否对灌溉用水产生影响。李国正、赵拥军（2007），张光辉等（2009）以及 Thompson 等（2009）也都通过文献资料阐述了节水技术对灌溉用水的影响。

2. 灌溉管理制度和灌溉水源

灌溉特征对用水量的影响包括多个方面，灌溉管理制度会对用水决策造成影响，不同的灌溉管理制度影响方向也不同。王金霞等（2011）发现，集体管理会增加农户的灌溉用水量，而用水者协会管理和承包管理形式会显著减少农户用水量，但是在缺乏激励的情况下，用水者协会也不能持久地产生节水的作用。但是也有学者发现，用水者协会对农户灌溉用水的影响并不显著（王亚华，2013；Wang et al.，2005）。灌溉面积会增加农户灌溉用水量，很多学者的研究也证明了这一事实（Zuo et al.，2016；Shiferaw et al.，2008）。机井特征和灌溉水源也引起学者的关注，井深和机井出水量会显著减少农户的灌溉用水量，而泵功率越大，农户灌溉用水量越多（Yin et al.，2016；赵勇等，2007）。

3. 水价和水权

水价对用水量的影响作用可以通过多种途径实现。总体上看，农业水价的提高会使农户减少灌溉用水量，一方面水价直接影响农户采用节水技术或加强用水管理，直接产生节水的效果（Cremades et al.，2015；Zou et al.，2013）；另一方面则是通过影响农户调整种植结构，减少耗水作物的种植比例而达到减少灌溉用水的效果（Schoengold and Sundin，2014；Berbel and Gomez-Limon，2000）。除了水价外，水权也会对灌溉用水造成影响。Holly 等（2010）发现，水权面积占灌溉面积的比例越高，农户的灌溉用水量越少。但是 Zuo 等（2016）研究认为，水权总量对农户灌溉用水量的影响并不显著。也有学者研究发现，农业水价政策改革并不能降低水的消耗，因为供水单位缺乏减少供水的激励，提高水价反而会提高供水单位的收益，减少农民的福利（郭善民等，2004）。

4. 气候变化

灌溉用水对气候变化十分敏感。在微观上，气温和降水的变化等将影响作物的灌溉需水量。在诸多气象因子中，降水和气温是影响农业灌溉用水的两个最直接的气象因子（Shahid，2011；Wei and Lu，2009；Schoengold et al.，2006）。国内外已有很多研究关注气候变化对灌溉用水的影响，绝大部分都发现气候变化，尤其是温度的上升，虽然对不同作物的影响有差异，但是会显著增加作物的灌溉需水量（王小军，2011；张建平等，2009；Silva et al.，2007；刘晓英，2004）。Fischer 等（2006）利用全球和区域的社会经济情景模拟，认为全球气候变化对灌溉水需求增加的影响可能和社会经济的发展一样重要。Rodríguez Díaz 等（2007）研究了气候变化在西班牙瓜达尔基维尔河流域对灌溉用水需求的影响，估计 2050 年季节性灌溉用水会增长 15%—20%。可以发现，大部分研究的观点秉持气候变化会增加作物灌溉用水量，但是不同作物受到的影响程度有所不同。

5. 农户特征

家庭特征主要涉及户主年龄，受教育程度以及家庭人口结构和家庭收入等方面。户主年龄对灌溉用水量的影响结论不一致，有学者得出正向的影响（Shiferaw et al.，2008），有学者认为，年龄与灌溉用水量呈负相关性（Zuo et al.，2016；Castro，2010），还有学者认为年龄和灌溉用水量没有显著的关系（Yin et al.，2016）。教育对灌溉用水量的影响结论和年龄类似，也存在正向、负向和不显著的研究结论。随着农户年岁的增长和受教育水平的提高，其务农经验和学习能力能够使农户掌握生产技术从而减少不必要的灌溉（Zuo et al.，2016；杨宇，2015）。关于家庭人口结构，老年人口比例越高，灌溉用水量越少，但 Holly 等（2010）得出的是影响不显著。但是大部分研究对于家庭儿童人数占比和灌溉用水量的关系结论一致，认为前者没有显著的影响。Zuo 等（2016）认为，农户家庭净收入越高，灌溉用水量越多，但如果收入来源主要是粮食种植的情况，这一比例越高，那么用水量越少。

6. 土地特征

土地特征也会对灌溉用水产生影响。在土壤类型上，土壤保水性好也能够减少灌溉用水（Schoengold et al.，2006）。家庭土地规模对灌溉用水量有正向影响（Yin et al.，2016），但是也有学者得出了相反的结论，认为家庭平均地块规模会促进灌溉用水量的减少（Holly et al.，2010）。同时，也有学者支持地块面积以及地块数对灌溉用水量没有显著影响的结论（Yin et al.，2016；Shiferaw et al.，2008）。地形也会影响灌溉用水量，Schoengold 等（2006）认为，地块坡度越大，灌溉用水量越多。赵勇等（2007）也得出了类似的结论，认为土地越不平整，灌溉用水量越多。

三 非农就业对灌溉用水技术效率的影响研究

（一）灌溉用水技术效率的定义

对于经济学方面的灌溉用水技术效率，还缺乏足够的关注。Kopp（1981）基于径向产出导向的技术效率概念，将灌溉用水技术效率定义为在当前技术条件下，假设产出和其他投入要素不变的情况下，农户可能达到的最小灌溉用水量与实际灌溉用水量的比值，这也是后文中对灌溉用水技术效率进行测定的主要依据。Kaneko 等（2004）和 Wang 等（2005）进一步指出灌溉用水技术效率根据特定投入技术效率的概念定义，更具有经济意义。可以将其定义为最低可行用水与所观察到的用水的比率，以一定生产技术为条件观察产出水平和其他投入。灌溉用水技术效率是以普通投入为导向测量技术效率，允许径向减少灌溉用水量。

（二）非农就业对灌溉用水技术效率的影响

在涉及非农就业影响灌溉用水技术效率的研究中，研究数据上，多为宏观层面的省级农业生产数据或者微观农户调研的截面数据，面板数据较少；研究方法上，以 DEA 和 SFA 为代表的随机前沿函数分析法为主，计算灌溉用水的偏要素生产率；在测算出灌溉用水技术效率后，还有学者利用线性回归模型或者 Tobit 模型对影响效率的因素进行估计；研究内容上，在可能影响灌溉技术效率的非农就业相关因素中，非农收入和非农就业劳动力比例的影响较为显著，但是学者关于非农就业因素对灌溉技术效率具体影响方向的结论有所差别。

张新焕等（2013）指出，非农收入比重和农户灌溉用水技术效率呈正相关关系，农户自身因素影响农户对灌溉和节水的认识，政府决策能够有效调控农户决策行为。耿献辉等（2014）通过截面数据对新疆棉农的灌溉用水技术效率进行研究，发现非农就业机会增加可以促进灌溉用水技术效率的提高，主要是因为农业生产劳动力数量减少，从而能够促进农业生产机械化。Yin 等（2016）分析发现，农户家庭中本地非农就业的家庭成员比例与灌溉技术效率呈正相关性。但是，许朗、黄莺（2012）从农户微观层面运用随机前沿分析方法测度农业生产的灌溉用水技术效率，并用 Tobit 模型分析影响用水技术效率的因素，结果发现农业劳动力数量能够促进灌溉用水技术效率的提高。但是与之相反，非农收入在总收入中所占比例越高，灌溉用水技术效率越低。

因此，目前关于非农就业对灌溉用水技术效率的影响研究中，一是缺乏长期的面板数据，无法反映出灌溉用水技术效率的变化趋势；二是研究结论不统一，缺少对非农就业所产生影响的系统全面的分析。

（三）其他因素对灌溉用水技术效率的影响

除了非农就业外，许多其他因素也会对灌溉用水技术效率产生影响（见表 2-4），下面主要概括和总结一些主要因素的影响。

表 2-4　　　　其他影响灌溉用水技术效率的因素汇总

其他因素	结论	区域	数据类型	方法	文献
灌溉特征					
水价	+	中国	面板	SFA/2SLS	王晓娟、李周，2005；耿献辉等，2014；陈大波等，2012
	不显著	中国	截面	SFA/Tobit	刘军，2016；Tang 等，2015

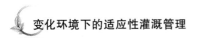

续表

其他因素	结论	区域	数据类型	方法	文献
灌溉水源	+	中国	面板	SFA/2SLS	王晓娟、李周，2005；宋春晓等，2014
	−	中国/希腊	截面	DEA/OLS/Tobit	Karagiannis 等，2003；付强等，2017
节水技术	+	中国	截面	OLS/GWR	王晓娟、李周，2005；耿献辉等，2014；许朗、胡莉红，2017；Yin 等，2016
农户特征					
年龄	−	突尼斯/中国/南非/希腊	面板截面	SFA/Tobit	Dhehibi 等，2007；刘军，2015；Speelman 等，2007；Chebil 等，2012
	不显著	南非/突尼斯	截面	DEA/Tobit	许朗、胡莉红，2017；耿献辉等，2014；Yin 等，2016；Tang 等，2015
受教育年限	+	突尼斯/希腊	面板	SFA/DEA/Tobit	Karagiannis，2003；Dhehibi 等，2007；Chebil，2012
	不显著	中国	截面	SFA/Tobit	许朗、黄莺，2012；Speelman 等，2007；宋春晓等，2014；Tang 等，2015；刘军，2016；Yin 等，2016
劳动力规模	+	中国/突尼斯	面板	SFA/Tobit	Dhehibi 等，2007；许朗，2012
	−	中国	截面	SFA/Tobit	耿献辉等，2014
	不显著	南非	截面	DEA/Tobit	Speelman，2007；Yin 等，2016
农业收入	+	中国	面板	SFA/Tobit	陈大波等，2012；宋春晓等，2014；刘军，2016
	−	希腊	截面	SFA	Karagiannis 等，2003
土地特征					
土地规模	+	突尼斯/中国	面板	SFA	Dhehibi 等，2007；刘军等，2012
	−	南非/中国	截面	DEA/Tobit	Speelman 等，2007；Yin 等，2016
	不显著	中国/希腊	截面	DEA/Tobit	Chebil 等，2012；宋春晓等，2014

其他因素	结论	区域	数据类型	方法	文献
细碎化程度	+	中国	截面	SFA/Tobit	耿献辉等，2014；Tang 等，2015；Yin 等，2016
	−	南非	截面	DEA/Tobit	Speelman 等，2007
土地质量	+	中国	面板	SFA/2SLS	王晓娟、李周，2005；Yin 等，2016
土地产权	+	南非	截面	DEA/Tobit	Speelman 等，2007；Chebil 等，2012
	−	希腊	截面	SFA	Karagiannis 等，2003
认知和培训					
水资源稀缺程度的认知	+	中国	截面	SFA/Tobit	许朗、黄莺，2012；许朗、胡莉红，2017
	不显著	中国	截面	SFA	Tang 等，2015
技术推广培训	+	突尼斯/中国	截面	SFA/Tobit	刘军等，2016；耿献辉等，2014；陈大波等，2012；Chebil 等，2012
	不显著	中国	截面	SFA/Tobit	许朗、黄莺，2012；Yin 等，2016

注："+"表示正向影响，"−"表示负向影响。

资料来源：笔者整理。

1. 水价

水价对灌溉用水技术效率的影响存在多种可能性。一般认为，灌溉水价和灌溉用水技术效率呈现显著正相关性（耿献辉，2014；陈大波等，2012；王晓娟、李周，2005），但是许朗、黄莺（2012）认为，高水价会降低灌溉用水技术效率，而刘军（2016）和 Tang（2015）则认为，灌溉水价和灌溉用水技术效率没有显著的相关性。Maher（2009）通过建立灌溉水量与水价的回归模型，得出水价是影响农业灌溉水利用率的主要因素。刘渝等（2007）认为，水价是影响农业水资源利用效率的主要因素。王晓娟、李周（2005）证实了提高渠水使用的比例、提高水价、采用节水灌溉技术以及建立用水者协会对灌溉用水技术效率的提高均有积极作用。

2. 农户特征

农户特征对灌溉用水技术效率的影响也涉及年龄、受教育程度、家庭劳动力规模以及农业收入等方面。关于户主年龄对灌溉用水技术效率的影响同样没有一致的结论，有研究认为户主年龄越大，经验越丰富，会提高灌溉用水技术效率（许朗、黄莺，2012）。但是更多的学者发现年龄对灌溉用水技术效率有显著的负面影响（刘军等，2015；Chebil et al.，2012；Speelman et al.，2007；Dhehibi et al.，2007）。Dhehibi 等（2007）对尼泊尔和突尼斯柑橘种植农户的面板数据进行超越对数随机前沿生产函数分析，结果显示户主年龄和水资源可利用程度会对灌溉用水技术效率产生负面影响。也有研究结论认为，年龄和灌溉用水技术效率没有显著的相关性（耿献辉等，2014；Chebil et al.，2012；Speelman et al.，2007；Karagiannis，2003）。与年龄类似，家庭农业收入以及劳动力规模对灌溉技术效率的影响同样没有明确定论。张新焕等（2013）指出，农户对滴灌的了解程度、农户性别、家庭劳动力平均年龄都会对灌溉用水技术效率产生影响。许朗、胡莉红（2017）研究发现，农户年龄、家庭农业劳动力人数、对水资源紧缺的认知程度，对于灌溉用水技术效率有积极影响。

3. 土地特征

关于土地规模对灌溉用水技术效率的影响存在多种结果，有学者研究认为，土地规模越大，越有利于效率提升（Dhehibi et al.，2007；刘军等，2012），但是也有学者得出了相反的结论（Speelman et al.，2007；Yin et al.，2016）。地块细碎化程度越高，农户灌溉用水技术效率越低（耿献辉等，2014；Tang et al.，2015），但是 Speelman 等（2007）研究认为，地块细碎，农户方便精耕细作，灌溉用水技术效率反而会提高。

4. 认知和培训

农户自身对水资源稀缺程度的认知，会影响灌溉技术效率，许朗、黄莺（2012）研究认为，农户若觉得村里水资源稀缺，会对灌溉技术效率有正向影响，但是 Tang 等（2015）的研究结果认为，影响并不显著。很多学者发现技术培训会显著提高农户灌溉用水技术效率（刘军等，2016；耿献辉等，2014；陈大波等，2012；Chebil et al.，2012），但也有学者的研究结论是该因素作用并不明显（许朗、黄莺，2012；Yin et al.，2016）。

第四节 国内外研究述评

基于以上文献综述可知，在中国灌溉发展面临诸多水资源挑战，且农村社会经济发展面临着以非农就业为主要特征之一的变化背景下，非农就业对农业生产中除水以外其他要素的影响已经有了较为全面的分析，但是其对农户灌溉决策以及灌溉用水技术效率的影响还需要进一步深入分析。然而，现有文献在研究数据、研究视角以及研究思路与方法上，还主要存在以下不足：

第一，研究数据上，缺少基于长时期微观面板数据的实证研究。当前的研究基本以截面数据为主，这类数据一方面影响了研究的精确性，另一方面也限制了计量模型的应用。以非农就业对灌溉用水技术效率的影响为例，多采用截面数据，不仅在随机前沿生产函数估计方法的选择上受限，也无法观测灌溉用水技术效率的长期变化趋势。

第二，研究视角上，非农就业对灌溉的影响未获得足够关注，对非农就业这一关键因素的分析维度单一。首先，当前政府和学界对灌溉的管理多局限于灌溉部门内部，对非农就业为特征之一的农村社会环境变化关注不够。在非农就业对农业产出与投入的影响研究中，缺乏对非农就业和灌溉之间关系的系统性分析。其次，大部分研究都没有把非农就业作为关键变量，多局限于单一因素的影响，缺乏对非农就业这一因素多维度的探讨，包括非农就业地域差异所产生的影响。

第三，研究思路和方法上，非农就业对灌溉决策的研究有待进一步细化。以非农就业对农户节水技术采用的影响为例，现有研究以某一类具体的节水技术为主，研究区域单一，没有对节水技术类型进行详细划分。在非农就业对灌溉用水量的影响研究中，虽然部分研究对作物类型进行了区分，但是缺乏对灌溉水源的划分，只单独针对地表水或者地下水灌溉进行研究。在研究方法上，各研究之间模型的设定和结论差异性较大，并且对非农就业的内生性以及计量结果的稳健性分析不足。

第三章

非农就业的现状及变化趋势

本章运用宏观层面的相关统计数据与微观调研数据，主要对中国农村劳动力参与非农就业的变化趋势与演进特征进行研究。第一节对中国非农就业政策分阶段进行概述，第二节利用宏观统计数据，描述中国农村劳动力的非农就业基本演变趋势，第三节利用微观调查数据，分析样本区农村非农就业劳动力的现状与特征。

第一节　中国非农就业政策背景

在中国农村劳动力非农就业的变化历程中，政府层面对农村劳动力非农就业的政策在其中起着重要的引导作用，按照改革开放后政府对农村劳动力非农就业的态度，大致可以分为五个阶段。

2000 年以前，政府对农村劳动力非农就业的政策态度经历了逐步放宽到规划约束的过程。改革开放初期，政府开始放松对农村劳动力非农就业的限制，农村剩余劳动力向本地乡镇企业转移（段文婷，2014）。在这一时期，非农就业机会被看作村干部是否有能力提高村庄福利的良好指标，如在乡镇企业的工作机会等。1984—1988 年属于第二阶段，政府开始允许农村劳动力在不同地区之间流动，允许农村劳动力外出择业，农村劳动力的非农就业进入较快增长的时期。随后是 1989—1991 年，政府开始控制农村劳动力盲目外流，设置农民进城指标，农民非农就业发展有所停滞。1992—2000 年，政府对农村外出务工劳动力实行规范流动政策，从制度层面上对农村劳动力进城非农就业行为进行规范约束，鼓励和引导农村劳动力就近非农就业，提倡农村劳动力的合理有序流动（林毅夫等，2010）。

2000 年以后，政府致力于促进农村劳动力"公平流动"，以消除劳动力流动障碍和实施旨在促进城乡劳动力市场一体化发展为目标的综合改革为特征（林理升等，2006；宋洪远等，2002），中央一号文件持续多年对农村劳动力非农就业提出发展意见。2004 年的中央一号文件明确强调"加快农村劳动力转移"。2007 年中央一号文件提出"鼓励外出农民工回乡创业"。2013 年中央一号文件指出"有序推进农业转移人口市民化，推动公共服务的覆盖普及"。2015 年中央一号文件提出"拓宽农村外部增收渠道，促进农民转移就业和创业"。2016 年中央一号文件也对农村劳动力非农就业保持关注，提出"大力促进就地就近转移就业创业，稳定并扩大外出农民工规模，支持农民工返乡创业"。

由此可以发现，从 2000 年开始，政府已经由原来的调控限制转向了积极帮扶农民就业和转移的决策，统筹城乡就业，取消农民进城务工的不合理限制，并对农村劳动力流动所涉及的服务配套方面进行改革，推进农民非农就业，保障农民工权益，促进农民增收。

第二节　非农就业总体趋势

一　非农就业参与率变化

本节首先采用国家统计局的具有全国代表性的数据，对中国农村劳动力非农就业参与率进行一个宏观层面概览性的度量分析（见图3-1）。

该部分数据具体来源为历年《中国农村统计年鉴》以及《农民工监测调查报告》（2008 年之后）中关于农村劳动力就业的部分，年份跨度为 2000—2016 年。统计数据显示，中国农村劳动力的非农就业参与率总体呈上升趋势，从 2000 年的 30.9% 增长至 2016 年的

74.9%，年均增长 2.8 个百分点。与之前年段的增长速度相比，2000 年之后的非农参与率增长速度显著加快，这得益于上文分析的政府在 2000 年之后实施一系列综合改革推动农村劳动力非农就业的政策背景。虽然在 2008 年中国经历了国际金融危机的冲击，对农村劳动力非农就业产生了一定影响，但是危机爆发一年后，中国非农就业又恢复到之前的水平，并且在此后保持着稳定的增长。

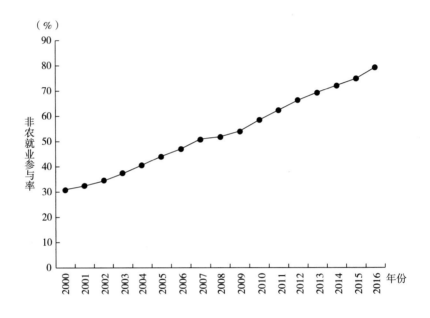

图 3-1　中国农村劳动力非农就业参与率趋势

资料来源：国家统计局。

二　非农收入变化趋势

随着农村劳动力非农就业参与率的不断上升，非农收入及其在农民人均可支配收入中的比例也水涨船高。从非农收入的变化趋势看（见图 3-2），2000 年以来，中国农村人均非农收入呈现持续增长的趋势，从 2000 年的 1039 元增长到 2016 年的 6482 元，增加了 5 倍多。从非农收入占农民人均可支配收入的比例看，其变化趋势和外出非农就业增量的变化有些类似。2000—2006 年，非农收入占农民人均可支配收入的比例一直保持着上升的状态，从46%增长到50%。虽然2007年和2008年由于国际金融危机冲击，出现了轻微的下降，但是2009年之后非农收入占农民可支配收入的比例又回归增长状态，至2013年该比例已经高达55%，非农收入在农民可支配收入中的比重已经超过了传统农业收入。但是近年来，该比例出现了下降趋势，2014年之后非农收入占农民人均可支配收入的比重约为52%，下降了3个百分点。研究认为，农村劳动力外出就业对农村内部收入增长和分配有积极作用（蔡昉、王美艳，2009；王德文、蔡昉，2006），因此，同时期农民外出非农就业增量的下降，可能是造成非农收入增长动力不足的一个原因。

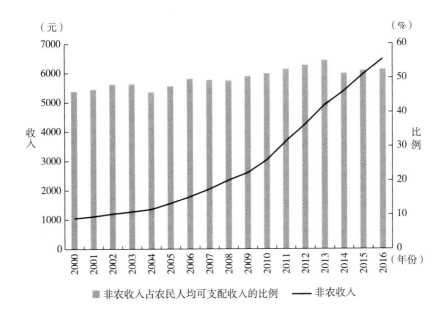

图3-2　非农收入及其占农民人均可支配收入的比例

数据来源：国家统计局。

同样地，为了分析非农收入的增加程度和增长速度，根据国家统计局统计数据计算得到非农收入的环比增长率和年增量，具体见图3-3。从图3-3中可以看出，非农收入的年增长量处于波动性上升的状态，而其增长率则出现了波动性下降的趋势。依据非农收入的年增长量以及增长率的变化大致可以分为三个阶段。第一阶段是 2000—2004 年，非农收入的年增长量不超过 100 元，年增长率低于 10%，这一阶段是非农收入开始逐渐上升的阶段。第二阶段是 2005—2011 年，非农收入的年增长量和增长率呈现快速增长的趋势，农民每年非农收入增长量从 2005 年的 203 元增加到 2011 年的 633 元，年增长率从 13% 提高到 17%，这一阶段是非农收入快速增加的阶段。2012 年之后是第三阶段，非农收入增长放缓，增长速度出现下降趋势，虽然绝对增长量依旧保持着一个较高的水准，但是 2016 年的年增长率已降低到 8%，不到 2011 年增长率的 50%。

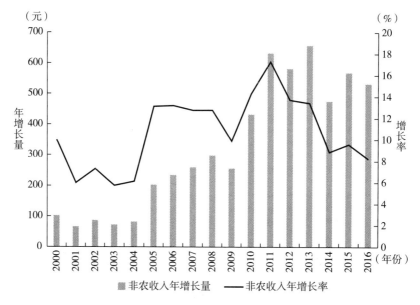

图 3-3　农村居民非农收入的年增长量和增长率

数据来源：根据国家统计局数据测算。

三　非农就业地域变化

（一）本地和外出非农就业变化趋势

从农村非农就业劳动力就业地域选择可以发现（见图 3-4），外出非农就业比例呈现增长的趋势，外出非农就业是农村劳动力的主要选择。依据国家统计局的调查口径，外出非农就业劳动力定义为本年度内在本乡以外的地域就业 1 个月以上的农村劳动力。以往研究表明，改革开放后 16%—20% 的 GDP 增长归功于农村劳动力外出就业（Jia et al.，2017；Cai and Wang，1999）。2000 年，在农村非农就业劳动力就业地域组成中，本地非农就业所占比例为 48%，外出非农就业比例为 52%。2002 年，政府采取的消除劳动力流动障碍和实施旨在促进城乡劳动力市场一体化发展为目标的综合改革初见成效，外出非农就业比例迅速增长到 63%，比 2000 年提高了 11 个百分点，增加了 21%。到 2003 年，外出非农就业一度达到 64%，是近 20 年来的最高点。从 2004 年至 2013 年，外出非农就业水平也一直都保持着较为稳定的势头，所占比例均超过 61%，超过 2/3 的农村非农就业劳动力选择外出就业。2013 年以后，外出非农就业的比例开始有所回落，从 62% 降低到 2017 年的60%，但依然保持着较高的水平。

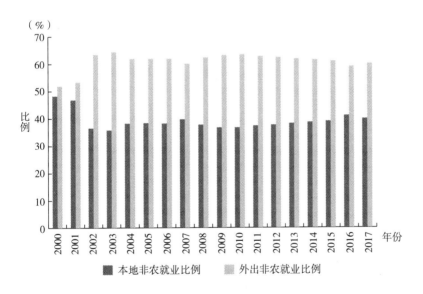

图 3-4　农村非农就业劳动力中本地非农就业和外出非农就业比例

资料来源：根据国家统计局数据测算。

为了分析外出非农就业人数的增加程度和增长速度，通过国家统计局历年数据计算得到外出非农就业人数的年增长量和环比增长率，具体见图 3-5。从图 3-5 中可以看出，外出非农就业人数增长量与年增长率呈现一致的变化趋势，依据其增长量和年增长率的波动性变化，其变化趋势大致可以分为四个阶段。第一阶段是 2000—2002 年，中国每年新增的外出非农就业人数从 200 万迅速上升为 2071 万，年均增长率从 2.6% 攀升至 24.7%。之所以 2002 年出现这种爆发式增长，原因在上文中也有所涉及，主要是由于政府为了促进农村劳动力地区间公平性流动采取了一系列改革措施。第二阶段是 2003—2006 年，在 2002 年的爆发式增长后，外出非农就业的年增长量有所回落，但是直至 2006 年依然保持着每年超过 500 万人的平稳增量。第三阶段是 2007—2010 年，2007 年之后由于国际金融危机冲击的影响，外出非农就业人员增长量有所下降，年增长率放缓，但是年增长率在此期间比较平稳，保持在 3% 左右的水平。第四个阶段是 2011 年之后，外出非农就业的年增长率出现明显下降，尤其是 2015 年和 2016 年，每年新增外出非农就业劳动力约为 60 万人，增长率为历年最低水平。但是 2017 年增长情况有所回升，但是无法判断外出非农就业增长的放缓是暂时性的还是持续性的，其变化趋势还需要进一步的观察。

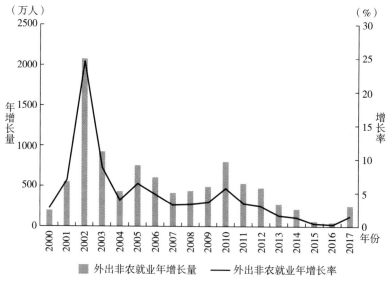

图 3-5　外出非农就业劳动力年增长量和增长率

资料来源：根据国家统计局数据测算。

（二）跨省就业变化趋势

外出非农就业进一步细分，可以分为省内非农就业和跨省非农就业。从表3-1可以发现，虽然外出非农就业比例逐年上升，但是农村劳动力跨省从事非农工作的比例却在逐年下降。或者说，省内工作逐渐成为农村劳动力外出就业的主要选择，但是不同地域之间存在显著差异。从全国范围看，跨省流动占外出非农就业的比例在近年一直处于下降状态，从2008年的53.6%下降至2017年的44.7%，下降了将近10个百分点，并且省内就业比例在2011年首次超过跨省就业的比例。从不同地域看，各地域的跨省就业比例也都呈现下降趋势。东部地区跨省就业的比例最低，常年保持在20%左右，下降幅度不明显，2008—2017年仅减少了2.8个百分点。中部地区和西部地区外出非农就业中，跨省就业比例也均在减少，但其依然是外出就业的主要选择。尤其是中部地区，跨省就业占外出就业的比重虽然10年间下降了近10个百分点，但是2017年依然高达61.3%，跨省就业比重在三个地区中最高。西部地区随着跨省就业比重的持续降低，省内就业和跨省就业基本持平，跨省就业的比例在2017年为51.0%。前文中发现，近年来外出非农就业比例上升势头有所减缓，现从其内部分析可以进一步发现，省内就业不断增加，跨省就业比例逐步下降，农村劳动力非农就业地域正在逐渐向省内倾斜，省内就业逐渐成为主要的就业选择。

表3-1 外出非农就业劳动力中跨省就业比例

年份	全国	东部地区	中部地区	西部地区
2008	53.6	20.3	71.0	63.0
2009	51.2	20.4	69.4	59.1
2010	50.3	19.7	69.1	56.9
2011	47.1	16.6	67.2	57.0
2012	46.8	16.3	66.2	56.6
2013	46.6	17.9	62.5	54.1
2014	46.8	18.3	62.8	53.9

续表

年份	全国	东部地区	中部地区	西部地区
2015	45.9	17.3	61.1	53.5
2016	45.3	17.8	62.0	52.2
2017	44.7	17.5	61.3	51.0

资料来源：国家统计局《农民工监测调查报告》。

第三节 农户非农就业演进与特征

一 农户非农就业变化趋势

从农户家庭非农就业劳动力比例看（见表3-2），农户家庭参与非农就业的劳动力比例总体上处于上升的状态。农户家庭非农就业的劳动力比例已经从2001年的32.1%增长到2015年的48.8%，说明样本农户家庭中有接近一半的劳动力都在从事非农工作，增长率接近50%。从非农就业比例的增长幅度看，虽然2011年之前非农就业比例均在增长，但是2007—2011年非农就业处于快速增长的阶段，年均增长约2.1%，增长速度是2004—2007年的4倍多。但是和同年度国家统计局的农村居民非农就业参与率相比，样本农户家庭非农就业劳动力比例较低，原因主要是调查区域中农业生产依旧是农户收入的主要来源之一，样本农户举家外出参与非农工作的情况较少，因此整体样本的非农就业参与率较低。

从分省份情况看，河北省农户非农就业劳动力比例最低，2015年仅为44.9%，比河南省低了8个百分点，增长幅度在三省份中也是最小的。宁夏农户家庭非农就业比例在2009年以前在三省份中最高，增长速度也最快，但是2009年以后非农就业比例增速放缓，开始被河南省超越。河南省农户参与非农就业的劳动力比例最高，从2001年的31.6%增长到2015年的52.9%，相应的增长幅度也最大，相比2001年非农就业比例增长了约67%。

表 3-2 农户家庭劳动力非农就业比例 单位:%

	总样本	河北	河南	宁夏
2001 年	32.1	30.5	31.6	33.9
2004 年	32.4	32.6	34.1	32.9
2007 年	35.5	35.5	34.5	37.1
2011 年	43.6	41.5	44.9	42.9
2015 年	48.8	44.9	52.9	46.8

资料来源：根据 CWIM 调查数据整理。

农村劳动力从事农业与非农就业参与的趋势逐渐形成了一个基本的特征，即正在从兼业从事非农工作向全职从事非农工作转变。从整体看（见表 3-3），农户家庭劳动力兼业比例和全职非农就业比例均在上升，兼业是农村劳动力的主流选择，但是全职非农就业比例不断增长，和兼业非农就业比例的差距逐步缩小。总体上看，在农户家庭非农就业劳动力比例中，农户家庭劳动力兼业比例和全职非农劳动力比例均是处于增长趋势的，这也符合非农就业比例上升的大背景。相比兼业比例，全职非农就业比例的上升速度更快，从 2001 年的 3.2%增长到 2015 年的 16.4%，提高了 13.2 个百分点，增长了 4 倍。兼业比例增长幅度很小，仅提高了不到 4 个百分点。由此可见，农村劳动力越来越倾向于全职从事非农就业。

从分省份情况看，宁夏的农户兼业比例最高，从 2001 年的 30.7%增长到 2015 年的 36.1%，但相应地，宁夏农户全职非农就业的劳动力比例在三省份中最低，2015 年出现了下降的现象，仅为 10.7%。河南省全职非农就业劳动力比例最高，并且一直处于增长的状态，到 2015 年农户家庭全职非农就业的劳动力比例已经达到 19.3%，比 2001 年增加了 4 倍多。河北的兼业比例最低，在 2004 年和 2007 年的短暂上升后一直处于下降趋势，到 2015 年兼业比例为 29.5%，低于三省份平均水平，但是河北的全职非农就业劳动力比例已超过 15%，仅次于河南省。根据 2015 年三省份的农业经营收入占农民可支配收入的比例可以发现，河南的比例是 30%、河北是 33%、宁夏为42%，因此，相比其他两省份，农业收入在宁夏农户的收入中依然占据重要部分，佐证宁夏兼业比例最高，全职非农就业比例最低也符合实际情况。

表 3-3 农户家庭劳动力兼业与全职非农比例 单位:%

	总样本	河北	河南	宁夏
兼业比例				
2001 年	28.9	27.6	27.9	30.7
2004 年	28.1	26.7	29.0	25.9
2007 年	27.4	30.1	27.3	28.2
2011 年	30.9	28.9	31.7	30.3
2015 年	32.4	29.5	33.7	36.1
全职非农比例				
2001 年	3.2	2.9	3.7	3.2
2004 年	4.3	5.9	5.1	7.0
2007 年	8.1	5.4	7.2	8.9
2011 年	12.7	12.6	13.2	12.6
2015 年	16.4	15.4	19.3	10.7

资料来源：根据 CWIM 调查数据整理。

从非农就业劳动力的就业地点来看（见表 3-4），农户本地非农就业劳动力比例和外出非农就业劳动力比例均在增长，本地非农就业是农村非农劳动力的主要选择，但是外出非农就业劳动力比例增长速度较快。和国家统计局的调查口径略有区别，调查中本地非农就业是指农民就业区域在户籍注册地所在的乡镇内，外出非农就业劳动力是指去户籍注册地所在乡镇以外的地方从事非农工作的农村劳动力。总体上看，相比本地非农就业，外出非农就业是非农就业劳动力的主要选择，从 2001 年的 15.5%持续增长到 2015 年的 33.6%，翻了一倍多，并且增长速度在不断加快，2001—2007 年的年均增长率约为0.5%，2007 年之后至 2015 年的年均增长率已超过 1.5%。与此同时，本地非农就业的劳动力比例呈现波动性的下降趋势，2001 年为

16.6%，在小幅度增长到 2011 年的 18.4% 后，2015 年下降为 15.1%，结合非农就业比例总体上升趋势的大背景，可以发现农村非农劳动力的跨地域流动趋势不断加深。从分省份情况分析发现，三省份的本地非农就业比例均呈现先增长后下降的趋势，但是变化幅度不大。而三省的外出非农就业比例在 2015 年都超过 30%，出现了大幅度的增长，增长幅度最高的是河南省，外出非农比例提高了近 23 个百分点，即使是增长幅度最低的宁夏，外出非农就业比例相比 2001 年也增长了约 13 个百分点。可见，近年来农户家庭非农就业比例的增长，很大程度上是由外出非农就业比例的攀升引起的，外出非农就业在非农就业的农户群体中占据主导地位。

表 3-4　　　农户家庭劳动力本地非农就业和外出非农就业比例　　单位:%

	总样本	河北	河南	宁夏
本地非农就业比例				
2001 年	16.6	17.3	18.2	14.6
2004 年	17.3	22.2	18.3	12.9
2007 年	16.0	16.3	15.9	17.1
2011 年	18.4	16.7	17.9	19.0
2015 年	15.1	14.9	16.9	15.1
外出非农就业比例				
2001 年	15.5	13.2	13.3	19.2
2004 年	16.0	10.5	15.7	20.2
2007 年	19.3	19.1	18.5	20.1
2011 年	24.7	24.8	27.1	24.0
2015 年	33.6	30.0	36.0	31.9

资料来源：根据 CWIM 调查数据整理。

二　非农就业劳动力特征

（一）年龄特征

从农村非农就业劳动力的年龄组成分布发现，总体上 40 岁以下的非农就业劳动力占据了主体部分，不同省份之间随时间的变化差异较大。整体上看（见表3-5），2001年农村非农就业劳动力中，40岁以下的青壮年所占比例达到了63.5%，超过2/3的非农就业劳动力为青壮年，其中16—25岁的年轻劳动力所占比例最大，高达30.4%。但是随着时间的变化，16—25岁青年劳动力的比例不断减少，到2015年已经下降到16.6%。26—30岁和31—40岁年龄段的变化趋势类似，26—30岁这一年龄段所占比例最小，并且变化不明显，在2001年以后略有增长，但是2015年相比2011年所占比例有所下滑。31—40岁这一年龄段的比例在波动中有所上升，2015年所占比例比2001年提高了1.5个百分点。50岁以上这一年龄段的变化趋势和16—25岁年龄段的变化趋势相反，一直保持着上升的态势，从2001年的13.2增长到2015年的23.2%，年均增长速度在各个年龄段中最快，体现出样本农户从事非农就业的劳动力有逐步老龄化的倾向。从分省份情况分析，各个省份的年轻劳动力比例都有所下滑，河北和宁夏16—25岁年龄段的劳动力所占比例下降幅度较大，2015年和2001年相比减少幅度均超过50%。

表3-5　　　　　　　非农就业劳动力的年龄组成分布　　　　　单位:%

	2001 年	2004 年	2007 年	2011 年	2015 年
总样本					
16—25 岁	30.4	31.9	23.3	20.9	16.6
26—30 岁	9.3	13.4	16.2	16.6	14.4
31—40 岁	23.8	21.1	22.9	21.9	25.3
41—50 岁	23.4	17.2	16.2	18.9	20.4
50 岁以上	13.2	16.0	21.3	21.6	23.2
河北					
16—25 岁	27.8	32.5	19.6	15.9	12.3
26—30 岁	4.2	6.0	19.6	20.6	13.5
31—40 岁	23.6	19.3	19.6	23.4	33.5
41—50 岁	29.2	21.7	14.4	14.0	21.9
50 岁以上	15.3	20.5	26.8	26.2	18.8

	2001 年	2004 年	2007 年	2011 年	2015 年
河南					
16—25 岁	27.3	32.3	26.2	24.2	21.1
26—30 岁	9.1	21.0	20.0	17.6	21.8
31—40 岁	21.2	21.0	24.6	22.0	27.2
41—50 岁	30.3	12.9	7.7	16.5	11.5
50 岁以上	12.1	12.9	21.5	19.8	18.4
宁夏					
16—25 岁	34.8	32.3	25.3	23.3	16.9
26—30 岁	13.5	14.9	9.9	11.7	8.9
31—40 岁	25.8	23.0	25.3	20.4	20.8
41—50 岁	13.5	16.1	24.2	26.2	26.7
50 岁以上	12.4	13.8	15.4	18.5	25.7

资料来源：根据 CWIM 调查数据整理。

（二）性别特征

从农户家庭非农就业劳动力的性别结构看（见表3-6），男性农民构成了非农就业的主体，但是女性比例也在逐渐攀升。中国逐渐发展完善的农村劳动力市场，对女性劳动力参与非农就业产生了正面影响。传统上男性农民会选择从事非农就业养家糊口，女性农民则更偏向于留在家中照看家人以及从事农业生产，这在一定程度上对农业生产产生影响。纵观2001—2015 年的性别构成变化，农村非农劳动力中男性比例一直居高不下，但是近年来女性比例也在逐步缓慢增长。2001 年农户家庭非农劳动力中，男性比例占 76.5%，女性仅为23.5%，只有男性比例的 1/3 左右。虽然非农就业劳动力中男性占了绝大多数，但是女性比例在逐渐提高，并且增长速度在不断加快。2015 年非农就业劳动力中男性比例为 67.7%，相比 2001 年下降了近9 个百分点。在 2011 年以前，女性比例呈现波动性变化，保持在24%左右的水平，但是 2011 年女性比例已经达到 29.9%，至 2015 年已超过30%，接近 1/3 的从事非农就业的农村劳动力是女性，相比

2007年每年提高约1个百分点。从分省份情况看，各省份的非农就业劳动力男女性别构成和总体的变化趋势基本一致，女性所占比例一直处于增长态势，并且在2015年均超过了30%。宁夏增长速度最快，从2001年的22.6%（三省份最低）增长到2015年的34.2%。

表3-6　　　　　　　　　非农就业劳动力性别结构　　　　　　　单位:%

	2001 年	2004 年	2007 年	2011 年	2015 年
总样本					
男性	76.5	75.0	76.2	70.1	67.7
女性	23.5	25.0	23.8	29.9	32.3
河北					
男性	77.4	73.8	78.1	69.6	68.8
女性	22.6	26.2	21.9	30.4	31.2
河南					
男性	74.5	74.6	77.0	75.0	68.3
女性	25.5	25.5	23.0	25.0	31.7
宁夏					
男性	77.4	76.7	73.6	66.4	65.8
女性	22.6	23.3	26.4	33.6	34.2

资料来源：根据 CWIM 调查数据整理。

（三）受教育程度

从非农就业劳动力的受教育程度分析发现（见表3-7），非农就业劳动力的受教育水平普遍不高，但是近年来受教育程度也有所提高。人均受教育年限从2001年的7.3年提高到2015年的8.6年，从平均受教育年限看，非农就业劳动力的受教育水平处在初中毕业阶段。尤其是2007年之后，非农就业劳动力的受教育水平提高速度加快，人均受教育年限从7.8年增加到2015年的8.6年。虽然非农就业劳动力的受教育水平在提升，但不可忽略的是，整体上农村非农就业劳动力的受教育水平依然处于比较低的状态，初中毕业的水平也使农村非农劳动力大部分只能从事体力劳动等没有太多技术要求的工作,难以在未来的就业市场获得竞争力。从分省份情况看,河南省非农就业劳动力的平均受教育水平在三省份中最为突出,在 2015 年是唯一平均受教育年限超过 9 年的省份,宁夏非农就业劳动力在三省份中的平均受教育年限最低,低于三省份平均水平。

表 3-7		非农就业劳动力平均受教育年限		单位:年
	总样本	河北	河南	宁夏
2001 年	7.3	7.2	7.7	7.2
2004 年	7.5	7.3	7.7	7.3
2007 年	7.8	8.0	8.3	7.3
2011 年	8.4	8.3	9.0	8.0
2015 年	8.6	8.8	9.1	8.0

资料来源:根据 CWIM 调查数据整理。

(四)职业类型

从农村非农劳动力的工作性质来看(见图 3-6),自主经营的非农劳动力只占据了小部分,绝大多数农村非农劳动力会选择挣工资这一传统的工作形式。并且从图 3-6 中可以发现,从事自主经营的农村非农劳动力比例呈现先增长后下降的趋势,2001—2004 年,农村非农就业劳动力选择从事自营工商业的比例从 23%增长至 25%,但是 2007 年以后这一比例一直呈现下降趋势,到 2015 年仅为 16%。同时,挣工资这一形式一直是非农就业构成的主要部分,并且这一比例在波动中有所上升,从 2001 年的 76%提高到 2015 年的 84%。从上文中的非农就业劳动力的受教育水平看,农村非农就业劳动力不具备自主经营的竞争力,并且考虑到自主经营的资金成本投入,挣工资是绝大多数非农劳动力稳妥的选择。挣工资形式相比自主经营,虽然收益可能较低,但是所承担风险较小,因此还是农村非农劳动力的主要选择。

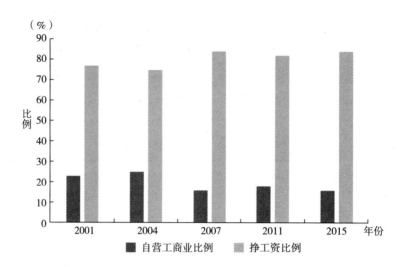

图 3-6 非农就业劳动力职业性质

资料来源：根据 CWIM 调查数据整理。

第四章

非农就业对节水技术采用的影响

第一节 描述性统计分析

一 节水技术分类

本篇所研究的农业节水技术，是指田间水平的、能够被察觉的节约灌溉用水的技术。但是依据文献资料以及实地调研，农业节水技术的类型丰富，对每一种技术都进行分析并不可取。此外，调查中发现一些技术只被少数样本农户采用，没有足够的样本量进行计量分析，如采用喷灌和滴灌的农户比例在总样本中非常少（不足1%），因此，在后文模型中没有考虑此种技术。

根据所要研究的技术的特点，包括初始投资成本和固定成本的大小、技术的可分性（单个农户家庭能否采用）和技术推广采用时期等，可将农业节水技术分为三大类：传统型、农户型和社区型（见表4-1）。传统型节水技术包括畦灌、沟灌，传统型节水技术的特点包括采用时期早、固定投资少、可分性强（个体农户可以独立采用）。在调查样本中，农民有长期使用传统技术的历史，在20世纪50年代前就已经开始采用这类技术。相对于传统技术，以农户家庭为基础的技术和以社区为基础的技术主要是在20世纪80年代后才开始被采用的。农户型节水技术主要包括地面管道、地膜覆盖和以秸秆还田为代表的保护性耕作技术，虽然采用时期较晚，但是农户型技术也有类似于传统技术的特点，能够以家庭为基础，并且不需要大量的资金投入。社区型节水技术与前两者不同，包括地下管道，渠道衬砌，喷灌、滴灌和微灌系统，这类技术需要大量的固定成本投资以及后期维护费用，而且可分性弱，个体农户一般都无法承担这类技术的初始资本投资，因此必须是社区或部分农户群体采用。

表 4-1   节水技术类别说明

主要类型	细分种类
传统型	畦灌、沟灌
农户型	地面管道、地膜覆盖、秸秆还田
社区型	地下管道，渠道衬砌，喷灌、滴灌和微灌

资料来源：根据 CWIM 调查数据整理。

二　节水技术采用变化趋势

（一）采用三大类型节水技术的农户比例

分析农户采用农业节水技术的比例可以发现（见表 4-2），农业节水技术的采用广度和变化趋势在不同省份、不同种类之间有明显差异。传统型节水技术在 2007 年以前处于增长状态，但是 2007 年之后呈现下降趋势，在 2015 年只有 25.6% 的农户采用传统型节水技术，比 2007 年减少了 26.6 个百分点。农户型节水技术的农户采用比例呈现快速增长的趋势，2011 年后逐渐趋于稳定。从 2001 年的 60.5% 上升到 2015 年的 74.6%，是三类节水技术中采用比例最高的技术。可见，农户型节水技术具有普及性。社区型节水技术的采用农户比例从 2001 年的 13.2% 增长到 2015 年的 49.0%，并且增长速度在加快，2007 年后年均增长率超过 16%。

从分省份情况看，各省份整体情况和总样本的变化趋势相似，但是具体到各个类别的节水技术，各省份情况有所区别。从传统型节水技术来看，河北传统型技术采用户比例一直在下降，从 2001 年的 73.2% 已经下降至 2015 年的 41.4%，河南情况和河北类似，2015 年为 35.8%。宁夏传统型技术采用程度最低，仅为 2.3%，可能的原因：

一是灌溉水源差异，宁夏以地表水灌溉为主；二是种植结构差异，宁夏种植水稻较多。对农户型节水技术而言，农户型节水技术比例在各省农户中占有主体地位。河北一直保持着较高水平，且在缓步增长，2015年河北样本农户中有83.6%都采用了农户型节水技术。河南和河北变化趋势类似，接近99%的样本农户在2015年采用农户型节水技术。宁夏的样本农户采用农户型节水技术的比例较低，只保持在40%左右的水平。从各省份农户的社区型节水技术采用情况看，宁夏的社区型节水技术普及程度最高，2011—2015年从39.4%上升至83.6%，河北次之，2007年后虽有小幅波动但是也呈现增长的趋势，2015年约有41%的农户采用社区型技术。河南的社区型节水技术采用程度最低，2015年采用该类技术的农户比例为12.6%。

表4-2　　　　　采用三大类型节水技术的农户比例　　　　　单位：%

	传统型	农户型	社区型
总样本			
2001年	39.9	60.5	13.2
2004年	45.5	65.2	16.5
2007年	52.2	67.4	21.7
2011年	43.2	74.5	34.5
2015年	25.6	74.6	49.0
河北			
2001年	73.2	68.3	17.1
2004年	71.3	74.5	26.6
2007年	75.8	76.6	38.7
2011年	64.6	85.8	45.7
2015年	41.4	83.6	41.4
河南			
2001年	60.7	78.6	8.9
2004年	61.4	89.8	6.8
2007年	77.3	92.0	14.8
2011年	63.7	95.6	12.1
2015年	35.8	98.9	12.6

	传统型	农户型	社区型
宁夏			
2001 年	2.9	44.8	12.4
2004 年	15.6	41.4	15.6
2007 年	12.4	41.9	10.1
2011 年	7.1	44.9	39.4
2015 年	2.3	47.7	83.6

资料来源：根据 CWIM 调查数据整理。

（二）采用细分类别节水技术的农户比例

从各类节水技术农户采用的比例分析发现（见表4-3），不同种类的节水技术在农户之间的普及程度有所区别。传统型节水技术包含的两种节水技术中，畦灌采用比例 2001—2007 年呈现增长趋势，从 37.9% 上升至 49.9%。但是 2007—2015 年出现下降，并且下降速度逐年加快，到 2015 年减少了近一半。沟灌技术的采用水平一直很低，近 15 年间的变化波动不大，在 5% 左右的水平徘徊。对于农户型节水技术而言，其中包含的各项技术变化趋势也呈现明显的差异。以秸秆还田为代表的保护性耕作技术是农户型节水技术中采用农户最多的一项，并且增长速度在农户型节水技术中最快，从 2001 年的 38.5% 提高到 2015 年的 73.8%，翻了将近一番。其次是地面管道，采用农户比例从 21.8% 增长到 28.5%，但是地面管道和社区型技术中的地下管道和渠道衬砌功能有重合，因此预计后期也难以成为农户主要选择的技术。地膜覆盖是采用比例最低的农户型节水技术，长期处于 10% 左右的水平并且呈现下降趋势，在 2015 年仅为 0.9%，几乎已没有农户选择采用该项技术。在社区型节水技术中，采用渠道衬砌的农户比例最高，一直处于上升状态，2015 年已经达到 37.3%，增长幅度超过 30%。采用地下管道的农户比例 2015 年为 13.1%，和 2001 年相比有所增加，但增长有限。可见，政府对社区型技术的补贴以渠道衬砌为主，因为国家要求提高农村输水渠道的衬砌率。2015 年采用喷灌、滴灌和微灌等现代节水技术的农户比例不足 1%，调研中发现虽然有的村引进了喷灌或者滴灌设备，但是由于设备维护等服务不配套，农户有时候也无法正常使用该项现代化的技术。

表4-3　　　　　　　　　采用细分类别节水技术的农户比例　　　　　单位:%

	2001 年	2004 年	2007 年	2011 年	2015 年
传统型					
畦灌	37.9	44.5	49.9	41.4	20.9
沟灌	4.5	4.5	4.1	2.6	5.7
农户型					
地膜覆盖	10.3	13.5	9.7	6.7	0.9
秸秆还田	38.5	46.6	49.9	64.9	73.8
地面管道	21.8	27.7	28.4	33.0	28.5
社区型					
地下管道	7.0	9.7	11.7	15.7	13.1
渠道衬砌	6.2	6.8	10.6	22.3	37.3
喷灌、滴灌和微灌	0	0	0	0.5	0.8

资料来源：根据 CWIM 调查数据整理。

（三）采用不同节水技术种类数量的农户比例

从采用节水技术种类数量的变化趋势看（见表4-4），节水技术在农户中的普及程度和采用深度不断提高。首先，从总体趋势看，未采用节水技术的农户比例呈现下降趋势。从 2001 年的 25.5%降至2015 年的 6.0%，减少了接近 20 个百分点，体现了现阶段几乎所有农户都会至少采用一种类型的节水技术。只采用一种类型、采用两种类型技术的农户比例均呈现上升趋势，但是波动幅度不明显。在只采用一种类型技术的农户中，只采用传统型的农户持续减少，采用社区型的农户不断增加，这也和上文中节水技术细分种类采用情况的变化趋势相吻合。

从分省份情况看，各省份未采用节水技术的农户比例均在减少，其中河南自 2011 年后所有农户都会采用至少一种节水技术，但是宁夏未采用节水技术的比例较高，在 2011 年仍为 30%左右，但是到 2015 年采用节水技术的农户比例攀升，未采用过节水技术的农户比例已经下降至7.0%。在各省份只采用了一种节水技术的农户中，河北和河南的农户均以采用农户型技术为主，都经历了从传统型技术向农户型技术的转变。但是宁夏只采用一种技术的农户在2011年以前以农户型为主，但是2015年只采用社区型技术的农户比例增长至44.5%，已经超过了农户型技术的采用比例，在三省份中比例最高。从采用两种技术的农户比例看，河南、河北在2015年均超过40%，宁夏采用两种类型节水技术的农户比例在2015年也达到了37.5%。在采用两种类型以上的农户中，河北的比例最高，可见河北农户采用技术的普及度较为全面，河南和宁夏采用全部类型节水技术的农户比例均处于较低水平，仅为2%左右，因此，结合各类型技术在两省份的具体采用比例，节水技术在两省份还需要进一步推广应用。

表 4-4　　　　　采用不同节水技术种类数量的农户比例　　　　单位:%

	2001 年	2004 年	2007 年	2011 年	2015 年
总样本					
未采用节水技术	25.5	20.0	22.3	14.8	6.0
只采用一种	39.9	39.7	27.3	33.3	45.3
传统型	9.1	9.0	6.2	1.4	1.7
农户型	27.2	26.1	18.8	23.8	26.2
社区型	3.7	4.5	2.3	8.1	17.4
采用两种	30.0	33.5	37.2	36.8	42.2
采用三种	4.5	6.8	13.2	15.1	6.6
河北					
未采用节水技术	9.8	9.6	12.1	11.0	9.4
只采用一种	34.1	27.7	15.3	17.3	30.5
传统型	19.5	11.7	8.9	2.4	3.9
农户型	14.6	12.8	6.5	15.0	24.2
社区型	0	3.2	0	0	2.3
采用两种	43.9	43.6	41.9	36.2	44.5
采用三种	12.2	19.1	30.6	35.4	15.6

续表

	2001 年	2004 年	2007 年	2011 年	2015 年
河南					
未采用节水技术	10.7	4.5	2.3	0	0
只采用一种	32.1	34.1	17.0	31.9	53.7
传统型	8.9	4.5	3.4	0	0
农户型	21.4	29.5	13.6	31.9	52.6
社区型	0	0	0	0	1.1
采用两种	55.4	60.2	75.0	60.4	45.3
采用两种以上	1.8	1.1	5.7	7.7	1.1
宁夏					
未采用节水技术	45.7	38.3	45.7	29.1	7.0
只采用一种	48.6	52.3	45.7	50.4	53.9
传统型	11.0	10.2	5.4	1.6	0.8
农户型	30.0	33.6	34.1	26.8	8.6
社区型	7.6	8.6	6.2	22.0	44.5
采用两种	5.7	7.8	7.0	20.5	37.5
采用三种	0	1.6	1.6	0	1.6

资料来源：根据 CWIM 调查数据整理。

三　非农就业与节水技术采用的相关关系分析

从非农就业比例对各种类型节水技术采用影响的描述性统计结果看（见表 4-5），非农就业比例对不同节水技术采用变化趋势的影响并不相同。从传统型节水技术来看，随着非农就业比例的提高，传统型节水技术的采用比例呈现些微下降趋势。一般而言，传统型节水技术需要劳动力投入，非农就业比例越高，越缺乏足够的劳动力投入，但是数据显示变化趋势并不显著。农户型节水技术则相反，随着非农就业比例的提高，农户型节水技术的采用比例不断增加，最高非农就业比例样本组比最低非农就业比例样本组提高了 8.8 个百分点，因为农户型节水技术虽然也需要一些劳动力投入，但是还包括需要少量资金投入的技术。相对于传统型技术而言，对劳动力需求降低、对资本需求增加的节水技术，更容易被非农就业的农户接受采用。社区型节水技术的采用比例虽然低于前两种技术，但是社区型节水技术也随着非农就业的比例提高而增加，但是增长幅度和传统型技术类似，没有出现明显的波动。因为社区型节水技术需要大量的资金投入，非农就业比例较高的农户，虽然相比从事农业生产的农户收入会更高，但是可能随着农业收入在其家庭总收入中的占比减少，对农业依赖程度下降，因此对于需要更多投资的社区型技术的采用意愿下降。结合上述数据推测，非农就业可能会促进农户型节水技术的采用，对于传统型技术和社区型技术的影响有待观察。

表4-5　　　　不同非农就业水平下农户节水技术采用比例　　　单位：%

非农就业比例样本组	传统型		农户型		社区型	
	非农就业比例	采用比例	非农就业比例	采用比例	非农就业比例	采用比例
最低25%样本组	6.3	42.3	6.3	65.1	6.3	29.3
次低25%样本组	28.4	41.4	28.4	65.5	28.4	28.8
次高25%样本组	46.1	39.8	46.1	67.0	46.1	31.5
最高25%样本组	72.7	42.4	72.7	73.9	72.7	34.6
平均	37.1	41.4	37.1	67.6	37.1	30.9

资料来源：根据CWIM调查数据整理。

从农户非农劳动力从事非农工作地域对节水技术采用比例影响的描述性分析来看（见表4-6），本地非农就业比例越高，农户越可能采用节水技术，尤其是传统型和农户型节水技术。从传统型节水技术的采用比例看，本地非农就业比例对传统型节水技术的影响在描述性统计中虽然随着本地非农就业比例的提高有了显著增长，但是处于轻微波动状态。采用传统型节水技术的农户比例从本地非农就业比例最低25%样本组的29.7%，增加到次低25%样本组的44.9%，但是在次高和最高25%样本组，增长速度呈现放缓的趋势。农户型节水技术也呈现相似的变化趋势，采用比例随着本地非农就业比例提高总体上处于上升的态势，最高25%样本组的采用比例比最低25%样本组增加了接近 10 个百分点。社区型节水技术的采用比例则出现了随着本地非农就业比例上升而下降的趋势，从 40.3% 下降至 33.6%，因此，还需要构建模型来进一步分析非农就业对各种类型节水技术采用的影响。

表 4-6　不同非农就业水平下农户节水技术采用比例：本地非农就业

本地非农就业比例样本组	传统型		农户型		社区型	
	本地非农就业比例	采用比例	本地非农就业比例	采用比例	本地非农就业比例	采用比例
最低 25% 样本组	0	29.7	0	65.9	0	40.3
次低 25% 样本组	9.9	44.9	9.9	62.6	9.9	24.0
次高 25% 样本组	21.3	46.0	21.3	67.7	21.3	25.5
最高 25% 样本组	44.1	45.2	44.1	74.4	44.1	33.6
平均	18.8	41.4	18.8	67.6	18.8	30.9

资料来源：根据 CWIM 调查数据整理。

外出非农就业的变化对于节水技术采用的影响，和本地非农就业的影响相比差异较为明显（见表 4-7）。从传统型节水技术的采用比例看，节水技术采用比例随着外出非农就业比例的提高呈现波动性下降的趋势，虽然外出非农就业比例次低 25% 样本组中传统型节水技术的采用比例增长至 51.6%，但是之后一直处于下降状态，在最高 25% 样本组已经降低至 33.4%。农户型节水技术也呈现不同的变化趋势，其采用比例随着外出非农就业比例的上升，没有出现明显的变动，各样本组的采用情况没有显著的差异。社区型节水技术的采用比例则出现了随着外出非农就业比例上升而增加的趋势，从外出非农就业比例次低 25% 样本组的 24.6% 增长至最高 25% 样本组的 37.7%，但是由于社区型节水技术采用比例也出现了波动性增长的现象，因此需要进一步通过模型验证外出非农就业对各类型节水技术采用的影响。

表 4-7 **不同非农就业水平下农户节水技术采用比例:**

外出非农就业 单位:%

外出非农就业 比例样本组	传统型		农户型		社区型	
	外出非农 就业比例	采用比例	外出非农 就业比例	采用比例	外出非农 就业比例	采用比例
最低 25% 样本组	0	37.7	0	69.4	0	37.1
次低 25% 样本组	9.6	51.6	9.6	70.0	9.6	24.6
次高 25% 样本组	21.8	42.7	21.8	61.1	21.8	24.5
最高 25% 样本组	42.2	33.4	42.2	70.2	42.2	37.7
平均	18.3	41.4	18.3	67.6	18.3	30.9

资料来源:根据 CWIM 调查数据整理。

第二节 非农就业对三大类型节水
技术采用的影响

一 模型设定与估计方法

(一) 实证模型设定

结合本章的研究目标以及统计描述分析,为进一步通过计量经济模型识别非农就业对农户采用节水技术的影响,本节将对农户是否采用各类型节水技术进行计量经济模型设定。

$$I_{jkt} = \partial + \beta M_{jkt} + \gamma_u \sum_{u=1}^{3} G_{u,jkt} + \mu S_{jkt} + \varphi_q \sum_{q=1}^{2} H_{q,jkt} +$$

$$\delta PL_{jkt} + \lambda_v \sum_{v=1}^{4} V_{v,kt} + \sigma_n D_n + \tau \sum_{m=1}^{3} YR_m + \xi_{jkt} \qquad (4.1)$$

式 (4.1) 表示农户家庭非农就业劳动力状况对农户是否采用三大类型节水技术影响的模型设定形式,各个变量的下标 k、j、t 分别代表村庄 k、农户 j 和年份 t。

因变量设定说明:因变量 I_{jkt} 表示第 k 个村的第 j 个农户在第 t 年是否采用了某种类型的节水技术,如果采用则 I_{jkt} 为 1,否则为 0。本

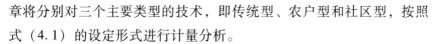

章将分别对三个主要类型的技术，即传统型、农户型和社区型，按照式（4.1）的设定形式进行计量分析。

自变量设定说明：本章研究重点关注的自变量是农户非农就业情况，M_{jkt} 代表农户家庭非农就业状况，在具体模型估计中表示为两种形式。一种是表示农户家庭非农就业劳动力比例；另一种是按照工作地点是否在农户家庭劳动力户口注册地的乡镇内，将非农就业状况细分表示为农户家庭外出非农就业劳动力比例和本地非农就业劳动力比例。

除了关注的非农就业情况外，模型还包括了其他控制变量。G_{jkt} 为政策变量，具体表示为农户当年是否分别获得三种类型节水技术的政府补贴。S_{jkt} 为灌溉水费收取方式变量，具体表示为是否为计量收费，如第一章数据说明中所示，将按灌溉时间、用水量和用电量这三种形式收费确定为计量收费方式，其余方式确定为非计量收费方式。H_{jkt} 为农户特征变量，包括户主的年龄和受教育年限。PL_{jkt} 为地块特征变量，以农户地块的平均亩数表示，体现地块细碎化程度。V_{kt} 为村特征变量，包括村水资源是否短缺、村只用地表水灌溉面积比例、村联合灌溉面积比例以及村人均纯收入。D_n 表示地区差异，在该模型中表示村虚拟变量。YR 表示时间差异，为年份虚拟变量。表4-8和表4-9统一报告了模型中的变量设置说明与描述性统计结果。

表4-8　　　　　　三大类型节水技术采用模型变量描述

变量	单位	变量描述
因变量		
是否采用传统型节水技术	是=1，否=0	农户当年是否采用传统型节水技术
是否采用农户型节水技术	是=1，否=0	农户当年是否采用农户型节水技术
是否采用社区型节水技术	是=1，否=0	农户当年是否采用社区型节水技术
自变量		
非农就业状况（M）		
家庭非农就业劳动力比例	%	家庭非农就业的劳动力比例

变量	单位	变量描述
外出非农就业劳动力比例	%	家庭外出非农就业的劳动力比例
本地非农就业劳动力比例	%	家庭本地非农就业的劳动力比例
其他控制变量		
水费收取方式（S）		
是否为计量水价	是=1，否=0	虚拟变量，是否计量水价：包括按灌溉时间、用水量和用电量三类
政策变量（G）		
政府是否补贴传统型技术	是=1，否=0	政府是否提供采用传统型技术的补贴
政府是否补贴农户型技术	是=1，否=0	政府是否提供采用农户型技术的补贴
政府是否补贴社区型技术	是=1，否=0	政府是否提供采用社区型技术的补贴
农户家庭特征（H）		
户主年龄	岁	户主年龄
户主受教育年限	年	户主受教育年限
地块特征（PL）		
平均地块规模	亩	农户家庭地块平均面积
村特征（V）		
村人均纯收入	万元/年	村人均年纯收入水平，按照 2001 年价格水平折算
村水资源是否短缺	是=1，否=0	虚拟变量，村是否缺水
村只用地表水灌溉面积比例	%	村只用地表水灌溉的面积比例
村联合灌溉面积比例	%	村联合灌溉的面积比例

表 4-9　　　　三大类型节水技术采用变量描述统计

变量	样本量	平均值	标准差	最小值	最大值
因变量					
是否采用传统型技术	1347	0.4	0.5	0	1
是否采用农户型技术	1347	0.7	0.5	0	1

续表

变量	样本量	平均值	标准差	最小值	最大值
是否采用社区型技术	1347	0.3	0.5	0	1
自变量					
非农就业状况					
家庭非农就业劳动力比例	1347	37.1	25.1	0	100
本地非农就业劳动力比例	1347	18.8	19.0	0	100
外出非农就业劳动力比例	1347	18.3	17.1	0	100
水费收取方式					
是否为计量水价	1347	0.4	0.5	0	1
政策变量					
政府是否补贴传统型技术	1347	0.004	0.1	0	1
政府是否补贴农户型技术	1347	0.03	0.2	0	1
政府是否补贴社区型技术	1347	0.2	0.4	0	1
农户特征					
户主年龄	1347	52.7	10.6	20	86
户主受教育年限	1347	6.6	3.2	0	15
地块特征					
平均地块规模	1347	2.0	2.4	0.1	55.5
村特征					
村水资源是否短缺	1347	0.6	0.5	0	1
村人均纯收入	1347	0.4	0.3	0	2.5
村只用地表水灌溉面积比例	1347	49.4	46.7	0	100
村联合灌溉面积比例	1347	8.3	22.7	0	100

资料来源：根据 CWIM 调查数据整理。

（二）内生性处理和模型估计方法

1. 内生性问题的处理

在对模型估计之前，一个关键的问题是处理非农就业变量的潜在内生性。新劳动力迁移经济学认为，决定将家庭劳动力分配到非农活动和其他投入（包括水）的决策是相互关联的，因此，在进行家庭劳动力配置的过程中，农户很可能会同时进行非农就业和农业生产决策。由于缺乏合适的工具变量，本章主要采取了以下两个步骤来解决潜在的内生性问题。

首先，对于非农就业这一关键自变量，本章选择在模型估计中采用其滞后项的形式。在计量模型分析中，非农就业相关变量不按照当年的非农就业情况取值，而是选择利用滞后三期非农就业情况的平均值代替，这可以在一定程度上避免农户非农就业决策与灌溉决策的同期性。需要说明的是，由于调研中只调查了农户 2000—2015 年的非农就业数据，缺乏农户 1998 年和 1999 年的非农就业数据，无法测算出 2001 年第一轮调查中农户非农就业情况的滞后三期平均值，因此，在本章计量模型中只分析 2004 年之后的四轮调查中各年份样本农户节水技术采用状况（包括 2004 年、2007 年、2011 年和 2015 年）。

其次，在模型估计方法的选择上，包括固定效应和似不相关回归（SUR），具体的估计方式在后文中会进行详细介绍，这两种方法能够在一定程度上减弱内生性问题。第一，利用面板数据做固定效应能够消除一些不随时间变化的村和农户特征的影响，解决可能存在部分遗漏变量的问题。第二，考虑到可能存在不可观测因素同时对传统型、农户型和社区型节水技术的采用产生影响，所以选择利用似不相关回归进行系统估计，提高估计效率。

2. 模型估计方法

（1）混同截面与固定效应估计。本部分首先考察的是非农就业对农户是否采用三大类型节水技术的影响，农户是否采用某类节水技术作为二值因变量，现行的模型估计方法主要有两种。一种是线性模型估计方法，即线性概率模型（LPM）。但是这种方要求响应概率和自变量不存在线性相关，否则会导致异方差（伍德里奇，2009）。为了能够使因变量的预测值介于 [0，1] 之间，假定本章的研究内容不是简单的线性关系，而是服从标准正态分布的累积分布函数（Probit）或者逻辑分布的累积分布函数（Logit）。针对非线性模型，通常采用最大似然估计法（MLE），因此，本章将采用非线性 Probit 或 Logit 模型进行估计。由于使用的节水技术采用情况数据是对样本农户多年追踪的非平衡面板数据，并且因变量是二值虚拟变量，一般有三种参数估计方法：混同截面回归、随机效应估计（RE）和固定效应估计（FE）（伍德里奇，2007）。由于随机效应估计假设个体效应与所有解释变量都不相关，如果残差项包含遗漏变量，这个假设就无法成立（陈强，2015）。

因此，本章的模型估计主要采用混同截面回归和固定效应两种方法，固定效应只能选择二元 Logit 模型，因为固定效应的 Logit 模型（Logit-FE）可以通过计算残差项的"充分统计量"，利用条件最大似然估计法获得较为一致的估计。而 Probit 的函数形式无法使用固定效应估计会导致估计量的不一致性。同时考虑到估计方法的一致性，混同截面回归也选择 Logit 分布函数。最后通过豪斯曼检验判断混同截面回归与固定效应之间估计结果的选择。

（2）似不相关估计。从模型设定部分的式（4.1）可以看出，本章研究的节水技术等式是分别由三个具备很多相同自变量的方程组成的两组系统方程。如果多个方程之间存在某种联系，那么将这些方程同时进行联合估计有可能提高估计的效率，这种估计被称为"系统估计"。多方程系统估计一般分为两种：一种是不同方程之间的变量存在内在联系，这种称为"联立方程组"；另一种是"似不相关回归"（SUR），即各方程的变量之间没有内在联系，但是各方程的扰动项之间可能存在相关性。

例如，在本章研究中，对不同类型节水技术采用产生影响的不可观测因素很可能同时对传统型、农户型和社区型节水技术产生影响，所以扰动项可能存在相关性。除了混同截面估计和固定效应估计外，利用似不相关回归进行联合估计能够提高估计效率。因此，本章选择利用似不相关回归模型对三大类型节水技术采用系统方程系数进行估计。虽然因变量是离散的而非连续的，一般不适宜用 OLS 进行回归，但是选择采用似不相关回归进行系统估计，可以控制可能同时影响三大类型节水技术采用的不可观测的因素。

（3）边际效应的估计方法。二值选择模型估计的关键是计算自变量的边际效应，和线性模型不同，估计系数的意义不大，需要进一步求解自变量的边际效应或者边际弹性。混同截面的边际效应值是有效的（Wooldridge，2003），但是 Logit 固定效应模型由于无法估计个体效应估计值，因此也无法一致地估计边际效应。

结合研究需求以及文献梳理，本章采取以下三种方法进行边际效应求解的处理。第一种方法是利用 Logit 固定效应估计直接求解边际效应的估计值。第二种方法是运用线性概率模型（LPM），即对二值非线性模型按照线性模型的方法进行估计，选择采用 OLS 固定效应进行系数的估计。虽然这种处理方式存在不足，如因变量的拟合值大于1 或者小于零、异方差等问题（Wooldridge，2005），但是异方差只影响模型自变量的显著性，并不影响自变量的边际效应。进行 Logit-FE 的边际效应估计，虽然存在异方差，但是不会影响自变量的边际效应。第三种方法是通过 Probit 模型随机效应估计求解忽略个体效应影响的边际效应，能够获得渐进一致的标准误与检验统计量，能够求解个体效应为 0 时的边际效应（Wooldridge，2010）。但是，第一种用 Logit 固定效应直接求解边际效应的估计值严重依赖被消除的个体效应，估计结果是不确定的，所以不作为主要的分析结果，后两种方法的边际效应估计值较为一致，本章在分析中报告的是使用线性概率模型（LPM）估计的边际效应结果。

（三）模型具体形式与估计方法归纳

综上所述，本章运用计量模型分析非农就业对农户是否采用三大类型节水技术的影响，考虑了非农就业潜在的内生性，运用多种方法进行系数和边际效应的估计。

在非农就业对农户是否采用三大类型节水技术的影响研究中，分别运用混同截面回归、固定效应和似不相关回归对模型进行估计。在所有的模型中，不仅考察了家庭非农就业劳动力比例对节水技术采用的影响，也考察了家庭本地非农就业劳动力比例和外出非农就业劳动力比例对节水技术采用的影响，具体模型设置如表 4-10 所示。

表 4-10　　　　　　　　三大类型节水技术采用模型设置

	是否采用三大类型节水技术					
	混同截面估计（Logit）		固定效应估计（Logit-FE）		似不相关回归（SUR）	
	模型 1	模型 2	模型 3	模型 4	模型 5	模型 6
非农就业状况						
家庭非农就业劳动力比例	√		√		√	
本地非农就业劳动力比例		√		√		√
外出非农就业劳动力比例		√		√		√

　　同时，为了检验模型结果的稳健性，在固定效应估计中，针对模型 3 和模型 4，设置三种模型情形（见表 4-11）。以家庭非农就业劳动力比例对三大类型节水技术采用的影响为例（模型 3），模型 3b 在模型 3a 的基础上加入年份虚拟变量，农户上一期的节水技术采用情况也可能对本期节水技术采用造成影响，因此，模型 3c 在模型 3b 的基础上加入三大类型节水技术上期采用情况滞后项。在具体的估计结果分析中，主要以模型 3b 和 4b 的结果为准。另外，也以全部地块为样本做了三大类型节水技术采用的固定效应分析，以检验估计结果的稳健性。

表 4-11　　　　　　　是否采用三大类型节水技术
模型设置——固定效应估计

	固定效应估计（Logit-FE）					
	模型（3a）	模型（3b）	模型（3c）	模型（4a）	模型（4b）	模型（4c）
非农就业状况						
家庭非农就业劳动力比例	√	√	√			
本地非农就业劳动力比例				√	√	√
外出非农就业劳动力比例				√	√	√
年份虚拟变量						
2007 年		√	√		√	√
2011 年		√	√		√	√
2015 年		√	√		√	√

	固定效应估计（Logit-FE）					
	模型 （3a）	模型 （3b）	模型 （3c）	模型 （4a）	模型 （4b）	模型 （4c）
上一期是否采用节水技术						
是否采用传统型节水技术			√			√
是否采用农户型节水技术			√			√
是否采用社区型节水技术			√			√

二　非农就业对三大类型节水技术采用影响的实证研究结果

（一）混同截面回归结果

从混同截面回归结果看（见表4-12），家庭非农就业劳动力比例对传统型和农户型节水技术的采用均有显著的正向影响，但是对社区型节水技术没有显著的影响。边际效应的估计结果显示，家庭非农劳动力就业比例每增加1个百分点，农户采用传统型节水技术的概率提高0.2%，农户型节水技术的边际效应与传统型节水技术相同。从不同非农就业地域的影响看（见表4-13），家庭本地非农就业劳动力比例对传统型和农户型节水技术的采用同样有显著的正向影响，对社区型节水技术采用的影响则不明显，而外出非农就业对三大类型节水的采用均没有显著影响。从边际效应看，本地非农就业劳动力比例的影响程度和家庭非农就业比例对节水技术采用的影响程度相似，可见本地非农就业比例虽然对传统型和农户型节水技术的影响显著，但从影响程度来看并不是主导性的。本地和外出非农就业劳动力比例的影响差异可能是由不同节水技术的特点导致的。传统型节水技术相比农户型和社区型节水技术，需要投入更多的劳动力，社区型节水技术则最需要资金支持，在村级一般都由政府和村集体投资和主导实施，农户型节水技术相比其他两种技术，所需资金和劳动力处于中间状态。因此，在劳动力市场不完善的现实下，相比较外出非农就业而言，本地非农就业劳动力比例越高，农户在农业生产中的劳动力投入越有保障，越有条件采用传统型和农户型节水技术，但是社区型技术由于依赖政府补贴和集体投资，农户个体状态的变化并没有起决定性作用。

从政策补贴分析，是否有政府补贴对于三大类型节水技术的影响存在差异。政府补贴会显著增加农户采用社区型节水技术，但是对于传统型和农户型节水技术的影响并不显著，这也和前文分析相一致。社区型节水技术受到政府补贴的影响非常明显，边际效应分析显示有政府补贴会提高农户采用社区型节水技术的概率，能够让超过一半的农户采用社区型节水技术，这意味着政府补贴在社区型节水技术的推广中起着主导作用。政府补贴对于传统型和农户型节水技术影响不显著的原因，一方面是传统型和农户型技术的采用资金成本较小，对政府补贴的依赖性没有社区型节水技术强；另一方面调查中对传统型和农户型节水技术进行补贴的样本比例相比社区型节水技术较少，这也可能造成对这两类节水技术采用中政府补贴作用的削弱。

从水费收取的方式看，计量收费方式能够显著促进农户采用传统型和社区型节水技术，但是对农户型节水技术没有显著影响。调查中农户的水费收取方式主要包括按用电量（按地下水灌溉中机井抽水所用电量计算）、按用水量、按灌溉时间、按灌溉面积和按家庭人口收费的方式，本章将按面积和人口收费以外的方式统计为计量收费。因此，相比按面积或者家庭人口收费，计量收费方式能够激发农户减少灌溉成本，有效地促进农户节水技术的采用，尤其是对传统型和社区型节水技术采用的影响更明显。

对户主特征分析发现，户主的年龄以及受教育水平对于三大类型的节水技术采用均没有显著的影响。但是户主年龄与传统型节水技术采用呈现负向相关性，与农户型以及社区型节水技术采用呈现正向相关性。户主年龄越大，能够投入农业生产中的精力越少，因此一般会倾向于对劳动力投入需求较少的节水技术类型。从地块细碎化程度看，地块规模越大，越有利于传统型节水技术的采用，一方面规整的地块能够规模化减少农户采用畦灌、沟灌等传统型节水技术的劳动投入，另一方面能够增强采用此类型节水技术的效果，从而提升农户采用传统型节水技术的概率。

对村特征等控制变量分析发现，存在水资源短缺问题的村，农户更可能采用社区型节水技术，一个原因是若村水资源短缺问题严重，政府和村集体会更加以重视，因此可能会对社区型节水技术的建设进行投资。村人均收入水平对传统型节水技术的采用有显著负向作用，村整体收入水平的提高可能会引起从事农业生产的整体劳动力数量与质量的下降，因此不利于需要一定劳动力投入的传统型节水技术采用。村只用地表水灌溉的面积比例越高，越有利于农户型节水技术和社区型节水技术的采用。一般而言，村联合灌溉的面积比例较高，说明村灌溉水源较为丰富，整体的灌溉水资源相对充足，因此，农户可能会倾向于采用相比较传统型技术而言劳动力投入需求较少的农户型节水技术。

以上就是对于混同截面回归结果的主要分析，结合各类型节水技术的特点，对可能的原因也做了评析。总体而言，家庭非农就业劳动力比例能够促进传统型和农户型节水技术的采用，对社区型节水技术没有显著影响。其中，本地非农就业能够显著提高使用传统型和农户型节水技术的概率，但是外出非农就业没有产生显著影响。

表 4-12　　　　三大类型节水技术采用的混同截面回归结果

	模型 1		
	传统型	农户型	社区型
非农就业情况			
家庭非农就业 劳动力比例（%）	0.009^{**} （0.004）	0.008^{**} （0.003）	-0.004 （0.005）
政策变量			
是否有政府补贴 （是=1，否=0）	1.642 （1.383）	0.698 （0.682）	9.628^{***} （1.394）
水费收取方式			
计量收费 （是=1，否=0）	0.866^{***} （0.274）	-0.329 （0.289）	1.494^{***} （0.434）

续表

	模型 1		
	传统型	农户型	社区型
户主特征变量			
户主年龄（岁）	-0.007 (0.010)	0.010 (0.010)	0.005 (0.017)
户主受教育年限（年）	-0.020 (0.031)	0.004 (0.030)	0.063 (0.048)
地块特征变量			
平均地块规模（亩）	0.075* (0.042)	-0.021 (0.042)	-0.027 (0.111)
村特征变量			
村水资源是否短缺 （是=1，否=0）	0.262 (0.209)	-0.160 (0.209)	0.582* (0.325)
村人均纯收入 （万元/年）	-1.634** (0.736)	0.440 (0.511)	0.849 (0.813)
村只用地表水 灌溉面积比例（%）	-0.000 (0.005)	0.009** (0.005)	0.029** (0.012)
村联合灌溉 面积比例（%）	0.008 (0.005)	0.015** (0.006)	0.008 (0.011)
年份虚拟变量	已控制	已控制	已控制
村虚拟变量	已控制	已控制	已控制
常数项	0.187 (1.112)	-3.618*** (1.145)	-3.352* (1.838)
R^2	0.375	0.257	0.657
样本量	1347	1347	1347

注：括号内数值为标准误。***、**和*分别表示该变量在1%、5%和10%的统计水平下显著。本章其余表同。

表4-13 节水技术采用的混同截面回归结果：本地和外出非农就业

	模型2		
	传统型	农户型	社区型
非农就业情况			
本地非农就业 劳动力比例（%）	0.016*** （0.005）	0.009** （0.005）	-0.006 （0.008）
外出非农就业 劳动力比例（%）	0.001 （0.005）	0.006 （0.005）	-0.001 （0.009）
政策变量			
是否有政府补贴 （是=1，否=0）	1.638 （1.380）	0.688 （0.683）	9.628*** （1.394）
水费收取方式			
计量收费 （是=1，否=0）	0.903*** （0.275）	-0.327 （0.289）	1.490*** （0.434）
户主特征变量			
户主年龄（岁）	-0.008 （0.010）	0.010 （0.010）	0.006 （0.017）
户主受教育年限（年）	-0.024 （0.031）	0.004 （0.030）	0.065 （0.048）
地块特征变量			
平均地块规模（亩）	0.076* （0.041）	-0.022 （0.042）	-0.031 （0.111）
村特征变量			
村水资源是否短缺 （是=1，否=0）	0.238 （0.210）	-0.162 （0.209）	0.584* （0.325）
村人均纯收入 （万元/年）	-1.765** （0.753）	0.430 （0.511）	0.854 （0.813）
村只用地表水 灌溉面积比例（%）	0.000 （0.005）	0.009** （0.005）	0.029** （0.012）
村联合灌溉 面积比例（%）	0.008 （0.005）	0.015** （0.006）	0.008 （0.011）
年份虚拟变量	已控制	已控制	已控制

续表

	模型 2		
	传统型	农户型	社区型
村虚拟变量	已控制	已控制	已控制
常数项	0.416 （1.122）	−3.580 *** （1.148）	−3.442 * （1.854）
R^2	0.378	0.258	0.657
样本量	1347	1347	1347

（二）固定效应估计结果

1. 传统型节水技术的固定效应估计结果

Logit-FE 方法分析模型时会自动剔除 2004—2015 年采用节水技术行为完全没有变化的样本，即 2004 年以来一直在采用该项技术的样本，或者直至 2015 年从未采用过该项技术的样本会在回归中被自动剔除，造成了固定效应估计结果中样本量的减少，但是各模型 LR 统计量对应的 P 值均为 0.00，说明模型的联合显著性依然较高。此外，这里也利用前文提到的三种方法分别对传统型节水技术采用的边际效应进行了估计。

对传统型节水技术采用而言，使用固定效应的估计结果显示，非农就业劳动力比例对传统型节水技术的采用有正向影响（见表 4-14），且在 10% 的统计水平下显著。本地非农就业劳动力比例越高（见表 4-15），农户采用传统型节水技术的概率越大，并且估计系数在 5% 的统计水平下显著。农户在本地从事非农就业，一方面能够获得更多的收入用以农业生产方面的投资，另一方面相比外出非农就业，在农业生产过程中能够更及时有效地满足劳动力投入需求，因此有利于传统型节水技术的采用。外出非农就业对传统型节水技术的采用没有显著影响。边际效应的估计结果显示，和混同截面的估计结果类似，本地非农就业比例每提高 1 个百分点，农户采用传统型节水技术的概率会增加 0.2%。

从各类控制变量的影响看（以模型 3b 和 4b 的结果为主），政府补贴对传统型节水技术的采用没有显著影响，这与混同截面的估计结果一致。计量收费对传统型节水技术有显著的正向影响，采用计量收费能够提高农户为了降低灌溉成本从而采用传统型节水技术的概率。

户主年龄以及地块细碎化程度对传统型节水技术的影响均不显著，可能是因为农户的地块规模相对而言随时间的变化程度不大，而这种不随着时间变化的个体差异在固定效应回归中会被削弱。从村特征变量看，村水资源短缺对农户传统型节水技术的采用影响虽然不显著，但是二者存在正向相关性。村人均纯收入与采用传统型技术有负向相关性，但是在加入年份虚拟变量后村人均纯收入影响不再显著。联合灌溉的面积比例能够显著促进传统型节水技术的采用，丰富的水源类型可能会促进农户采用节水技术来更有效地进行利用。

表 4-14　　　　传统型节水技术采用的固定效应回归结果

	传统型		
	模型（3a）	模型（3b）	模型（3c）
非农就业情况			
家庭非农就业劳动力比例（%）	0.001 (0.005)	0.010 * (0.006)	0.014 * (0.008)
政策变量			
是否有政府补贴（是=1，否=0）	1.081 (1.362)	0.568 (1.646)	−1.938 (1.559)
水费收取方式			
计量收费（是=1，否=0）	0.350 (0.285)	0.501 (0.312)	0.572 (0.373)
户主和地块特征			
户主年龄（岁）	−0.032 (0.021)	0.019 (0.024)	0.028 (0.031)
平均地块规模（亩）	0.115 (0.145)	0.217 (0.155)	0.067 (0.185)

续表

	传统型		
	模型 (3a)	模型 (3b)	模型 (3c)
村特征变量			
村水资源是否短缺 (是=1, 否=0)	0.506 ** (0.210)	0.241 (0.233)	0.244 (0.280)
村只用地表水灌溉 面积比例 (%)	0.006 (0.004)	0.004 (0.005)	0.007 (0.006)
村联合灌溉 面积比例 (%)	0.008 * (0.004)	0.010 ** (0.005)	0.013 ** (0.006)
村人均纯收入 (万元/年)	-2.278 *** (0.651)	-1.059 (0.827)	-0.530 (0.832)
年份虚拟变量			
2007 年 (是=1, 否=0)		1.715 *** (0.527)	2.445 *** (0.661)
2011 年 (是=1, 否=0)		2.274 *** (0.432)	2.677 *** (0.539)
2015 年 (是=1, 否=0)		1.469 *** (0.292)	1.723 *** (0.364)
技术采用滞后项			
上一期是否采用传统型 技术 (是=1, 否=0)			-0.555 * (0.320)
上一期是否采用农户型 技术 (是=1, 否=0)			0.836 ** (0.370)
上一期是否采用社区型 技术 (是=1, 否=0)			-0.138 (0.497)
样本量	556	556	394

表 4-15　　传统型节水技术采用的固定效应回归结果：
本地和外出非农就业

	传统型		
	模型 (4a)	模型 (4b)	模型 (4c)
非农就业情况			
本地非农就业 劳动力比例 (%)	0.016 ** (0.007)	0.019 ** (0.008)	0.022 ** (0.010)

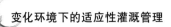

续表

	传统型		
	模型（4a）	模型（4b）	模型（4c）
外出非农就业 劳动力比例（%）	−0.013* （0.008）	0.0001 （0.009）	0.005 （0.011）
政策变量			
是否有政府补贴 （是=1，否=0）	0.749 （1.399）	0.335 （1.620）	−2.166 （1.612）
水费收取方式			
计量收费 （是=1，否=0）	0.389 （0.288）	0.533* （0.317）	0.613 （0.381）
户主和地块特征			
户主年龄（岁）	−0.026 （0.020）	0.018 （0.024）	0.028 （0.031）
平均地块规模（亩）	0.146 （0.144）	0.229 （0.154）	0.078 （0.185）
村特征变量			
村水资源是否短缺 （是=1，否=0）	0.465** （0.213）	0.234 （0.234）	0.264 （0.280）
村只用地表水灌溉 面积比例（%）	0.006 （0.005）	0.004 （0.005）	0.006 （0.006）
村联合灌溉 面积比例（%）	0.009* （0.005）	0.011** （0.005）	0.013** （0.006）
村人均纯收入 （万元/年）	−2.379*** （0.658）	−1.155 （0.842）	−0.584 （0.850）
年份虚拟变量			
2007年 （是=1，否=0）		1.592*** （0.535）	2.363*** （0.672）
2011年 （是=1，否=0）		2.163*** （0.437）	2.582*** （0.546）
2015年 （是=1，否=0）		1.368*** （0.298）	1.624*** （0.372）

	传统型		
	模型（4a）	模型（4b）	模型（4c）
技术采用滞后项			
上一期是否采用传统型 技术（是＝1，否＝0）			−0.525 （0.321）
上一期是否采用农户型 技术（是＝1，否＝0）			0.830** （0.372）
上一期是否采用社区型 技术（是＝1，否＝0）			−0.110 （0.500）
样本量	556	556	394

2. 农户型节水技术的固定效应估计结果

从非农就业对农户型节水技术采用的影响分析，非农就业劳动力比例对农户型节水技术的采用有显著的正向影响（见表4-16），且在1%的统计水平下显著，即使加入年份虚拟变量以及技术采用滞后项，非农就业对农户型节水技术采用的影响依然保持着较高的显著性水平，估计结果具有稳健性。本地非农就业劳动力比例与农户型节水技术采用也呈现显著的正向相关性（见表4-17），本地非农就业劳动力比例越高，越能够促进农户型节水技术的采用，并且估计系数在1%的统计水平下显著。从边际效应看，本地非农就业比例每提高1个百分点，农户采用农户型节水技术的概率会增加0.4%，并且也在1%的统计水平下显著。因为农户型节水技术相比传统型节水技术对劳动力需求减少，对资本的需求增加，所以该类型节水技术对于从事非农就业的农户而言更加合适，一方面非农就业会减少其在农业生产中的劳动力投入，另一方面非农就业使农户收入增加，这都符合农户型节水技术的采用特点。区别于本地非农就业劳动力比例的影响，外出非农就业劳动力比例对农户型节水技术采用没有产生显著的影响。

从各类控制变量的影响看（以模型3b和4b的结果为主），政府补贴对农户型节水技术的采用有显著的正向影响。政府补贴可以进一步减轻采用农户型节水技术的资金成本，从而提高农户采用该类型节水技术的概率，但是仅在10%的统计水平下显著，可能是因为农户型节水技术需要的资金毕竟有限，所以政府补贴能够起到的促进作用不明显。计量收费对农户型节水技术的采用没有显著影响，传统型和社区型节水技术的采用对是否采取计量收费的方式更敏感，农户型节水技术的性质决定了其更偏向于是农业灌溉中节水技术采用的一种补充措施。户主年龄对农户型节水技术的影响不显著，可见户主年龄在是否采用农户型节水技术的决策中没有产生作用。从村特征变量看，村水资源短缺对农户传统型节水技术的采用影响不显著。联合灌溉的面积比例同样能够显著促进农户型节水技术的采用。村人均纯收入能够显著提高农户型节水技术的采用概率，村整体收入水平的提高，农业劳动力投入的减少，促进了农户型节水技术的利用。

表 4-16　　　　农户型节水技术采用的固定效应回归结果

	农户型		
	模型（3a）	模型（3b）	模型（3c）
非农就业情况			
家庭非农就业劳动力比例（%）	0.016*** （0.005）	0.017*** （0.005）	0.019*** （0.006）
政策变量			
是否有政府补贴（是=1，否=0）	1.311* （0.769）	1.401* （0.793）	0.204 （1.186）
水费收取方式			
计量收费（是=1，否=0）	0.097 （0.323）	0.0431 （0.331）	0.023 （0.415）
户主和地块特征			
户主年龄（岁）	0.016 （0.020）	0.026 （0.025）	0.047 （0.030）
平均地块规模（亩）	0.340** （0.171）	0.291* （0.170）	0.478** （0.211）
村特征变量			
村水资源是否短缺（是=1，否=0）	-0.139 （0.217）	-0.133 （0.231）	-0.185 （0.277）

续表

	农户型		
	模型（3a）	模型（3b）	模型（3c）
村只用地表水灌溉 面积比例（%）	0.009* （0.005）	0.008 （0.005）	0.013** （0.006）
村联合灌溉 面积比例（%）	0.015** （0.006）	0.012* （0.006）	0.014* （0.008）
村人均纯收入 （万元/年）	0.859* （0.442）	1.085* （0.619）	0.645 （0.725）
年份虚拟变量			
2007年 （是=1，否=0）		0.426 （0.515）	-0.035 （0.637）
2011年 （是=1，否=0）		-0.292 （0.415）	-0.349 （0.505）
2015年 （是=1，否=0）		0.001 （0.325）	-0.114 （0.398）
技术采用滞后项			
上一期是否采用传统型 技术（是=1，否=0）			0.907** （0.431）
上一期是否采用农户型 技术（是=1，否=0）			-1.567*** （0.326）
上一期是否采用社区型 技术（是=1，否=0）			0.779* （0.417）
样本量	491	491	394

表4-17　　　农户型节水技术采用的固定效应回归结果：

本地和外出非农就业

	农户型		
	模型（4a）	模型（4b）	模型（4c）
非农就业情况			
本地非农就业 劳动力比例（%）	0.028*** （0.008）	0.031*** （0.008）	0.034*** （0.011）

	农户型		
	模型（4a）	模型（4b）	模型（4c）
外出非农就业 劳动力比例（%）	0.003 （0.008）	0.002 （0.008）	0.004 （0.009）
政策变量			
是否有政府补贴 （是＝1，否＝0）	1.464* （0.797）	1.588* （0.829）	0.027 （1.285）
水费收取方式			
计量收费 （是＝1，否＝0）	0.140 （0.323）	0.096 （0.331）	0.092 （0.416）
户主和地块特征			
户主年龄（岁）	0.013 （0.020）	0.022 （0.025）	0.045 （0.030）
平均地块规模（亩）	0.328* （0.171）	0.273 （0.170）	0.467** （0.212）
村特征变量			
村水资源是否短缺 （是＝1，否＝0）	−0.175 （0.218）	−0.170 （0.233）	−0.243 （0.280）
村只用地表水灌溉 面积比例（%）	0.008 （0.005）	0.007 （0.005）	0.013** （0.006）
村联合灌溉 面积比例（%）	0.017*** （0.006）	0.014** （0.006）	0.015** （0.008）
村人均纯收入 （万元/年）	0.980** （0.453）	1.148* （0.622）	0.744 （0.734）
年份虚拟变量			
2007年 （是＝1，否＝0）		0.363 （0.520）	−0.154 （0.653）
2011年 （是＝1，否＝0）		−0.395 （0.421）	−0.476 （0.517）
2015年 （是＝1，否＝0）		−0.0351 （0.332）	−0.236 （0.408）

续表

	农户型		
	模型（4a）	模型（4b）	模型（4c）
技术采用滞后项			
上一期是否采用传统型技术（是=1，否=0）			0.848* （0.441）
上一期是否采用农户型技术（是=1，否=0）			-1.617*** （0.328）
上一期是否采用社区型技术（是=1，否=0）			0.756* （0.420）
样本量	491	491	394

3. 社区型节水技术的固定效应估计结果

从非农就业对社区型节水技术采用的影响分析，非农就业劳动力比例对社区型节水技术的采用没有显著影响（见表4-18）。从非农就业地域情况看，无论是本地非农就业还是外出非农就业，对社区型节水技术采用均没有显著的影响（见表4-19），可见农户的非农就业情况并不是影响社区型节水技术采用的主要因素。结合社区型节水技术的特点来看，社区型节水技术投入资金量大，主要还是需要依赖政府与村集体的推动。

从各类控制变量的影响看（以模型3b和4b的结果为主），政府投资对社区型节水技术采用有显著正向作用。计量收费对社区型节水技术有显著的正向影响，一方面计量收费会促使农户为了节省灌溉成本而采用节水技术；另一方面，有计量收费条件的村，一般灌溉设施也较为完善，因此采用社区型节水技术的可能性更高。此外，只用地表水灌溉的面积比例越大，农户使用社区型节水技术的概率越高，这可能与当前渠道衬砌等社区型节水技术主要应用于地表水灌溉有关。其他因素如农户特征对于社区型节水技术的采用没有显著的影响。

在分别估计混同截面模型和固定效应模型之后，还需要进行豪斯曼检验以观测个体效应是否存在。该检验的原假设是模型中不存在个体固定效应，如果原假设成立，那么混同截面的估计结果更具有可靠性。如果拒绝原假设，则固定效应模型的估计结果更具有一致性。本章对三大类型的节水技术采用估计结果做了豪斯曼检验，P 值均小于0.05，因此拒绝不存在个体固定效应的原假设，固定效应模型的估计结果更具有一致性。

表 4-18　　　社区型节水技术采用的固定效应回归结果

	社区型		
	模型（3a）	模型（3b）	模型（3c）
非农就业情况			
家庭非农就业 劳动力比例（%）	−0.001 （0.007）	−0.004 （0.007）	−0.004 （0.008）
政策变量			
是否有政府补贴 （是=1，否=0）	3.351*** （0.405）	3.303*** （0.402）	3.672*** （0.546）
水费收取方式			
计量收费 （是=1，否=0）	1.385*** （0.461）	1.283*** （0.493）	1.781*** （0.658）
户主和地块特征			
户主年龄（岁）	−0.002 （0.031）	−0.019 （0.037）	−0.067 （0.050）
平均地块规模（亩）	0.163 （0.283）	0.001 （0.291）	0.015 （0.345）
村特征变量			
村水资源是否短缺 （是=1，否=0）	0.441 （0.354）	0.492 （0.367）	0.194 （0.409）
村只用地表水灌溉 面积比例（%）	0.041** （0.016）	0.041** （0.016）	0.051** （0.019）
村联合灌溉 面积比例（%）	0.016 （0.015）	0.015 （0.015）	0.023 （0.018）
村人均纯收入 （万元/年）	0.047 （0.750）	−0.105 （0.841）	−0.376 （1.062）

	社区型		
	模型（3a）	模型（3b）	模型（3c）
年份虚拟变量			
2007 年 （是 = 1，否 = 0）		-0.315 （0.678）	-1.360 （0.846）
2011 年 （是 = 1，否 = 0）		-0.369 （0.576）	-1.192 （0.743）
2015 年 （是 = 1，否 = 0）		0.132 （0.441）	-0.191 （0.477）
技术采用滞后项			
上一期是否采用传统型 技术（是 = 1，否 = 0）			-0.452 （0.566）
上一期是否采用农户型 技术（是 = 1，否 = 0）			-0.033 （0.514）
上一期是否采用社区型 技术（是 = 1，否 = 0）			-0.554 （0.577）
样本量	561	561	444

表 4-19 社区型节水技术采用的固定效应回归结果：
本地和外出非农就业

	社区型		
	模型（4a）	模型（4b）	模型（4c）
非农就业情况			
本地非农就业 劳动力比例（%）	-0.006 （0.010）	-0.006 （0.010）	-0.012 （0.012）
外出非农就业 劳动力比例（%）	0.003 （0.010）	-0.002 （0.011）	0.004 （0.013）
政策变量			
是否有政府补贴 （是 = 1，否 = 0）	3.341 *** （0.203）	3.301 *** （0.402）	3.709 *** （0.551）

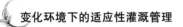

续表

	社区型		
	模型（4a）	模型（4b）	模型（4c）
水费收取方式			
计量收费 （是=1，否=0）	1.378*** （0.463）	1.278** （0.494）	1.769*** （0.667）
户主和地块特征			
户主年龄（岁）	0.020 （0.031）	-0.018 （0.036）	-0.059 （0.050）
平均地块规模（亩）	0.160 （0.291）	-0.031 （0.302）	-0.065 （0.360）
村特征变量			
村水资源是否短缺 （是=1，否=0）	0.480 （0.358）	0.523 （0.368）	0.223 （0.415）
村只用地表水灌溉 面积比例（%）	0.023*** （0.016）	0.043 （0.016）	0.054 （0.019）
村联合灌溉 面积比例（%）	0.016 （0.015）	0.015 （0.015）	0.024 （0.018）
村人均纯收入 （万元/年）	0.026 （0.745）	-0.060 （0.840）	-0.396 （1.065）
年份虚拟变量			
2007年 （是=1，否=0）		-0.210 （0.685）	-1.147 （0.873）
2011年 （是=1，否=0）		-0.277 （0.585）	-1.098 （0.756）
2015年 （是=1，否=0）		0.249 （0.461）	-0.007 （0.511）
技术采用滞后项			
上一期是否采用传统型 技术（是=1，否=0）			-0.503 （0.572）
上一期是否采用农户型 技术（是=1，否=0）			0.152 （0.542）

续表

	社区型		
	模型（4a）	模型（4b）	模型（4c）
上一期是否采用社区型技术（是=1，否=0）			0.528 （0.587）
样本量	561	561	444

（三）似不相关回归估计结果

似不相关回归结果显示，家庭非农就业劳动力比例对传统型和农户型节水技术有显著的正向影响（见表4-20），并且均在1%的水平下显著，但是对社区型节水技术没有产生显著的影响。从非农就业地域的不同看（见表4-21），本地非农就业能够显著提高传统型和农户型节水技术的采用概率，外出非农就业则对传统型节水技术的采用有显著的负向影响，对农户型节水技术有显著的正向影响，并且两者对社区型节水技术采用的影响都不明显。可见系统估计中，非农就业情况依然只对传统型和农户型节水技术采用有影响，而社区型节水技术并不因农户非农就业状况的变化而改变，主要还是政府补贴在社区型节水技术的采用中起到推动作用。

从其他相关控制变量分析，计量收费能够显著促进农户对各类型节水技术的采用，并且均在1%的水平下显著，这和前两种方法估计的结果类似，计量收费能够提高农户采用节水技术的概率。与前两种方法估计结果不同的是，户主年龄和地块规模在似不相关回归中与各类型的节水技术采用呈现显著的正向相关性，一方面，农户年龄越大，相对于年轻人来说有合适非农工作的机会越少，因此更可能回归农业生产或者更注重在农业生产中的投入。而地块细碎化程度越低，越有利于农户的农业规模化生产，促进传统型和农户型节水技术的采用。另一方面，对面板数据进行似不相关回归时受方法限制只能使用随机效应，一定程度上因不能消除个体效应可能会造成估计偏误。

从村特征变量看，村水资源短缺能够显著影响传统型和农户型节水技术的采用，在存在水资源短缺问题的村，农户采用这两种节水技术可能性更高。村人均收入对不同类型的节水技术影响方向不一致，对传统型节水技术采用有显著的负向影响，但是与社区型节水技术的采用呈现显著的正向相关性。村联合灌溉的面积比例对农户采用传统型和农户型节水技术有显著的正向影响，但村地表水灌溉的面积比例与农户采用这两种节水技术的概率呈现显著的负向相关性。村联合灌溉的面积比例高，说明村灌溉水源种类较为丰富，能够促使农户使用多种节水技术更有效地利用各类灌溉水源。村人均收入水平高，在一定程度上能够体现该村整体非农就业水平相对较高，可能缺少足够的农业劳动力来满足传统型节水技术采用中对农业劳动力的需求，但是社区型节水技术属于资本密集型，除了政府的补贴与推动外，村整体收入水平高也有利于该项技术的采用。

整体上看，从非农就业状况对三大类型节水技术的影响看，似不相关回归的结果与前两类估计方法的结果较为一致，非农就业尤其是本地非农就业能够促进传统型和农户型节水技术的采用，但是对社区型节水技术采用没有显著影响。其他相关控制变量结果大致相同，但是显著性存在出入，这可能是面板数据似不相关回归中的随机效应未能有效地控制个体不随时间变化的特征导致的，结果可作为控制变量估计结果的参照。

表 4-20　　　　　节水技术采用影响的似不相关回归估计结果

	模型 5		
	传统型	农户型	社区型
非农就业情况			
家庭非农就业 劳动力比例（%）	0.001*** (0.000)	0.002*** (0.000)	0.000 (0.000)
政策变量			
政府是否补贴传统型技术 （是=1，否=0）	0.292*** (0.075)		
政府是否补贴农户型技术 （是=1，否=0）		0.187*** (0.044)	

续表

	模型 5		
	传统型	农户型	社区型
政府是否补贴社区型技术 （是=1，否=0）			0.771 *** （0.021）
水费收取方式			
计量收费	0.246 *** （0.013）	0.160 *** （0.020）	0.121 *** （0.020）
户主和地块特征			
户主年龄（岁）	0.006 *** （0.000）	0.010 *** （0.000）	0.001 *** （0.000）
平均地块规模（亩）	0.010 *** （0.002）	0.007 ** （0.003）	−0.001 （0.003）
村特征变量			
村水资源是否短缺 （是=1，否=0）	0.170 *** （0.010）	0.107 *** （0.017）	0.001 （0.016）
村人均纯收入 （万元/年）	−0.232 *** （0.021）	0.023 （0.032）	0.121 *** （0.032）
村只用地表水灌溉 面积比例（%）	−0.002 *** （0.000）	−0.002 *** （0.000）	0.000 （0.000）
村联合灌溉 面积比例（%）	0.001 *** （0.000）	0.001 *** （0.000）	−0.001 *** （0.000）
样本量	1347	1347	1347

表 4-21　　节水技术采用影响的似不相关回归估计结果：
本地和外出非农就业

	模型 6		
	传统型	农户型	社区型
非农就业情况			
本地非农就业 劳动力比例（%）	0.002 *** （0.000）	0.003 *** （0.000）	0.001 （0.000）

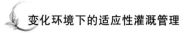

续表

	模型 6		
	传统型	农户型	社区型
外出非农就业 劳动力比例（%）	-0.001 *** （0.000）	0.001 ** （0.000）	-0.000 （0.000）
政策变量			
政府是否补贴传统型技术 （是=1，否=0）	0.276 *** （0.076）		
政府是否补贴农户型技术 （是=1，否=0）		0.187 *** （0.044）	
政府是否补贴社区型技术 （是=1，否=0）			0.771 *** （0.021）
水费收取方式			
计量收费	0.247 *** （0.013）	0.160 *** （0.020）	0.121 *** （0.020）
户主和地块特征			
户主年龄（岁）	0.006 *** （0.000）	0.010 *** （0.000）	0.001 *** （0.000）
平均地块规模（亩）	0.010 *** （0.002）	0.007 ** （0.003）	-0.001 （0.003）
村特征变量			
村水资源是否短缺 （是=1，否=0）	0.163 *** （0.011）	0.101 *** （0.017）	0.001 （0.016）
村人均纯收入 （万元/年）	-0.227 *** （0.021）	0.026 （0.031）	0.123 *** （0.032）
村只用地表水灌溉 面积比例（%）	-0.002 *** （0.000）	-0.002 *** （0.000）	0.000 （0.000）
村联合灌溉 面积比例（%）	0.001 *** （0.000）	0.001 *** （0.000）	-0.001 ** （0.000）
样本量	1347	1347	1347

第三节　非农就业对七种细分类别节水技术采用的影响

第二节主要对非农就业与三大类型节水技术采用的情况进行了分析，但是由于三大类型各包含多种节水技术，同一类型中的不同节水技术受到的影响可能存在差异。因此，为了更细致、精确地观测非农就业对节水技术的具体影响，本节将考察非农就业对农户是否采用各个细分种类节水技术的影响。

一　模型设定与估计方法

（一）实证模型设定

根据本节的研究目标以及细分种类节水技术的采用特点，计量经济模型和上一节类似，具体计量模型设立如下。

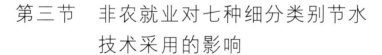

$$I_{jkt} = \partial + \beta M_{jkt} + \gamma G_{jkt} + \mu S_{jkt} + \varphi H_{jkt} + \delta PL_{jkt} +$$

$$\lambda_v \sum_{v=1}^{4} V_{v,\,kt} + \sum_{m=1}^{3} YR_{m,\,jkt} + \xi_{jkt} \qquad (4.2)$$

式（4.2）表示农户家庭非农就业劳动力状况对农户是否采用七种细分类别节水技术影响的模型设定形式，各个变量的下标 k、j、t 分别代表村庄 k、农户 j 和年份 t。

因变量设定说明：因变量 I_{jkt} 表示第 k 个村的第 j 个农户在第 t 年是否采用了某种节水技术，如果采用则 I_{jkt} 为 1，否则为 0。这里的因变量包括七种细分类型的节水技术（畦灌、沟灌、地面管道、秸秆还田、地膜覆盖、地下管道和渠道衬砌），将分别按照式（4.2）的设定形式进行计量分析。

自变量设定说明：本节研究重点关注的自变量是农户非农就业状况。M_{jkt} 代表农户家庭非农就业状况，在具体模型估计中表示为两种形式：一种是农户家庭非农就业劳动力比例；另一种是按照工作地点是否在农户家庭劳动力户口注册地的乡镇内，细分为农户家庭外出非农就业劳动力比例和本地非农就业劳动力比例。非农就业状况变量的处理方式与三大类型节水技术的研究相同，同样采用滞后三期的均值替代。

除了非农就业情况外，模型还包括了其他控制变量。G_{jkt} 为政策变量，具体表示为农户当年是否获得某种节水技术的政府补贴。S_{jkt} 为灌溉水费收取方式变量，具体表示为是否为计量收费。H_{jkt} 为农户特征变量，包括户主的年龄。PL_{jkt} 为地块特征变量，以农户地块的平均亩数表示，体现地块细碎化程度。V_{jkt} 为村特征变量，包括村是否存在水资源短缺问题、村只用地表水灌溉的面积比例、联合灌溉的面积比例以及村人均收入水平。YR 表示时间差异，为年份虚拟变量。由于所用样本和三大类型节水技术采用分析所用样本一致，所以不再对变量进行具体的描述性统计分析。

（二）估计方法

估计方法上，将采用 Logit-FE 模型与似不相关回归进行估计。同样，针对二值因变量，固定效应的 Logit 模型（Logit-FE）可以通过计算残差项的"充分统计量"，利用条件最大似然估计法获得较为一致的估计。结合模型设定，对不同细分类别的节水技术采用产生影响的不可观测因素很可能同时对各类节水技术采用造成影响，所以扰动项可能存在相关性，利用似不相关回归进行联合估计可以提高估计效率。因此，针对非农就业对七种细分类别节水技术采用的影响研究，模型设置如表 4-22 所示。

表 4-22　　　　　　七种细分类别节水技术采用模型设置

	是否采用七种细分类别节水技术							
	固定效应估计（Logit-FE）						似不相关回归（SUR）	
	模型（1a）	模型（1b）	模型（1c）	模型（2a）	模型（2b）	模型（2c）	模型（3）	模型（4）
非农就业状况								
家庭非农就业劳动力比例	√	√	√				√	
本地非农就业劳动力比例				√	√	√		√
外出非农就业劳动力比例				√	√	√		√

续表

	是否采用七种细分类别节水技术							
	固定效应估计 （Logit-FE）						似不相关回归 （SUR）	
	模型 （1a）	模型 （1b）	模型 （1c）	模型 （2a）	模型 （2b）	模型 （2c）	模型 （3）	模型 （4）
年份虚拟变量								
2007 年		√	√		√	√		
2011 年		√	√		√	√		
2015 年		√	√		√	√		
上一期是否采用节水技术								
是否采用传统型节水技术			√			√		
是否采用农户型节水技术			√			√		
是否采用社区型节水技术			√			√		

二　非农就业对细分类别节水技术采用影响的实证结果

（一）固定效应估计结果

畦灌和沟灌虽然都属于传统的灌溉节水技术，但是影响两者采用的因素存在差异。从非农就业对畦灌和沟灌的影响看（见表4-23），家庭非农就业劳动力比例对畦灌的采用有正向影响，且在5%的统计水平下显著，与沟灌呈现不显著的正向相关性。同时，本地非农就业劳动力比例越高（见表4-24），农户采用畦灌的概率越大，但是同样对沟灌的采用没有显著影响。家庭外出非农就业劳动力比例对两种节水技术的采用均没有产生显著的影响。结合前文对这两种节水技术的描述性统计以及特点分析，畦灌和沟灌的采用水平虽然都处于下降的趋势，但是相比沟灌，畦灌的采用更为广泛，原因主要是在中国北方地区畦灌依然是主要的传统灌溉方式，其操作简单，适宜在地表温度较高的夏季使用。而沟灌在温度较高的夏季不利于作物根系的生长，相比小麦、玉米等粮食作物，更适合应用在大棚蔬菜的生产中。由于调查区域为北方地区，并且农户多以粮食作物种植为主，所以畦灌作为传统灌溉技术的主要组成部分，更容易受到农户非农就业状况变化等带来的劳动力投入以及收入分配变化等一系列的影响，而沟灌由于本身采用范围受限以及更适用于蔬菜类等经济作物，相比畦灌因非农就业状况变化而受到的影响不明显。

从各类控制变量的影响看（以模型1b和2b的结果为主），计量收费能够促进畦灌的采用，但是对沟灌技术的采用概率没有显著影响。政府补贴对畦灌以及沟灌的采用没有显著影响，因为畦灌和沟灌的采用与否，主要还是依赖于农户的劳动力投入以及生产经验，与是否有政府补贴没有明显相关性。但是调查中发现，政府农业技术人员的推广指导，能够帮助农户在采用畦灌时设计畦的宽度以及数量等更为科学规范，这可以在今后的研究中进一步细化分析。户主年龄以及地块细碎化程度对畦灌和沟灌的影响均不显著，如同上文分析中所提到的，由于小农生产经营的特点以及农村土地流转市场的不完善，农户的地块规模相对而言随时间的变化程度不大，所以这种不随着时间变化的个体差异在固定效应回归中被削弱。从村特征变量看，村水资源短缺对农户畦灌和沟灌技术的采用影响不显著，但是存在正向相关性，和预期相符。联合灌溉的面积比例以及只用地表水灌溉的面积比例对畦灌与沟灌的采用概率没有显著的影响，村人均收入水平则与畦灌的采用有较为显著的正向相关性，对沟灌的采用没有产生显著的影响。

表4-23   **畦灌和沟灌采用的固定效应估计结果**

	传统型					
	畦灌			沟灌		
	模型（1a）	模型（1b）	模型（1c）	模型（1a）	模型（1b）	模型（1c）
非农就业情况						
家庭非农就业劳动力比例（%）	0.004 (0.005)	0.013 ** (0.006)	0.017 ** (0.008)	0.002 (0.012)	0.008 (0.013)	0.006 (0.018)
水费收取方式						
计量收费（是=1，否=0）	0.271 (0.293)	0.626 * (0.336)	0.552 (0.392)	−0.220 (0.616)	−0.308 (0.661)	−0.384 (0.796)

续表

	传统型					
	畦灌			沟灌		
	模型 （1a）	模型 （1b）	模型 （1c）	模型 （1a）	模型 （1b）	模型 （1c）
政策变量						
是否有政府补贴 （是=1，否=0）	0.909 （1.442）	-0.051 （1.525）	-0.091 （1.612）	0.078 （1.567）	-0.785 （1.656）	-12.219 （1，325）
户主和地块特征						
户主年龄（岁）	-0.033* （0.019）	0.016 （0.024）	0.024 （0.030）	0.086 （0.053）	0.372 （0.336）	0.615 （0.504）
平均地块规模（亩）	-0.047 （0.060）	-0.013 （0.055）	-0.012 （0.066）	0.048 （0.072）	0.033 （0.069）	0.020 （0.070）
村特征变量						
村水资源是否短缺 （是=1，否=0）	0.413* （0.214）	0.045 （0.246）	0.038 （0.295）	0.357 （0.492）	0.236 （0.531）	0.466 （0.664）
村只用地表水灌溉 面积比例（%）	-2.321*** （0.669）	-0.655 （0.829）	-0.701 （0.981）	1.180 （1.086）	1.795 （1.418）	0.754 （1.399）
村联合灌溉面积 比例（%）	0.007 （0.005）	0.004 （0.006）	0.002 （0.006）	0.013 （0.011）	0.011 （0.011）	0.014 （0.015）
村人均纯收入 （万元/年）	0.011** （0.005）	0.012** （0.005）	0.014** （0.006）	0.009 （0.011）	0.010 （0.011）	0.017 （0.015）
年份虚拟变量						
2007年 （是=1，否=0）		2.315*** （0.562）	2.749*** （0.700）		3.953 （4.019）	5.455 （5.820）
2011年 （是=1，否=0）		2.563*** （0.462）	2.674*** （0.563）		2.019 （2.755）	3.190 （4.132）
2015年 （是=1，否=0）		2.025*** （0.334）	2.005*** （0.377）		0.412 （1.319）	0.719 （1.840）
技术采用滞后项						
上一期是否采用传统型 技术（是=1，否=0）			-0.474 （0.352）			1.212 （0.934）
上一期是否采用农户型 技术（是=1，否=0）			0.898** （0.390）			-0.279 （1.121）

续表

	传统型					
	畦灌			沟灌		
	模型 （1a）	模型 （1b）	模型 （1c）	模型 （1a）	模型 （1b）	模型 （1c）
上一期是否采用社区型 技术（是=1，否=0）			0.050 （0.544）			0.021 （1.234）
样本量	547	547	398	135	135	106

表 4-24　　　　　畦灌和沟灌采用的固定效应估计结果：
外出和本地非农就业

	传统型					
	畦灌			沟灌		
	模型 （2a）	模型 （2b）	模型 （2c）	模型 （2a）	模型 （2b）	模型 （2c）
非农就业情况						
本地非农就业 劳动力比例（%）	0.019*** （0.007）	0.021** （0.008）	0.024** （0.010）	0.001 （0.018）	0.007 （0.017）	0.018 （0.023）
外出非农就业 劳动力比例（%）	-0.013 （0.008）	0.004 （0.009）	0.010 （0.011）	0.002 （0.017）	0.009 （0.020）	-0.008 （0.027）
水费收取方式						
计量收费 （是=1，否=0）	0.326 （0.299）	0.661* （0.340）	0.591 （0.398）	-0.222 （0.617）	-0.304 （0.662）	-0.438 （0.819）
政策变量						
是否有政府补贴 （是=1，否=0）	0.607 （1.461）	-0.128 （1.506）	-0.181 （1.594）	0.093 （1.614）	-0.752 （1.699）	-12.663 （1，442）
户主和地块特征						
户主年龄（岁）	-0.025 （0.019）	0.016 （0.023）	0.024 （0.030）	0.086 （0.054）	0.378 （0.346）	0.506 （0.508）
平均地块规模（亩）	-0.031 （0.058）	-0.007 （0.055）	-0.008 （0.065）	0.048 （0.073）	0.032 （0.069）	0.026 （0.070）

续表

	传统型					
	畦灌			沟灌		
	模型 （2a）	模型 （2b）	模型 （2c）	模型 （2a）	模型 （2b）	模型 （2c）
村特征变量						
村水资源是否短缺 （是=1，否=0）	0.338 （0.218）	0.030 （0.246）	0.040 （0.294）	0.355 （0.495）	0.230 （0.536）	0.495 （0.665）
村只用地表水灌溉面积 比例（%）	-2.417*** （0.672）	-0.725 （0.836）	-0.786 （0.994）	1.185 （1.094）	1.819 （1.449）	0.518 （1.419）
村联合灌溉面积 比例（%）	0.007 （0.005）	0.003 （0.006）	0.002 （0.006）	0.013 （0.011）	0.011 （0.012）	0.016 （0.015）
村人均纯收入 （万元/年）	0.012** （0.005）	0.012** （0.006）	0.014** （0.006）	0.009 （0.011）	0.010 （0.012）	0.019 （0.015）
年份虚拟变量						
2007 年 （是=1，否=0）		2.215*** （0.569）	2.657*** （0.713）		4.049 （4.189）	3.807 （6.067）
2011 年 （是=1，否=0）		2.464*** （0.468）	2.576*** （0.572）		2.087 （2.876）	2.017 （4.309）
2015 年 （是=1，否=0）		1.934*** （0.340）	1.903*** （0.389）		0.447 （1.383）	0.126 （1.970）
技术采用滞后项						
上一期是否采用传统型 技术（是=1，否=0）			-0.467 （0.353）			1.391 （0.985）
上一期是否采用农户型 技术（是=1，否=0）			0.890** （0.390）			-0.299 （1.142）
上一期是否采用社区型 技术（是=1，否=0）			0.063 （0.545）			-0.096 （1.274）
样本量	547	547	398	135	135	106

　　就非农就业对地面管道采用的影响结果，总体上看，非农就业劳动力比例对地面管道的采用有显著的正向影响（见表4-25），且在5%的统计水平下显著。本地非农就业和外出非农就业均对地面管道

的采用有正向影响（见表4-26），但是仅在10%的统计水平下显著。地面管道其实就是农业灌溉中常用的"白龙"，一方面对劳动力需求少，另一方面对资金要求也较低，无论是本地非农就业还是外出非农就业，采用地面管道均是一种比较便捷的节水技术采用方式。非农就业对秸秆还田技术的促进作用更为明显，家庭非农就业劳动力比例和本地非农就业劳动力比例对秸秆还田采用概率的影响均在1%的统计水平下显著。如今秸秆还田以机械实施为主，农户可以选择雇佣农机社会化服务来实施秸秆还田，用资金投入代替自身的劳动投入，非农就业可以为资金投入提供保障。同时从事非农就业尤其是外出非农就业比例较高的农户，本身也缺乏足够时间与劳动力投入处理秸秆，因此，非农就业能够促进秸秆还田这一类节水保墒技术的采用。地膜覆盖作为另一种主要的节水保墒措施，调查中发现主要用于玉米，较少应用在小麦上。农户家庭非农就业比例和本地非农就业比例与地膜覆盖的采用概率呈现显著的正向相关性，外出非农就业对地膜覆盖没有明显的影响。因为地膜覆盖整体上也和前两种技术类似，鉴于对劳动力与资本的需求程度，非农就业尤其是本地非农就业不仅不会降低该类型节水技术的采用概率，反而还会促进这一类节水技术的采用。

从各类控制变量的影响看（以模型1b和2b的结果为主），政府补贴对地面管道、秸秆还田以及地膜覆盖的采用没有显著的影响。这些技术需要的资本投入有限，政府补贴能够起到的促进作用不明显，大多数还是依靠农户自发采用。计量收费对地面管道和秸秆还田的采用没有显著影响，但是与地膜覆盖的采用呈现显著的负向相关性，一是地膜覆盖在农户中的总体采用比例较小，二是使用地膜覆盖主要目的是对土壤进行保温，不单是出于减少土壤水分蒸发考虑。户主年龄能够促进农户对地面管道的采用，相比秸秆还田和地膜覆盖，地面管道对于年龄较大的农户而言采用难度低，并且在灌溉过程中的使用率较高，因此年龄大的农户会偏向于选择使用该技术。从村特征变量看，村水资源短缺与农户地面管道和秸秆还田的采用呈现负向相关性。村联合灌溉的比例和人均收入水平越高，农户采用地面管道的可能性越低，进一步体现了农户对节水技术的选择会受到村整体灌溉特征与经济水平的影响。

表4-25　地面管道、秸秆还田和地膜覆盖采用的固定效应估计结果

	农户型								
	地面管道			秸秆还田			地膜覆盖		
	模型（1a）	模型（1b）	模型（1c）	模型（1a）	模型（1b）	模型（1c）	模型（1a）	模型（1b）	模型（1c）
非农就业情况									
家庭非农就业劳动力比例（%）	0.010 (0.007)	0.021** (0.009)	0.018 (0.011)	0.020*** (0.005)	0.019*** (0.005)	0.019*** (0.007)	0.025* (0.013)	0.033** (0.015)	0.051** (0.021)
水费收取方式									
计量收费（是=1，否=0）	0.277 (0.408)	0.573 (0.440)	0.731 (0.583)	0.459 (0.279)	0.199 (0.294)	0.128 (0.368)	-4.014*** (1.355)	-4.302** (2.062)	-4.103** (2.013)
政策变量									
是否有政府补贴（是=1，否=0）	-0.131 (0.754)	-0.340 (0.770)	-1.768 (1.156)	0.540 (0.590)	0.461 (0.620)	-1.165 (0.864)	-0.628 (1.633)	-0.762 (1.756)	-1.759 (1.786)
户主和地块特征									
户主年龄（岁）	0.045* (0.024)	0.094** (0.038)	0.103* (0.055)	0.036** (0.017)	-0.001 (0.020)	0.009 (0.023)	0.025 (0.043)	0.036 (0.058)	0.019 (0.065)
平均地块规模（亩）	-0.026 (0.196)	0.019 (0.203)	0.409 (0.282)	0.077 (0.159)	0.019 (0.157)	0.031 (0.181)	0.560 (0.473)	0.208 (0.605)	0.180 (0.820)
村特征变量									
村水资源是否短缺（是=1，否=0）	-0.039 (0.270)	-0.523* (0.313)	-0.458 (0.383)	-0.430** (0.197)	-0.295 (0.208)	-0.699*** (0.266)	1.258** (0.613)	0.367 (0.741)	0.600 (0.938)

续表

	农户型								
	地面管道			结秆还田			地膜覆盖		
	模型（1a）	模型（1b）	模型（1c）	模型（1a）	模型（1b）	模型（1c）	模型（1a）	模型（1b）	模型（1c）
村只用地表水灌溉面积比例（%）	0.174 (0.485)	0.937 (0.611)	0.220 (0.613)	1.606*** (0.457)	0.365 (0.573)	0.019 (0.741)	-3.884*** (1.213)	1.008 (2.431)	2.288 (2.889)
村联合灌溉面积比例（%）	-0.023*** (0.008)	-0.029*** (0.010)	-0.032*** (0.012)	0.002 (0.005)	0.006 (0.005)	0.018*** (0.006)	-0.034 (0.036)	-0.015 (0.037)	-0.076 (0.051)
村人均纯收入（万元/年）	-0.012 (0.008)	-0.015* (0.009)	-0.012 (0.011)	0.005 (0.005)	0.006 (0.005)	0.014** (0.007)	-0.046* (0.024)	-0.057* (0.029)	-0.043* (0.025)
年份虚拟变量									
2007年（是=1，否=0）		1.948*** (0.698)	2.327** (0.934)		-1.396*** (0.452)	-2.302*** (0.580)		5.106** (2.153)	6.222** (2.640)
2011年（是=1，否=0）		1.537*** (0.540)	1.521** (0.672)		-1.586*** (0.362)	-1.979*** (0.463)		4.262** (1.869)	5.177** (2.363)
2015年（是=1，否=0）		1.374*** (0.378)	1.627*** (0.470)		-0.594** (0.288)	-0.987** (0.364)		4.074*** (1.567)	5.346** (2.091)
技术采用滞后项									
上一期是否采用传统型技术（是=1，否=0）			-0.674 (0.499)			0.677* (0.384)			-0.344 (1.151)

续表

	农户型								
	地面管道			秸秆还田			地膜覆盖		
	模型（1a）	模型（1b）	模型（1c）	模型（1a）	模型（1b）	模型（1c）	模型（1a）	模型（1b）	模型（1c）
上一期是否采用农户型技术（是=1，否=0）			1.025* (0.552)			-2.014*** (0.337)			-0.053 (1.024)
上一期是否采用社区型技术（是=1，否=0）			1.095* (0.588)			0.240 (0.391)			1.113 (1.274)
样本量	329	329	245	651	651	496	162	162	139

表4-26 地面管道、秸秆还田和地膜覆盖采用的固定效应估计结果：本地和外出非农就业

	农户型								
	地面管道			秸秆还田			地膜覆盖		
	模型（2a）	模型（2b）	模型（2c）	模型（2a）	模型（2b）	模型（2c）	模型（2a）	模型（2b）	模型（2c）
非农就业情况									
本地非农就业劳动力比例（%）	0.023** (0.011)	0.022* (0.012)	0.015 (0.014)	0.022*** (0.008)	0.025*** (0.008)	0.031*** (0.011)	0.082*** (0.024)	0.111*** (0.037)	0.227** (0.097)
外出非农就业劳动力比例（%）	0.002 (0.009)	0.020* (0.011)	0.021 (0.014)	0.019*** (0.007)	0.014* (0.008)	0.011 (0.009)	-0.022 (0.023)	-0.026 (0.030)	-0.074 (0.068)

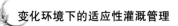

续表

	农户型								
	地面管道			秸秆还田			地膜覆盖		
	模型（2a）	模型（2b）	模型（2c）	模型（2a）	模型（2b）	模型（2c）	模型（2a）	模型（2b）	模型（2c）
水费收取方式									
计量收费（是＝1，否＝0）	0.336 (0.411)	0.577 (0.441)	0.739 (0.583)	0.465* (0.280)	0.215 (0.296)	0.161 (0.372)	-4.945** (2.150)	-5.508 (3.954)	-12.369 (12.921)
政策变量									
是否有政府补贴（是＝1，否＝0）	-0.168 (0.765)	-0.339 (0.770)	-1.772 (1.154)	0.538 (0.590)	0.450 (0.619)	-1.202 (0.857)	-1.239 (1.776)	-1.931 (1.971)	-4.946* (2.682)
户主和地块特征									
户主年龄（岁）	0.046** (0.024)	0.093** (0.038)	0.104* (0.055)	0.035** (0.017)	-0.003 (0.020)	0.006 (0.023)	0.030 (0.055)	0.013 (0.066)	0.010 (0.103)
平均地块规模（亩）	-0.012 (0.199)	0.020 (0.203)	0.406 (0.281)	0.076 (0.159)	0.015 (0.157)	0.033 (0.183)	0.547 (0.524)	0.0013 (0.689)	-0.577 (1.207)
村特征变量									
村水资源是否短缺（是＝1，否＝0）	-0.131 (0.278)	-0.526* (0.313)	-0.454 (0.383)	-0.431** (0.197)	-0.299 (0.209)	-0.705*** (0.268)	1.626** (0.695)	0.847 (0.837)	1.473 (1.219)
村只用地表水灌溉面积比例（%）	0.229 (0.493)	0.932 (0.612)	0.231 (0.617)	0.002 (0.005)	0.005 (0.005)	0.036 (0.746)	-4.334*** (1.409)	-0.808 (3.037)	-0.064 (4.743)
村联合灌溉面积比例（%）	-0.023*** (0.008)	-0.029*** (0.010)	-0.032*** (0.012)	1.619*** (0.460)	0.372 (0.573)	0.017*** (0.006)	-0.045 (0.040)	-0.022 (0.041)	-0.128 (0.171)

续表

	农户型								
	地面管道			秸秆还田			地膜覆盖		
	模型（2a）	模型（2b）	模型（2c）	模型（2a）	模型（2b）	模型（2c）	模型（2a）	模型（2b）	模型（2c）
村人均纯收入（万元/年）	-0.012 (0.008)	-0.015* (0.009)	-0.012 (0.011)	0.005 (0.005)	0.006 (0.005)	0.014** (0.007)	-0.057** (0.027)	-0.071** (0.030)	-0.064* (0.035)
年份虚拟变量									
2007年（是=1，否=0）		1.912*** (0.723)	2.403** (0.961)		-1.439*** (0.455)	-2.450*** (0.597)		4.690* (2.629)	9.922* (5.752)
2011年（是=1，否=0）		1.506*** (0.564)	1.589** (0.700)		-1.633*** (0.367)	-2.103*** (0.477)		3.976* (2.307)	8.970* (5.411)
2015年（是=1，否=0）		1.348*** (0.405)	1.681*** (0.494)		-0.620** (0.290)	-1.076*** (0.372)		4.529** (2.026)	10.728** (5.463)
技术采用滞后项									
上一期是否采用传统型技术（是=1，否=0）			-0.685 (0.501)			0.660* (0.386)			-1.221 (1.434)
上一期是否采用农户型技术（是=1，否=0）			1.037* (0.552)			-2.089*** (0.345)			-0.212 (1.266)
上一期是否采用社区型技术（是=1，否=0）			1.111* (0.592)			0.226 (0.391)			1.543 (1.494)
样本量	329	329	245	651	651	496	162	162	139

　　非农就业状况对地下管道和渠道衬砌的影响与上节中对社区型节水技术影响的估计结果类似，家庭非农就业劳动力比例与地下管道和渠道衬砌均没有显著的相关性（见表4-27）。无论是本地非农就业还是外出非农就业（见表4-28），对于地下管道和渠道衬砌都没有显著的影响，由此可以进一步判定农户的非农就业情况不是影响地下管道和渠道衬砌这两种节水技术采用的主要因素。结合这两种节水技术的统计分析情况，地下管道和渠道衬砌在2007年国家实施农业水价改革，推广节水技术之后采用比例明显提高。在调查中也发现，能够采用这两种节水技术的村，大多数都有政府的节水技术推广试点政策支持，农户主要负责出相应的劳力进行建设以及部分费用，现实中如果仅依靠部分农户而缺乏政策支持，这一类型技术是难以实施的。

表4-27　　　　地下管道和渠道衬砌采用的固定效应估计结果

| | 社区型 | | | | | |
| | 地下管道 | | | 渠道衬砌 | | |
	模型（1a）	模型（1b）	模型（1c）	模型（1a）	模型（1b）	模型（1c）
非农就业情况						
家庭非农就业劳动力比例（%）	-0.005（0.010）	-0.004（0.012）	-0.007（0.019）	-0.001（0.007）	-0.004（0.008）	0.001（0.009）
水费收取方式						
计量收费（是=1，否=0）	0.728（0.702）	0.815（0.753）	1.492（1.278）	1.463***（0.515）	1.645***（0.612）	2.744***（0.873）
政策变量						
是否有政府补贴（是=1，否=0）	1.737***（0.446）	1.692***（0.468）	2.896***（0.819）	3.213***（0.444）	3.263***（0.451）	3.908***（0.697）
户主和地块特征						
户主年龄（岁）	0.038（0.025）	0.042（0.032）	0.080（0.082）	-0.007（0.033）	-0.054（0.039）	-0.092*（0.053）
平均地块规模（亩）	0.173（0.434）	0.185（0.437）	0.674（0.585）	0.093（0.244）	0.145（0.243）	0.166（0.314）

续表

	社区型					
	地下管道			渠道衬砌		
	模型（1a）	模型（1b）	模型（1c）	模型（1a）	模型（1b）	模型（1c）
村特征变量						
村水资源是否短缺（是=1，否=0）	0.194 (0.376)	0.150 (0.424)	-0.040 (0.596)	0.093 (0.244)	0.721 * (0.414)	0.664 (0.497)
村只用地表水灌溉面积比例（%）	0.005 (0.018)	0.004 (0.018)	0.006 (0.052)	0.025 ** (0.012)	0.036 *** (0.013)	0.054 *** (0.018)
村联合灌溉面积比例（%）	0.010 (0.018)	0.007 (0.016)	0.020 (0.024)	0.008 (0.015)	0.012 (0.017)	0.025 (0.019)
村人均纯收入（万元/年）	-0.986 (0.967)	-0.408 (1.104)	-1.791 (1.556)	2.003 ** (0.880)	0.191 (0.897)	-0.743 (1.243)
年份虚拟变量						
2007 年（是=1，否=0）		0.814 (0.812)	0.770 (1.533)		-2.134 *** (0.812)	-3.485 *** (1.073)
2011 年（是=1，否=0）		-0.012 (0.635)	-0.516 (1.190)		-2.031 *** (0.680)	-2.876 *** (0.939)
2015 年（是=1，否=0）		0.517 (0.430)	1.007 (0.647)		-1.125 ** (0.501)	-2.039 ** (0.748)
技术采用滞后项						
上一期是否采用传统型技术（是=1，否=0）			-0.852 (0.752)			-0.513 (0.689)
上一期是否采用农户型技术（是=1，否=0）			-0.277 (0.949)			-0.398 (0.614)
上一期是否采用社区型技术（是=1，否=0）			1.184 (0.761)			-0.903 (0.678)
样本量	185	185	126	445	445	341

表 4-28 地下管道和渠道衬砌采用的固定效应估计结果：
本地和外出非农就业

	社区型					
	地下管道			渠道衬砌		
	模型 (2a)	模型 (2b)	模型 (2c)	模型 (2a)	模型 (2b)	模型 (2c)
非农就业情况						
本地非农就业 劳动力比例（%）	-0.014 (0.015)	-0.018 (0.017)	-0.028 (0.026)	0.002 (0.018)	0.006 (0.014)	0.018 (0.021)
外出非农就业 劳动力比例（%）	0.002 (0.014)	0.009 (0.016)	0.014 (0.028)	-0.004 (0.012)	-0.013 (0.013)	-0.012 (0.018)
水费收取方式						
计量收费 （是=1，否=0）	0.759 (0.708)	0.870 (0.766)	1.334 (1.378)	1.460*** (0.513)	1.678*** (0.611)	2.759*** (0.882)
政策变量						
是否有政府补贴 （是=1，否=0）	1.749*** (0.448)	1.721*** (0.476)	3.040*** (0.829)	3.235*** (0.453)	3.339*** (0.470)	3.999*** (0.722)
户主和地块特征						
户主年龄（岁）	0.036 (0.025)	0.042 (0.032)	0.078 (0.091)	-0.006 (0.033)	-0.055 (0.039)	-0.089 (0.053)
平均地块规模（亩）	0.115 (0.443)	0.112 (0.445)	0.494 (0.608)	0.090 (0.245)	0.141 (0.247)	0.201 (0.314)
村特征变量						
村水资源是否短缺 （是=1，否=0）	0.203 (0.378)	0.131 (0.425)	-0.037 (0.611)	0.368 (0.356)	0.692 (0.415)	0.664 (0.500)
村只用地表水灌溉 面积比例（%）	0.005 (0.018)	0.004 (0.019)	0.014 (0.068)	0.024** (0.012)	0.033** (0.014)	0.049*** (0.019)
村联合灌溉面积 比例（%）	0.008 (0.016)	0.004 (0.017)	0.015 (0.025)	0.007 (0.015)	0.010 (0.017)	0.022 (0.020)
村人均纯收入 （万元/年）	-0.929 (0.968)	-0.108 (1.119)	-1.282 (1.057)	2.005 (0.880)	0.107 (0.897)	-0.870 (1.256)

续表

| | 社区型 | | | | | |
| | 地下管道 | | | 渠道衬砌 | | |
	模型 (2a)	模型 (2b)	模型 (2c)	模型 (2a)	模型 (2b)	模型 (2c)
年份虚拟变量						
2007 年 （是 = 1，否 = 0）		1.055 *** (0.840)	1.180 *** (1.650)		-2.263 *** (0.831)	-3.758 *** (1.129)
2011 年 （是 = 1，否 = 0）		0.191 *** (0.663)	-0.248 *** (1.269)		-2.167 *** (0.703)	-3.117 *** (0.995)
2015 年 （是 = 1，否 = 0）		0.690 *** (0.462)	1.286 ** (0.721)		-1.215 ** (0.513)	-2.235 ** (0.801)
技术采用滞后项						
上一期是否采用传统型 技术（是 = 1，否 = 0）			-0.732 (0.758)			-0.408 (0.710)
上一期是否采用农户型 技术（是 = 1，否 = 0）			-0.233 (0.992)			-542 (0.639)
上一期是否采用社区型 技术（是 = 1，否 = 0）			1.167 (0.782)			-1.085 (0.713)
样本量	185	185	126	445	445	341

　　从各类控制变量的影响看，政府补贴对地下管道和渠道衬砌的采用有显著影响，这与前文中社区型节水技术的估计结果一致，佐证了该类型节水技术的采用必须依靠政府或村集体的资金投入，农民个人无法承担这一类节水技术的投入成本。计量收费与渠道衬砌的采用呈现正向相关性，并且在 1% 的水平下显著。从户主和地块特征变量看，户主年龄和地块规模对于地下管道和渠道衬砌而言也不能够起到主导作用。村特征对地下管道和渠道衬砌的影响也呈现类似的性质，除了地表水灌溉比例外，其他村特征变量与这两种技术的采用并没有较强的相关性，虽然一般而言，村如果存在严重的水资源短缺问题，会更需要政府的补贴等进行大规模节水技术采用建设的支持，但是实际中

一个村能否获得相关节水技术的政策支持是受多方面影响的，如村灌溉用水设施的完善度，所在乡是不是相关试点乡等都需要综合考量，这也从侧面说明地下管道和渠道衬砌还有进一步的采用推广空间。

（二）似不相关回归估计结果

对七种细分类型的节水技术使用似不相关回归的结果显示，家庭非农就业劳动力比例对畦灌、沟灌、地膜覆盖以及地下管道的采用没有显著影响，对地面管道的采用有显著的负向影响，与秸秆还田和渠道衬砌呈现显著的正向相关性（见表4-29）。从非农就业地域的不同看，本地非农就业能够显著提高畦灌和秸秆还田的采用概率，对渠道衬砌也有一定的正向影响，但是与地面管道的采用呈现负向相关性，对沟灌、地膜覆盖以及地下管道的采用则没有明显的影响。外出非农就业的影响较为简单，只对秸秆还田和渠道衬砌有显著的正向影响，与其他节水技术采用没有明显的相关性（见表4-30）。因此，将节水技术细分后发现，同作为传统型技术，非农就业状况主要对畦灌有显著的促进作用，但是没有引起沟灌的采用发生明显的变化。而在农户型技术中，无论何种非农就业形式，都可以提高秸秆还田技术的采用概率，但对地膜覆盖并没有产生显著的影响。与之前的估计结果略有出入的是，渠道衬砌作为社区型节水技术的主要组成部分，非农就业在节水技术细分种类的估计结果中对其采用概率也起到了一定的促进作用，原因可能是该项技术虽然主要依靠政府的支持，但是也需要农民为此投入一部分资金，而非农就业能够为这部分支出提供保障。总体上看，该模型估计结果与前文中的结果基本一致。

政府补贴的作用在节水技术细分种类的估计结果中变得更加重要，除了地膜覆盖之外，拥有政府补贴可以显著促进其他各种节水技术的采用，并且均在较高的统计性水平下显著，政府补贴在节水技术采用中的作用不容忽视。除了沟灌、地膜覆盖以及渠道衬砌外，计量收费方式能够显著促进农户对其他细分种类节水技术的采用，并且均在1%的水平下显著，进一步证实了计量收费能够提高农户采用节水

表4-29 七种细分类型节水技术的似不相关估计结果

	畦灌	沟灌	地面管道	地膜覆盖	秸秆还田	地下管道	渠道衬砌
				模型3			
非农就业情况							
家庭非农就业劳动力比例（%）	-0.0002 (0.000)	-0.0003 (0.000)	-0.001*** (0.000)	-0.0001 (0.000)	0.002*** (0.000)	-0.0002 (0.000)	0.0003** (0.000)
政策变量							
是否有政府补贴（是=1，否=0）	0.238*** (0.049)	0.146** (0.066)	0.314*** (0.051)	0.063 (0.042)	0.164*** (0.027)	0.143*** (0.021)	0.667*** (0.011)
水费收取方式							
计量收费（是=1，否=0）	0.270*** (0.010)	0.006 (0.014)	0.114*** (0.021)	-0.016 (0.018)	0.111*** (0.011)	0.177*** (0.021)	0.005 (0.011)
户主和地块特征							
户主年龄（岁）	0.005*** (0.000)	0.000 (0.000)	0.005*** (0.000)	0.001*** (0.000)	0.008*** (0.000)	0.002*** (0.000)	-0.002*** (0.000)
平均地块规模（亩）	0.001 (0.001)	0.005*** (0.002)	0.003 (0.003)	0.001 (0.002)	0.001 (0.001)	-0.000 (0.003)	-0.002* (0.001)
村特征变量							
村水资源是否短缺（是=1，否=0）	0.165*** (0.008)	0.017 (0.011)	0.105*** (0.017)	0.065*** (0.014)	0.037*** (0.009)	0.017 (0.017)	-0.024*** (0.009)
村人均纯收入（万元/年）	-0.250*** (0.014)	0.033* (0.020)	0.022 (0.030)	-0.081*** (0.026)	0.134*** (0.017)	0.004 (0.031)	0.149*** (0.016)

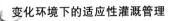

续表

模型 3

	畦灌	沟灌	地面管道	地膜覆盖	秸秆还田	地下管道	渠道衬砌
村只用地表水灌溉面积比例（%）	-0.002*** (0.000)	-0.000 (0.000)	0.000 (0.000)	0.000 (0.000)	-0.003*** (0.000)	-0.002*** (0.000)	0.002*** (0.000)
村联合灌溉面积比例（%）	0.000** (0.000)	0.000 (0.000)	0.000 (0.000)	-0.001** (0.000)	0.000* (0.000)	-0.002*** (0.000)	0.001*** (0.000)
样本量	1347	1347	1347	1347	1347	1347	1347

表 4-30　七种细分类型节水技术的似不相关估计结果：本地和外出非农就业

模型 4

	畦灌	沟灌	地面管道	地膜覆盖	秸秆还田	地下管道	渠道衬砌
非农就业情况							
本地非农就业劳动力比例（%）	0.002*** (0.000)	-0.0001 (0.000)	-0.001** (0.000)	-0.0002 (0.000)	0.003*** (0.000)	-0.0001 (0.000)	0.0004* (0.000)
外出非农就业劳动力比例（%）	-0.000 (0.000)	-0.000 (0.000)	-0.000 (0.000)	-0.000 (0.000)	0.003*** (0.000)	-0.000 (0.000)	0.001** (0.000)
政策变量							
是否有政府补贴（是=1，否=0）	0.230*** (0.049)	0.143** (0.066)	0.330*** (0.051)	0.059 (0.042)	0.189*** (0.027)	0.144*** (0.021)	0.668*** (0.011)

续表

	畦灌	沟灌	地面管道	地膜覆盖	秸秆还田	地下管道	渠道衬砌
				模型 4			
			水费收取方式				
计量收费 （是=1，否=0）	0.298*** (0.009)	0.001 (0.013)	0.131*** (0.021)	-0.022 (0.018)	0.141*** (0.011)	0.179*** (0.021)	-0.000 (0.011)
			户主和地块特征				
户主年龄（岁）	0.005*** (0.000)	0.000 (0.000)	0.006*** (0.000)	0.001*** (0.000)	0.008*** (0.000)	0.002*** (0.000)	-0.002*** (0.000)
平均地块规模（亩）	0.003** (0.001)	0.005*** (0.002)	0.004 (0.003)	0.001 (0.002)	0.003* (0.001)	-0.000 (0.003)	-0.002 (0.001)
			村特征变量				
村水资源是否短缺 （是=1，否=0）	0.167*** (0.008)	0.016 (0.011)	0.111*** (0.017)	0.063*** (0.014)	0.045*** (0.009)	0.020 (0.017)	-0.023*** (0.009)
村人均纯收入 （万元/年）	-0.239*** (0.014)	0.031 (0.020)	0.031 (0.030)	-0.082*** (0.026)	0.148*** (0.017)	0.005 (0.031)	0.150*** (0.016)
村只用地表水灌溉面积 比例（%）	-0.002*** (0.000)	-0.000 (0.000)	-0.004*** (0.000)	0.000 (0.000)	-0.003*** (0.000)	-0.001*** (0.000)	0.002*** (0.000)
村联合灌溉面积 比例（%）	0.001*** (0.000)	0.000 (0.000)	0.001 (0.000)	-0.001*** (0.000)	0.001*** (0.000)	-0.002*** (0.000)	0.001*** (0.000)
样本量	1347	1347	1347	1347	1347	1347	1347

技术的概率。从农户以及地块特征的影响看，除沟灌和渠道衬砌外，农户的年龄在似不相关回归中与其余各种节水技术的采用呈现显著的正向相关性，原因在前文中也做过分析，农户年龄的增长不利于其非农就业，因此更可能回归农业生产从而促进其对节水技术的采用。地块规模会显著促进沟灌技术采用概率的提高。

从村特征变量看，村人均纯收入对不同种类的节水技术影响方向存在差异，它对畦灌和地膜覆盖的采用有显著的负向影响，但是能够明显促进秸秆还田和渠道衬砌采用概率的提升。村只用地表水灌溉的面积比例和联合灌溉的面积比例越高，越有利于渠道衬砌技术的采用。调查中也发现，渠道衬砌在地表水灌溉中采用得较多，灌溉管理部门也将渠道衬砌率作为对各个灌区节水技术推广与灌溉技术效率提升的一个重要考核指标。

第五章

非农就业对灌溉用水的影响

第一节 描述性统计分析

一 灌溉样本变化趋势

本章从不同作物角度研究整个农业生产过程中的灌溉用水以及其他相关要素投入，以农户的样本地块为主要研究对象。调查中，样本地块的抽样方法如下：按照地块面积、种植结构、灌溉条件等要素，在农户种植的所有地块中抽取 1—2 块地，优先选择地块面积较大、种植粮食作物的地块。如果在追踪调查中农户的地块发生流转或者抛荒等情况，依据地块的灌溉条件和作物结构的不同，选择该农户其他的地块进行补充。样本地块种植的粮食作物主要包括小麦、玉米和水稻，由于水稻在生长期内长期需要水，所以无法较为准确地度量其灌溉用水量。为分析灌溉用水量以及灌溉技术效率，研究涉及的地块样本只包括灌溉的小麦和玉米样本。

样本地块的灌溉水源分布显示（见表 5-1），总体上看小麦和玉米地块的样本分布基本相同。只使用地表水或者地下水的灌溉地块数量相近，使用联合灌溉的样本地块所占比例较小。分省份来看，三个省份的样本地块主要灌溉水源差异较大，地表水灌溉是宁夏样本地块中最主要的灌溉方式，只用地表水灌溉的小麦和玉米样本占其总样本的比例分别高达 97% 和 98%。同时，宁夏仅用地下水和联合灌溉的小麦或者玉米样本只有2%左右。而在河北省与河南省，地下水灌溉是主要灌溉方式，两省的小麦地下水灌溉样本分别占各省样本量的69%和74%；而玉米的地下水灌溉地块样本占比相对较高，分别占各省的77%和86%。

表5-1 样本地块灌溉水源分布情况 单位：块

	小麦				玉米			
	河北	河南	宁夏	合计	河北	河南	宁夏	合计
只用地下水	318	488	2	808	353	348	2	703
只用地表水	129	103	386	618	91	36	579	706
联合灌溉	16	68	10	94	13	21	9	43
总计	463	659	398	1520	457	405	590	1452

资料来源：根据CWIM调查数据整理。

为了更细致地分析灌溉水源分布在调查期间的变化情况，依据各省份的主要灌溉水源分布特征，表5-2用宁夏的样本地块表示只用地表水灌溉的情况，用河北与河南的样本表示只用地下水灌溉的变化情况。可以发现，在以地表水灌溉为主的宁夏，仅用地表水灌溉的比例虽然多年来维持在90%以上的水平，但是比例有所降低，小麦的地表水灌溉地块比例近10年下降了5个百分点。而在以地下水灌溉为主的河北省与河南省，仅用地下水灌溉的地块比例在小麦和玉米的地块中均有所增长，分别从41.11%增长至71.38%和从74.51%增长至85.43%，并且小麦的地下水灌溉样本比例增速高于玉米的增速。可见，面对地表水资源日益短缺的状况，无论是地表水灌区还是地下水灌区，农民都在开发利用地下水资源来保证作物的灌溉用水。

表5-2 样本地块灌溉水源变化情况

	小麦		玉米	
	只用地表水（%）	只用地下水（%）	只用地表水（%）	只用地下水（%）
2004年	98.44	41.11	98.79	74.51

	小麦		玉米	
	只用地表水（%）	只用地下水（%）	只用地表水（%）	只用地下水（%）
2007 年	98.32	47.84	98.72	76.33
2011 年	96.05	56.91	98.35	82.69
2015 年	93.62	71.38	97.40	85.43

资料来源：根据 CWIM 调查数据整理。

二 非农就业与灌溉用水量的相关关系分析

为了研究非农就业水平和作物灌溉用水量之间的关系，基于作物地块层面的数据，按照非农就业比例、本地就业和外出就业比例从低到高的顺序，把样本分成四等份，比较每组的作物平均灌溉用水量。基于地块数据，将作物分成小麦和玉米；根据灌溉水源的差异将样本分成三类，包括全部样本、只用地下水灌溉的样本和只用地表水灌溉的样本。结果如表5-3所示。

从非农就业比例的统计描述结果看（见表5-3），小麦和玉米在不同灌溉水源情况下，灌溉用水量的变化趋势并不同。具体来看，在全部样本观测下，小麦的灌溉用水量有随着非农就业比例提高而减少的趋势，最高非农就业比例样本组比最低非农就业比例样本组的灌溉用水量减少了11%；用地下水灌溉的样本和用地表水灌溉的样本也都呈现类似的变化，小麦的灌溉用水量随非农就业比例的提高而下降，这两类样本中最高非农就业比例样本组的小麦灌溉用水量比最低非农就业比例样本组的灌溉用水量分别减少了18%和12%，相比之下地下水灌溉的样本变化更明显。从玉米的灌溉用水量变化看，不同水源下玉米的变化趋势存在差异。在所有样本观测下，玉米的灌溉用水量随着非农就业比例的提高有减少的趋势，最高非农就业比例样本组比最低非农就业比例样本组的灌溉用水量减少了13%。地下水灌溉的样本用水量变化趋势没有全部样本观测明显，但是总体上用水量也有减少的趋势。从地表水样本看，玉米灌溉用水量随着非农就业比例的提高出现了波动性的变化趋势，虽然最低非农就业比例样本组灌溉用水量比最高非农就业比例样本组的用水量少，但是整体上变化没有呈现较为一致的规律。此外，不同水源之间用水量变化趋势也不相同，这可能与用水投入成本以及水源之间的替代性相关。

表 5-3　　　　　　　　　　　非农就业比例分组下作物用水量

非农就业 比例样本组	所有样本		地下水		地表水	
	非农就业 比例（%）	用水量 （立方米/亩）	非农就业 比例（%）	用水量 （立方米/亩）	非农就业 比例（%）	用水量 （立方米/亩）
小麦						
最低25%样本组	7.3	287.8	9.7	225.3	5.3	359.5
次低25%样本组	28.6	261.1	29.5	219.8	28.1	334.4
次高25%样本组	46.7	268.1	48.6	218.2	46.0	335.9
最高25%样本组	73.7	254.8	74.9	184.9	75.1	314.7
平均	38.9	266.7	40.3	212.4	37.2	337.4
玉米						
最低25%样本组	6.8	297.7	13.2	152.9	4.5	430.5
次低25%样本组	29.1	282.8	33.0	143.6	28.0	379.0
次高25%样本组	47.3	264.6	49.8	136.0	46.0	389.3
最高25%样本组	75.3	258.9	76.1	132.1	75.0	410.1
平均	39.1	275.3	41.4	141.8	36.4	403.2

资料来源：根据 CWIM 调查数据整理。

从农村劳动力本地非农就业的统计描述结果看（见表 5-4），小麦和玉米在不同灌溉水源下灌溉用水量的变化更加明显。具体来看，在全部样本观测下，小麦的灌溉用水量随着本地非农就业比例的提高而减少，最高本地非农就业比例样本组比最低比例样本组的灌溉用水量减少了 7%。无论是用地下水灌溉的样本还是用地表水灌溉的样本，小麦的灌溉用水量均随本地非农就业比例的提高而呈现减少的趋势。但是在小麦的地下水灌溉样本中，用水量随着本地非农就业比例的提高，没有呈现明显的下降趋势；地表水灌溉样本中虽然小麦用水量也呈现下降趋势，但是存在波动性增长后下降的现象。因此，需要构建计量模型来进一步判断本地非农就业对小麦灌溉用水量的影响。从玉米的灌溉用水量变化看，在所有样本观测下，玉米的灌溉用水量随着本地非农就业比例的提高有减少的趋势，最高本地非农就业比例样本组比最低样本组少了10%，相比小麦变化幅度略高。地下水灌溉的样本虽然总体上用水量也存在减少的现象，但是变化趋势不明显。从玉米的地表水样本看，玉米灌溉用水量随着本地非农就业比例的提高也呈现减少的现象。总体上看，小麦和玉米用水量的变化和上文按照非农就业比例划分样本组时的变化趋势是类似的，地下水灌溉用水量的变化地表水灌溉更具规律性。

表 5-4　　　　　　　　本地非农就业比例分组下作物用水量

本地非农就业比例样本组	所有样本		地下水		地表水	
	本地非农就业比例（%）	用水量（立方米/亩）	本地非农就业比例（%）	用水量（立方米/亩）	本地非农就业比例（%）	用水量（立方米/亩）
小麦						
最低 25%样本组	0	278.5	0	211.3	0	366.0
次低 25%样本组	11.2	260.4	11.4	213.7	10.7	329.5
次高 25%样本组	22.4	268.3	23.0	216.9	21.4	343.4
最高 25%样本组	43.6	259.5	46.2	207.4	40.6	308.9
平均	19.4	266.7	20.3	212.4	18.2	337.4
玉米						
最低 25%样本组	0	294.1	0	144.8	0	425.7
次低 25%样本组	9.8	281.7	11.0	144.5	9.2	404.3
次高 25%样本组	21.7	260.6	22.8	141.8	20.3	378.0
最高 25%样本组	45.3	264.9	47.2	136.2	42.3	402.5
平均	19.2	275.3	20.2	141.8	17.7	403.2

资料来源：根据 CWIM 调查数据整理。

从农村劳动力外出非农就业比例的统计描述结果看（见表5-5），小麦和玉米在不同灌溉水源下的灌溉用水量变化趋势不一致。在全部样本观测下，无论是小麦还是玉米的灌溉用水量，都随着外出非农就业比例提高而减少，最高外出非农就业比例样本组比最低样本组分别下降了 12% 和 9%。小麦的灌溉用水量随外出非农就业比例的提高而下降，在地下水和地表水两种样本中，最高外出非农就业比例样本组的小麦灌溉用水量比最低样本组的灌溉用水量分别降低了 15% 和 14%。从不同水源状况下灌溉用水量的变化趋势看，小麦更容易受到外出非农就业的影响。除了作物生长季节不同的原因外，外出非农就业比例较高，在劳动力市场不完善的情况下，可能会导致对农业灌溉投入的劳动力不足，这可能是作物用水量减少的部分原因。综上所述，不同作物在不同水源情况下，灌溉用水量随外出非农就业情况变化的趋势存在差异，因此不能简单地通过统计描述来说明非农就业对灌溉用水量的影响，需要进一步建立计量模型，在控制其他要素的情况下，考察非农就业对于灌溉用水量的影响。

表 5-5　　　　　　　外出非农就业比例分组下作物用水量

外出非农就业比例样本组	所有样本		地下水		地表水	
	外出非农就业比例（%）	用水量（立方米/亩）	外出非农就业比例（%）	用水量（立方米/亩）	外出非农就业比例（%）	用水量（立方米/亩）
小麦						
最低25%样本组	0	287.1	0	218.3	0	381.6
次低25%样本组	10.5	266.2	10.3	228.1	10.7	304.8
次高25%样本组	23.2	261.3	23.4	216.7	23.3	335.6
最高25%样本组	43.9	252.2	45.7	186.2	42.4	327.7
平均	19.5	266.7	20.0	212.4	19.0	337.4
玉米						
最低25%样本组	0	287.9	0	137.9	0	399.4
次低25%样本组	10.2	273.3	11.6	153.3	9.5	385.4
次高25%样本组	24.2	277.2	25.0	151.9	23.9	408.1
最高25%样本组	45.6	262.8	47.9	124.4	44.9	418.8
平均	19.9	275.3	21.2	141.8	18.7	403.2

资料来源：根据 CWIM 调查数据整理。

第二节 计量模型设定

一 模型设定

为了分析非农就业对灌溉用水量的影响，控制其他因素（包括气候因素，村、农户和地块特征等），建立作物灌溉用水量模型，并利用计量经济学方法估计出关键系数。

$$\ln W_{ijkt} = \partial + \beta M_{jkt} + \gamma_u \sum_{u=1}^{5} XP_{u,\ ijkt} + \varphi_m H_{m,\ ijkt} + \delta_q \sum_{q=1}^{2} PL_{q,\ ijkt} +$$

$$\lambda_v \sum_{v=1}^{4} V_{v,\ kt} + \sigma_g \sum_{g=1}^{6} CL_{g,\ kt} + \tau_n \sum_{n=1}^{3} YR_n + \xi_{ijkt} \qquad (5.1)$$

式（5.1）表示农户家庭非农就业劳动力状况对作物灌溉用水量影响的模型设定形式，各个变量的下标 k、j、i、t 分别代表村庄 k、农户 j、地块 i 和年份 t。

因变量设定说明：因变量 W 代表亩均灌溉用水量，采用对数形式进行分析。此外，由于模型基于地块作物层面，所以分别应用于小麦和玉米样本。

自变量设定说明：本章重点关注变量 M_{jkt} 代表的农户家庭非农就业状况，在具体模型估计中表示为两种形式。一种是表示农户家庭非农就业劳动力比例；另一种是按照工作地点是否在农户家庭劳动力户口注册地的乡镇内，将非农就业状况细分表示为农户家庭外出非农就业劳动力比例和本地非农就业劳动力比例。在模型估计中，同样采用滞后三期的农户家庭劳动力非农就业相关比例的均值。

除了非农就业情况外，作物用水需求模型还包括水价、作物价格、劳动力工资、其他资金投入等构成其他农业生产要素的必要变量（XP）。此外，还控制了气候变量（CL）、村特征（V）、农户特征（H）以及地块特征（PL）等可能随着时间变化的变量。需要进一步说明的是，村特征以及农户特征中一些不随时间变化的变量（村庄地形、农户受教育水平）等没有包含在模型中，因为这些变量的影响在

125

做固定效应时会被消除，所以不会产生遗漏偏误的问题。为了控制因时间变化产生的影响，以 2004 年为基组，加入了其他 3 个年份的时间虚拟变量（YR），具体的变量描述见表 5-6。

表 5-6　　　　　　　　　　作物灌溉用水量模型变量描述

变量	单位	变量描述
因变量		
灌溉用水量	立方米/亩	单位面积灌溉水量
自变量		
关键自变量		
非农就业情况（M）		
家庭非农就业劳动力比例	%	家庭非农就业的劳动力比例
外出非农就业劳动力比例	%	家庭外出非农就业的劳动力比例
本地非农就业劳动力比例	%	家庭本地非农就业的劳动力比例
其他控制变量		
投入要素价格（XP）		
水价	元/立方米	灌溉水价，2001 年价格水平
化肥价格	元/千克	化肥价格，2001 年价格水平
劳动力工资	元/天	劳动力工资，2001 年价格水平
作物价格	元/千克	作物价格，2001 年价格水平
其他资金投入	元/亩	其他资金投入，2001 年价格水平
农户家庭特征（H）		
户主年龄	岁	户主年龄
地块特征（PL）		
是否遭受旱灾	是=1，否=0	地块在某一年内是否受旱灾
地块到放水口距离	千米	地块到放水口距离
村特征（V）		
村人均纯收入	万元/年	村人均年纯收入水平
村水资源是否短缺	是=1，否=0	虚拟变量，村是否缺水
村只用地表水灌溉面积比例	%	村只用地表水灌溉的面积比例
村联合灌溉面积比例	%	村联合灌溉的面积比例
气候特征（CL）		
平均气温	℃	生长季节内县级水平的月平均温度

续表

变量	单位	变量描述
平均气温平方项		
总降水量	毫米	收获当月往前推一年时间内县级水平的总降水量
总降水量平方项		
平均气温标准差		月平均气温标准差
降水量标准差		月降水量标准差
年份虚拟变量（YR）		
2007 年	是 = 1，否 = 0	虚拟变量，是否为 2007 年
2011 年	是 = 1，否 = 0	虚拟变量，是否为 2011 年
2015 年	是 = 1，否 = 0	虚拟变量，是否为 2015 年

此外，考虑到非农就业可能会通过节水技术采用而对灌溉用水量造成间接影响，本章对小麦和玉米的灌溉用水量设置两种不同的模型情景，一种是不考虑节水技术对灌溉用水的影响，直接分析非农就业对灌溉用水量的影响；另一种是考虑节水技术采用对灌溉用水量的影响，把地块层面的非农就业对节水技术采用影响模型的估计结果代入模型，以此测度非农就业通过节水技术采用对灌溉用水量造成的间接影响。因此，根据关键自变量非农就业情况与节水技术采用拟合值的设置，本章构建如下四个模型，其组合方式如表5-7所示。

表 5-7　　　　　　　　灌溉用水量模型设置

	模型 1	模型 2	模型 3	模型 4
非农就业状况				
家庭非农就业劳动力比例（％）	√		√	
本地非农就业劳动力比例（％）		√		√
外出非农就业劳动力比例（％）		√		√
节水技术采用拟合值				
是否采用传统型节水技术			√	√
是否采用农户型节水技术			√	√
是否采用社区型节水技术			√	√

二 模型估计方法

基于对农户地块层面的调查数据，本章将分析非农就业对灌溉用水量的影响，以小麦和玉米两大作物作为研究对象构建计量模型进行回归分析。模型 1 和模型 2 估计非农就业对灌溉用水量的直接影响；模型 3 和模型 4 代入同样是地块层面的非农就业对节水技术采用实证研究的拟合值，来估计非农就业通过节水技术采用对灌溉用水量的间接影响。同时，为了更细致地区分不同灌溉条件下灌溉用水的变化，对于每一类模型都依据灌溉水源的不同进行区分：所有样本、地下水样本、只用地下水样本、地表水样本、只用地表水样本。在各类模型设置情形下做了豪斯曼检验，p 值均小于 0.05，说明拒绝不存在个体固定效应的原假设，使用固定效应更具有一致性。因此，本节采用固定效应模型，基于地块层面估计非农就业对灌溉用水量的影响，应用较为稳健的 OLS 回归方法，排除不会随着时间改变的因素影响。

第三节 计量模型估计结果

一 非农就业对灌溉用水量的直接影响

从非农就业情况对小麦和玉米灌溉用水量的直接影响看，由模型 1（见表 5-8、表 5-9）中家庭非农就业劳动力比例对灌溉用水综合影响的估计结果可知，在总样本的估计下，无论是小麦还是玉米，家庭非农就业劳动力比例的提高均会显著减少作物的灌溉用水量，并且小麦对非农就业比例变化的反应更敏感。从不同灌溉水源的区分来看，在使用地下水灌溉（包括联合灌溉）的样本以及只用地下水灌溉的样本中，小麦和玉米的地下水灌溉用水量均会随着非农就业比例的提高而下降。以只用地下水灌溉的估计结果为例，小麦的估计结果在 1%的水平下显著，玉米的估计结果仅在 5%的水平下显著。这可能是两种作物对灌溉依赖性的强弱有差异造成的，玉米生长在雨季且生长期较短，总体灌溉次数比小麦少（样本显示 2015 年小麦的平均灌溉次数约比玉米多 0.8 次），因此相对于小麦而言对灌溉的依赖性较弱，其灌溉用水不易受到农业生产过程中要素变化的影响。此外，无论是用地表水灌溉（包括联合灌溉），还是仅使用地表水作为单一水源，非农就业对小麦和玉米的灌溉用水量影响基本不显著。

从模型2（见表5-10、表5-11）中本地非农就业比例和外出非农就业比例对灌溉用水量的直接影响看，总样本情况下，本地非农就业对小麦的用水量有负向的影响，但不显著；外出非农就业会显著减少小麦的用水量。本地非农就业比例增加时，玉米的用水量会显著下降；外出非农就业虽然对玉米用水量有负向影响，但是并不显著。这其中可能的作用机制较为复杂，一方面在家庭从事非农就业劳动力比例较高时，能够投入到灌溉中的劳动力有限，再加上不完善的劳动力市场，农户会减少灌溉中的劳动力投入从而放松对小麦和玉米的灌溉管理；另一方面由于玉米对灌溉的依赖性较弱，不易像小麦一样受到劳动力投入变化的影响。

从投入要素价格看，在任何灌溉水源情形下，无论是小麦还是玉米，水价的提高均会减少灌溉用水量，并且具有十分显著的影响。小麦价格对灌溉用水量有显著的正向作用，说明小麦价格上涨会促进农民增加对小麦的灌溉用水量，但是玉米价格的作用不明显。化肥与玉米的地下水灌溉用水量呈现较为显著的互补关系。其他投入对小麦的灌溉用水量有较为显著的负向影响，其中包括农业机械成本、种子投入、地膜投入等，影响了小麦的灌溉用水量。

气候变量会对灌溉用水量产生直接影响。从气温对作物灌溉用水量的影响结果看，平均气温对小麦的灌溉用水量有显著的正向影响，气温越高，作物用水需求越高。但是平均气温对玉米的灌溉用水量有显著的负向影响，尤其是在包括地表水水源灌溉的情况下更为显著，可能是玉米依赖地表水灌溉（尤其是宁夏），但是气温升高影响了玉米地表水灌溉水源的供水可靠性，从而减少了玉米的灌溉用水。此外，平均气温标准差对玉米灌溉用水量的影响为负。从降水量对灌溉用水量的影响结果看，降水量的增加会减少作物的灌溉用水量，尤其对玉米有显著的负向影响，因为玉米生长在雨季，更容易受到降水的影响。总降水量标准差对两种作物的灌溉用水有显著的影响，说明降水的不稳定性会影响作物的灌溉用水。

从农户、地块和村特征控制变量的影响来看，部分控制变量对灌溉用水量也有显著影响。户主年龄总体上对小麦和玉米的灌溉用水量没有产生显著影响。从地块特征来看，地块遭受旱灾会显著减少小麦和玉米的灌溉用水量，旱灾会使灌溉水源的供水可靠性降低，造成作物可用灌溉水量的减少，农户只能被动地减少作物的灌溉用水量。其中，小麦的地下水灌溉样本和玉米的地表水灌溉样本对旱灾的反应更敏感，这可能是样本中小麦更依赖地下水灌溉，而玉米由于宁夏的样本占比较大，相比小麦使用更多的地表水进行灌溉导致的。从村特征来看，村只用地表水灌溉的比例对小麦的地下水灌溉用水量有正向影响，只用地表水灌溉的面积比例越高，说明村的水资源越充足，那么作物灌溉用水可能会增加；但是，如果村地表水灌溉比例高是因为缺少地下水作为替代水源，那么也可能会导致作物用水量的下降。而村人均收入越高，作物的用水量越多，这可能是因为村人均收入越高，整体经济水平越好，灌溉成本对于农户用水量的限制效应会被削弱。

表 5-8　　小麦灌溉用水量估计结果（模型 1：地块固定效应）

| | 小麦灌溉用水量（对数值） | | | | |
	所有样本	地下水	只用地下水	地表水	只用地表水
非农就业情况					
家庭非农就业劳动力比例（%）	-0.004 ***	-0.007 ***	-0.007 ***	-0.002	-0.003 *
	(0.001)	(0.002)	(0.002)	(0.002)	(0.002)
投入要素价格					
水价（对数值）（元/立方米）	-0.238 ***	-0.300 ***	-0.252 ***	-0.230 ***	-0.253 ***
	(0.026)	(0.038)	(0.043)	(0.040)	(0.045)
劳动力工资（对数值）（元/天）	-0.080	-0.071	0.048	0.305	0.052
	(0.163)	(0.227)	(0.261)	(0.269)	(0.232)
化肥价格（对数值）（元/千克）	0.137 *	0.117	0.151	0.031	0.070
	(0.081)	(0.108)	(0.123)	(0.123)	(0.105)
作物价格（元/千克）	0.547 ***	0.706 ***	0.704 **	0.658 ***	0.891 ***
	(0.180)	(0.224)	(0.299)	(0.247)	(0.269)

续表

	小麦灌溉用水量（对数值）				
	所有样本	地下水	只用地下水	地表水	只用地表水
其他资金投入	-0.001*	-0.001*	-0.001	-0.000	-0.000
（元/亩）	(0.000)	(0.001)	(0.001)	(0.001)	(0.001)
农户家庭特征					
户主年龄（岁）	0.008	0.010	0.014*	0.004	
	(0.005)	(0.006)	(0.008)	(0.012)	
地块特征					
地块到放水口	0.004	0.048	0.061	0.016	0.071
距离（千米）	(0.022)	(0.053)	(0.060)	(0.024)	(0.048)
是否遭受旱灾	-0.322**	-0.620**	-0.582*	-0.121	-0.232
（是=1，否=0）	(0.142)	(0.289)	(0.321)	(0.148)	(0.141)
气候特征					
平均气温（℃）	1.558***	1.378*	1.152	2.204**	1.180
	(0.454)	(0.748)	(0.830)	(0.877)	(0.777)
平均气温标准差	0.099	0.861	0.580	-0.228	-0.367*
	(0.126)	(0.666)	(0.755)	(0.205)	(0.194)
平均气温平方项	-0.065***	-0.026	-0.008	-0.100***	-0.059*
	(0.020)	(0.039)	(0.044)	(0.038)	(0.034)
总降水量（毫米）	-0.001	-0.002	-0.005	-0.004	-0.001
	(0.002)	(0.004)	(0.005)	(0.004)	(0.004)
降水量标准差	-0.007	-0.030**	-0.026*	-0.001	-0.025
	(0.007)	(0.013)	(0.015)	(0.016)	(0.015)
总降水量平方项	0.000	0.000	0.000	0.000	-0.000
	(0.000)	(0.000)	(0.000)	(0.000)	(0.000)
村特征					
村水资源是否短缺	-0.051	-0.078	-0.056	-0.144*	-0.049
（是=1，否=0）	(0.054)	(0.077)	(0.086)	(0.075)	(0.070)
村人均纯收入	0.425***	0.443***	0.487***	0.298	0.245
（万元/年）	(0.095)	(0.109)	(0.120)	(0.222)	(0.186)
村只用地表水灌溉	0.001	0.006***	0.005**	0.011**	0.000
面积比例（%）	(0.001)	(0.002)	(0.003)	(0.004)	(0.005)

	小麦灌溉用水量（对数值）				
	所有样本	地下水	只用地下水	地表水	只用地表水
村联合灌溉的 面积比例（%）	-0.001 (0.001)	0.000 (0.001)	-0.001 (0.002)	-0.007 * (0.004)	-0.004 (0.005)
年份虚拟变量					
2007 年 （是=1，否=0）	-0.441 *** (0.150)	-0.658 (0.641)	-0.910 (0.736)	-0.866 *** (0.229)	-0.462 ** (0.205)
2011 年 （是=1，否=0）	-0.119 (0.225)	0.371 (0.731)	0.348 (0.922)	-0.526 (0.413)	-0.232 (0.355)
2015 年 （是=1，否=0）	-1.002 *** (0.347)	-1.153 * (0.605)	-1.730 ** (0.698)	-1.754 *** (0.612)	-1.231 ** (0.568)
常数项	-4.690 (3.222)	-14.832 * (8.541)	-11.518 (9.485)	-3.343 (5.701)	2.179 (5.074)
样本量	1520	902	808	712	618
R^2	0.382	0.472	0.443	0.496	0.408

注：括号内数值为标准误。***、**和*分别表示变量值1%、5%和10%的统计水平下显著。本章其余表同。

表 5-9　　玉米灌溉用水量估计结果（模型 1：地块固定效应）

	玉米灌溉用水量（对数值）				
	所有样本	地下水	只用地下水	地表水	只用地表水
非农就业情况					
家庭非农就业 劳动力比例（%）	-0.003 ** (0.001)	-0.006 *** (0.002)	-0.005 ** (0.002)	-0.001 (0.001)	-0.002 (0.002)
投入要素价格					
水价（对数值） （元/立方米）	-0.324 *** (0.028)	-0.340 *** (0.054)	-0.305 *** (0.053)	-0.423 *** (0.033)	-0.524 *** (0.033)
劳动力工资（对数值） （元/天）	0.127 (0.088)	-0.081 (0.209)	0.354 (0.232)	-0.002 (0.100)	-0.023 (0.086)
化肥价格（对数值） （元/千克）	-0.064 (0.067)	-0.189 (0.133)	-0.336 ** (0.145)	0.035 (0.067)	-0.008 (0.057)

续表

	玉米灌溉用水量（对数值）				
	所有样本	地下水	只用地下水	地表水	只用地表水
作物价格	-0.134	0.006	-0.015	-0.129	-0.106
（元/千克）	(0.149)	(0.261)	(0.268)	(0.151)	(0.128)
其他资金投入	0.000	0.001*	0.001	0.000	-0.000
（元/亩）	(0.000)	(0.001)	(0.001)	(0.000)	(0.000)
农户家庭特征					
户主年龄（岁）	-0.003	-0.005	-0.001	0.006	0.009*
	(0.005)	(0.010)	(0.009)	(0.005)	(0.005)
地块特征					
地块到放水口	0.041	0.058	0.078	0.092**	0.112***
距离（公里）	(0.037)	(0.056)	(0.055)	(0.045)	(0.040)
是否遭受旱灾	-0.142	-0.012	-0.010	-0.377***	-0.369***
（是=1，否=0）	(0.097)	(0.149)	(0.146)	(0.118)	(0.101)
气候特征					
平均气温（℃）	-1.326*	1.987	1.423	-2.988**	-3.760***
	(0.686)	(5.050)	(5.280)	(1.184)	(1.017)
平均气温标准差	-0.225**	0.469	-0.126	-0.628**	-1.233***
	(0.117)	(0.434)	(0.461)	(0.289)	(0.330)
平均气温平方项	0.032*	-0.051	-0.040	0.037	0.056**
	(0.017)	(0.112)	(0.117)	(0.033)	(0.028)
总降水量（毫米）	-0.006***	0.006	0.007	0.005	0.000
	(0.002)	(0.008)	(0.009)	(0.004)	(0.004)
降水量标准差	0.019***	0.004	0.000	-0.045***	-0.052***
	(0.006)	(0.015)	(0.015)	(0.015)	(0.013)
总降水量平方项	0.000***	-0.000	-0.000	0.000	0.000
	(0.000)	(0.000)	(0.000)	(0.000)	(0.000)
村特征					
村水资源是否短缺	-0.042	0.060	0.119	-0.011	-0.042
（是=1，否=0）	(0.059)	(0.092)	(0.093)	(0.067)	(0.058)

续表

	玉米灌溉用水量（对数值）				
	所有样本	地下水	只用地下水	地表水	只用地表水
村人均纯收入	0.215**	0.329**	0.242*	0.128	0.102
（万元/年）	(0.096)	(0.135)	(0.136)	(0.155)	(0.135)
村只用地表水灌溉	−0.001	0.001	−0.007*	0.002	0.005
面积比例（%）	(0.002)	(0.003)	(0.004)	(0.009)	(0.008)
村联合灌溉的	0.000	0.001	0.001	0.003	0.010
面积比例（%）	(0.001)	(0.002)	(0.002)	(0.008)	(0.008)
年份虚拟变量					
2007年	0.359***	0.398	0.406	0.744*	1.735***
（是=1，否=0）	(0.139)	(0.295)	(0.295)	(0.411)	(0.474)
2011年	0.378*	0.218	0.698*	1.564***	2.678***
（是=1，否=0）	(0.206)	(0.402)	(0.414)	(0.510)	(0.557)
2015年	−0.024	0.779	0.531	1.807***	2.885***
（是=1，否=0）	(0.181)	(0.679)	(0.692)	(0.618)	(0.650)
常数项	19.993***	−19.071	−10.778	49.098***	58.541***
	(6.775)	(57.967)	(60.428)	(11.212)	(9.843)
样本量	1452	746	703	749	706
R^2	0.337	0.355	0.361	0.599	0.717

表5-10　　小麦灌溉用水量估计结果（模型2：地块固定效应）

	小麦灌溉用水量（对数值）				
	所有样本	地下水	只用地下水	地表水	只用地表水
非农就业情况					
本地非农就业	−0.003	−0.006***	−0.007***	−0.002	−0.002
劳动力比例（%）	(0.002)	(0.002)	(0.002)	(0.003)	(0.003)
外出非农就业	−0.005***	−0.007***	−0.007***	−0.003	−0.004
劳动力比例（%）	(0.002)	(0.002)	(0.003)	(0.003)	(0.002)
投入要素价格					
水价（对数值）	−0.236***	−0.298***	−0.253***	−0.229***	−0.257***
（元/立方米）	(0.026)	(0.039)	(0.043)	(0.040)	(0.045)

续表

	小麦灌溉用水量（对数值）				
	所有样本	地下水	只用地下水	地表水	只用地表水
劳动力工资（对数值）（元/天）	-0.074 (0.163)	-0.087 (0.226)	0.049 (0.263)	0.313 (0.270)	0.041 (0.234)
化肥价格（对数值）（元/千克）	0.145 * (0.081)	0.110 (0.108)	0.150 (0.123)	0.034 (0.124)	0.081 (0.106)
作物价格（元/千克）	0.544 *** (0.180)	0.699 *** (0.225)	0.705 ** (0.301)	0.661 *** (0.247)	0.861 *** (0.270)
其他资金投入（元/亩）	-0.001 * (0.000)	-0.001 * (0.001)	-0.001 (0.001)	-0.000 (0.001)	-0.000 (0.001)
农户家庭特征					
户主年龄（岁）	0.009 (0.006)	0.011 (0.007)	0.014 * (0.008)	0.004 (0.012)	0.018 (0.012)
地块特征					
地块到放水口距离（千米）	0.006 (0.022)	0.046 (0.042)	0.060 (0.060)	0.015 (0.024)	0.016 (0.032)
是否遭受旱灾（是=1，否=0）	-0.326 ** (0.142)	-0.625 ** (0.289)	-0.581 * (0.322)	-0.121 (0.148)	-0.214 (0.142)
气候特征					
平均气温（℃）	1.576 *** (0.454)	1.450 * (0.753)	1.149 (0.834)	2.181 ** (0.882)	1.178 (0.787)
平均气温标准差	0.102 (0.126)	0.880 (0.666)	0.581 (0.757)	-0.230 (0.206)	-0.383 * (0.196)
平均气温平方项	-0.066 *** (0.020)	-0.030 (0.039)	-0.008 (0.044)	-0.099 ** (0.038)	-0.059 * (0.034)
总降水量（毫米）	-0.001 (0.002)	-0.002 (0.004)	-0.005 (0.005)	-0.004 (0.004)	-0.001 (0.004)
降水量标准差	-0.007 (0.007)	-0.032 ** (0.013)	-0.026 * (0.015)	-0.000 (0.016)	-0.024 (0.015)
总降水量平方项	0.000 (0.000)	0.000 (0.000)	0.000 (0.000)	0.000 (0.000)	0.000 (0.000)

	小麦灌溉用水量（对数值）				
	所有样本	地下水	只用地下水	地表水	只用地表水
村特征					
村水资源是否短缺	-0.049	-0.075	-0.056	-0.143 *	-0.051
（是=1，否=0）	（0.054）	（0.077）	（0.086）	（0.075）	（0.071）
村人均纯收入	0.422 ***	0.439 ***	0.487 ***	0.290	0.216
（万元/年）	（0.095）	（0.109）	（0.121）	（0.224）	（0.189）
村只用地表水灌溉	0.001	0.006 ***	0.005 **	-0.010 **	0.000
面积比例（%）	（0.001）	（0.002）	（0.003）	（0.004）	（0.005）
村联合灌溉的	-0.001	0.000	-0.001	-0.007 *	-0.005
面积比例（%）	（0.001）	（0.001）	（0.002）	（0.004）	（0.005）
年份虚拟变量					
2007 年	-0.451 ***	-0.608	-0.913	-0.871 ***	-0.480 **
（是=1，否=0）	（0.151）	（0.642）	（0.741）	（0.230）	（0.206）
2011 年	-0.121	0.428	0.342	-0.536	-0.238
（是=1，否=0）	（0.225）	（0.731）	（0.931）	（0.415）	（0.358）
2015 年	-0.996 ***	-1.065 *	-1.734 **	-1.759 ***	-1.239 **
（是=1，否=0）	（0.347）	（0.605）	（0.704）	（0.614）	（0.573）
常数项	-4.932	-15.377 *	-11.513	-3.250	2.554
	（3.231）	（8.563）	（9.506）	（5.723）	（5.124）
样本量	1520	902	808	712	618
R^2	0.384	0.471	0.443	0.496	0.398

表 5-11　玉米灌溉用水量估计结果（模型 2：地块固定效应）

	玉米灌溉用水量（对数值）				
	所有样本	地下水	只用地下水	地表水	只用地表水
非农就业情况					
本地非农就业	-0.004 **	-0.007 **	-0.008 **	-0.002	-0.002
劳动力比例（%）	（0.002）	（0.003）	（0.003）	（0.002）	（0.002）
外出非农就业	-0.002	-0.005 *	-0.004	-0.001	-0.001
劳动力比例（%）	（0.002）	（0.003）	（0.003）	（0.002）	（0.001）

续表

	玉米灌溉用水量（对数值）				
	所有样本	地下水	只用地下水	地表水	只用地表水
投入要素价格					
水价（对数值） （元/立方米）	-0.325*** (0.028)	-0.342*** (0.054)	-0.312*** (0.053)	-0.423*** (0.033)	-0.524*** (0.033)
劳动力工资（对数值） （元/天）	0.134 (0.089)	-0.068 (0.212)	0.428* (0.238)	-0.003 (0.101)	-0.025 (0.086)
化肥价格（对数值） （元/千克）	-0.061 (0.067)	-0.186 (0.133)	-0.333** (0.145)	0.037 (0.067)	-0.006 (0.058)
作物价格 （元/千克）	-0.122 (0.149)	0.148 (0.262)	-0.021 (0.269)	-0.124 (0.152)	-0.100 (0.129)
其他资金投入 （元/亩）	0.000 (0.000)	0.001* (0.001)	0.001 (0.001)	0.000 (0.000)	-0.000 (0.000)
农户家庭特征					
户主年龄（岁）	-0.004 (0.005)	-0.005 (0.010)	-0.002 (0.010)	0.006 (0.005)	0.009* (0.005)
地块特征					
地块到放水口 距离（千米）	0.037 (0.038)	0.056 (0.057)	0.071 (0.055)	0.090** (0.045)	0.110*** (0.040)
是否遭受旱灾 （是=1，否=0）	-0.132 (0.097)	-0.006 (0.150)	0.006 (0.147)	-0.375*** (0.118)	-0.367*** (0.101)
气候特征					
平均气温（℃）	-1.273* (0.689)	1.707 (5.114)	1.099 (5.324)	-2.942** (1.193)	-3.713*** (1.024)
平均气温标准差	-0.230** (0.117)	0.454 (0.436)	-0.238 (0.466)	-0.610** (0.294)	-1.217*** (0.332)
平均气温平方项	0.031* (0.017)	-0.044 (0.113)	-0.032 (0.118)	0.036 (0.033)	0.054* (0.028)
总降水量（毫米）	-0.007*** (0.002)	0.005 (0.009)	0.006 (0.009)	0.005 (0.004)	0.001 (0.004)
降水量标准差	0.196*** (0.006)	0.005 (0.015)	0.003 (0.015)	-0.045*** (0.015)	-0.053*** (0.013)

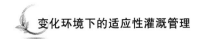

	玉米灌溉用水量（对数值）				
	所有样本	地下水	只用地下水	地表水	只用地表水
总降水量平方项	0.000***	−0.000	−0.000	0.000	0.000
	(0.000)	(0.000)	(0.000)	(0.000)	(0.000)
村特征					
村水资源是否短缺	−0.029	0.059	0.098	−0.011	−0.043
（是=1，否=0）	(0.059)	(0.092)	(0.093)	(0.067)	(0.058)
村人均纯收入	0.218**	0.326**	0.218*	0.128	0.101
（万元/年）	(0.096)	(0.136)	(0.136)	(0.156)	(0.135)
村只用地表水灌溉	−0.001	0.001	−0.007*	0.002	0.005
面积比例（%）	(0.002)	(0.003)	(0.004)	(0.009)	(0.008)
村联合灌溉的	0.0001	0.001	0.000	0.003	0.010
面积比例（%）	(0.001)	(0.002)	(0.002)	(0.009)	(0.008)
年份虚拟变量					
2007年	0.362***	0.403	0.374	0.721*	1.716***
（是=1，否=0）	(0.139)	(0.296)	(0.298)	(0.417)	(0.477)
2011年	0.369*	0.211	0.721*	1.531***	2.649***
（是=1，否=0）	(0.207)	(0.403)	(0.414)	(0.518)	(0.561)
2015年	−0.038	0.751	0.371	1.771***	2.854***
（是=1，否=0）	(0.182)	(0.685)	(0.698)	(0.626)	(0.655)
常数项	19.513***	−15.844	−7.149	48.537***	57.993***
	(6.797)	(58.718)	(61.083)	(11.333)	(9.937)
样本量	1452	746	703	749	706
R^2	0.340	0.355	0.365	0.599	0.717

二 非农就业对灌溉用水量的间接影响

从非农就业对灌溉用水量的间接影响看，模型3和模型4中均代入节水技术采用的拟合值后发现，非农就业对灌溉用水量的影响会通过节水技术采用发挥作用。模型3（见表5-12、表5-13）中，对于小麦而言，家庭非农就业劳动力比例对小麦灌溉用水量依然有显著的负向影响，但是显著性相比模型1中不考虑节水技术采用情况时有所下降。对于玉米而言，家庭非农就业劳动力比例变化对其用水量没有造成显著影响。从节水技术采用对灌溉用水的影响看，采用传统型技术会显著减少小麦的灌溉用水量，但是对玉米灌溉用水量没有造成显著影响。社区型节水技术的节水效果最好，无论是小麦还是玉米，社区型技术都会显著减少这两种作物的灌溉用水量，相比另外两类节水技术显著性更明显。农户型节水技术的采用效果差强人意，没有对小麦和玉米的灌溉用水量产生明显的节水效果，原因可能一是传统型节水技术相比农户型技术，农户采用的历史更长，更有经验；社区型技术则主要依赖政府投资与建设，其实施效果相对于传统型和农户型技术而言更有保障。二是农户型节水技术主要考察的是秸秆还田以及地膜覆盖技术等，不像传统型技术和社区型技术的节水效果可以直接体现于灌溉过程。模型4（见表5-14、表5-15）中，本地非农就业对于小麦和玉米的灌溉用水量虽然有负向影响，但是不具有较强的显著性；外出非农就业则相对而言显著减少了小麦的灌溉用水量。同时，传统型技术和社区型技术在模型4中依然显著降低小麦的灌溉用水量，尤其是社区型技术，对玉米的灌溉用水量也产生了显著的节水效果。投入要素、气候以及其他相关变量对小麦和玉米灌溉用水量的影响和前两个模型相比没有明显差异。

表5-12　小麦灌溉用水量估计结果（模型3：地块固定效应）

	小麦灌溉用水量（对数值）				
	所有样本	地下水	只用地下水	地表水	只用地表水
非农就业情况					
家庭非农就业 劳动力比例（%）	-0.003* (0.002)	-0.004* (0.002)	-0.006** (0.003)	-0.005** (0.002)	-0.005** (0.002)
节水技术采用情况					
是否采用传统型技术 （是=1，否=0）	-0.400** (0.195)	-0.542** (0.267)	-0.271 (0.328)	-0.489 (0.345)	-0.038 (0.360)
是否采用农户型技术 （是=1，否=0）	-0.137 (0.263)	-0.621* (0.350)	-0.032 (0.430)	0.544 (0.412)	0.357 (0.426)
是否采用社区型技术 （是=1，否=0）	-0.481*** (0.172)	-0.476** (0.225)	-0.703** (0.306)	-0.250 (0.231)	-0.567** (0.250)

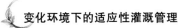

续表

	小麦灌溉用水量（对数值）				
	所有样本	地下水	只用地下水	地表水	只用地表水
投入要素价格					
水价（对数值） （元/立方米）	-0.244*** (0.026)	-0.308*** (0.038)	-0.262*** (0.043)	-0.216*** (0.040)	-0.242*** (0.046)
劳动力工资（对数值） （元/天）	-0.057 (0.162)	-0.045 (0.225)	0.097 (0.261)	0.352 (0.266)	0.085 (0.230)
化肥价格（对数值） （元/千克）	0.129 (0.080)	0.175 (0.108)	0.183 (0.123)	-0.015 (0.123)	0.013 (0.107)
作物价格 （元/千克）	0.573*** (0.178)	0.757*** (0.223)	0.786*** (0.302)	0.703*** (0.247)	0.827*** (0.268)
其他资金投入 （元/亩）	-0.001 (0.000)	-0.001 (0.001)	-0.001 (0.001)	-0.000 (0.001)	-0.000 (0.001)
农户家庭特征					
户主年龄（岁）	0.007 (0.005)	0.010 (0.006)	0.013 (0.008)	-0.000 (0.012)	0.015 (0.012)
地块特征					
地块到放水口 距离（千米）	-0.002 (0.022)	0.056 (0.052)	0.061 (0.060)	0.002 (0.025)	0.052 (0.049)
是否遭受旱灾 （是=1，否=0）	-0.293** (0.141)	-0.601** (0.286)	-0.548* (0.319)	-0.084 (0.149)	-0.193 (0.144)
气候特征					
平均气温（℃）	1.569*** (0.449)	1.509** (0.743)	1.441* (0.837)	2.200** (0.875)	0.884 (0.783)
平均气温标准差	0.116 (0.126)	0.991 (0.662)	0.865 (0.762)	-0.201 (0.206)	-0.247 (0.199)
平均气温平方项	-0.066*** (0.020)	-0.032 (0.038)	-0.024 (0.044)	-0.100** (0.038)	-0.044 (0.034)

续表

	小麦灌溉用水量（对数值）				
	所有样本	地下水	只用地下水	地表水	只用地表水
总降水量（毫米）	−0.001	−0.002	−0.003	−0.004	0.000
	（0.002）	（0.004）	（0.005）	（0.004）	（0.004）
降水量标准差	−0.005	−0.028 **	−0.027 *	0.005	−0.020
	（0.007）	（0.013）	（0.015）	（0.016）	（0.015）
总降水量平方项	0.000	0.000	0.000	0.000	−0.000
	（0.000）	（0.000）	（0.000）	（0.000）	（0.000）
村特征					
村水资源是否短缺（是＝1，否＝0）	−0.086	−0.096	−0.052	−0.247 ***	−0.115
	（0.055）	（0.077）	（0.086）	（0.085）	（0.077）
村人均纯收入（万元/年）	0.471 ***	0.531 ***	0.553 ***	0.362	0.312 *
	（0.095）	（0.112）	（0.123）	（0.222）	（0.187）
村只用地表水灌溉面积比例（%）	0.004 **	0.010 ***	0.009 ***	−0.009 *	0.003
	（0.002）	（0.002）	（0.003）	（0.005）	（0.006）
村联合灌溉的面积比例（%）	0.000	0.003	−0.002	−0.006	−0.006
	（0.002）	（0.002）	（0.003）	（0.005）	（0.007）
年份虚拟变量					
2007 年（是＝1，否＝0）	−0.404 ***	−0.748	−0.994	−0.764 ***	−0.377 *
	（0.151）	（0.634）	（0.732）	（0.230）	（0.210）
2011 年（是＝1，否＝0）	−0.079	0.231	0.110	−0.551	−0.186
	（0.224）	（0.725）	（0.919）	（0.414）	（0.362）
2015 年（是＝1，否＝0）	−0.884 **	−1.054 *	−1.471 **	−1.903 ***	−0.945
	（0.355）	（0.609）	（0.701）	（0.627）	（0.594）
常数项	−4.705	−16.569 *	−15.728	−3.516	2.079
	（3.209）	（8.497）	（9.638）	（5.632）	（5.023）
样本量	1520	902	808	712	618
R^2	0.401	0.490	0.458	0.517	0.435

表 5-13　玉米灌溉用水量估计结果（模型 3：地块固定效应）

	玉米灌溉用水量（对数值）				
	所有样本	地下水	只用地下水	地表水	只用地表水
非农就业情况					
家庭非农就业 劳动力比例（%）	-0.002 （0.002）	-0.001 （0.003）	-0.001 （0.003）	-0.002 （0.002）	-0.002 （0.002）
节水技术采用情况					
是否采用传统型技术 （是=1，否=0）	-0.046 （0.220）	-0.026 （0.328）	0.137 （0.342）	-0.237 （0.281）	-0.279 （0.242）
是否采用农户型技术 （是=1，否=0）	-0.087 （0.399）	-1.194* （0.654）	-0.862 （0.691）	0.071 （0.457）	-0.037 （0.410）
是否采用社区型技术 （是=1，否=0）	-0.502** （0.215）	-0.223 （0.360）	-0.702* （0.403）	-0.527** （0.241）	-0.519** （0.209）
投入要素价格					
水价（对数值） （元/立方米）	-0.315*** （0.028）	-0.334*** （0.054）	-0.302*** （0.053）	-0.408*** （0.033）	-0.512*** （0.033）
劳动力工资（对数值） （元/天）	0.132 （0.088）	-0.139 （0.209）	0.345 （0.231）	0.012 （0.101）	-0.004 （0.085）
化肥价格（对数值） （元/千克）	-0.058 （0.067）	-0.185 （0.132）	-0.354** （0.143）	0.037 （0.067）	-0.005 （0.057）
作物价格 （元/千克）	-0.157 （0.148）	0.029 （0.260）	-0.057 （0.267）	-0.148 （0.154）	-0.134 （0.130）
其他资金投入 （元/亩）	0.000 （0.000）	0.001** （0.001）	0.001 （0.001）	0.000 （0.000）	-0.000 （0.000）
农户家庭特征					
户主年龄（岁）	-0.005 （0.005）	-0.006 （0.010）	-0.002 （0.009）	0.002 （0.006）	0.004 （0.005）
地块特征					
地块到放水口 距离（千米）	0.037 （0.037）	0.056 （0.056）	0.069 （0.054）	0.085* （0.045）	0.103*** （0.039）
是否遭受旱灾 （是=1，否=0）	-0.122 （0.097）	0.003 （0.148）	0.007 （0.144）	-0.295** （0.123）	-0.281*** （0.104）

续表

	玉米灌溉用水量（对数值）				
	所有样本	地下水	只用地下水	地表水	只用地表水
气候特征					
平均气温（℃）	−1.414**	2.176	0.949	−2.691**	−3.479***
	（0.685）	（5.075）	（5.223）	（1.182）	（1.008）
平均气温标准差	−0.211*	0.594	−0.058	−0.492*	−1.126***
	（0.117）	（0.436）	（0.457）	（0.294）	（0.328）
平均气温平方项	0.034**	−0.055	−0.028	0.028	0.047*
	（0.017）	（0.112）	（0.116）	（0.033）	（0.028）
总降水量（毫米）	−0.006***	0.007	0.008	0.007*	0.003
	（0.002）	（0.008）	（0.009）	（0.004）	（0.004）
降水量标准差	0.018***	0.001	0.000	−0.047***	−0.054***
	（0.006）	（0.015）	（0.015）	（0.015）	（0.013）
总降水量平方项	0.000***	−0.000	−0.000	−0.000	0.000
	（0.000）	（0.000）	（0.000）	（0.000）	（0.000）
村特征					
村水资源是否短缺（是=1，否=0）	−0.045	0.106	0.134	−0.036	−0.065
	（0.063）	（0.097）	（0.096）	（0.078）	（0.066）
村人均纯收入（万元/年）	0.258***	0.441***	0.336**	0.147	0.128
	（0.098）	（0.142）	（0.141）	（0.156）	（0.136）
村只用地表水灌溉面积比例（%）	0.001	0.003	−0.003	0.005	0.009
	（0.002）	（0.003）	（0.004）	（0.009）	（0.008）
村联合灌溉的面积比例（%）	0.000	0.005	0.002	0.004	0.011
	（0.002）	（0.004）	（0.004）	（0.009）	（0.009）
年份虚拟变量					
2007年（是=1，否=0）	0.298**	0.221	0.167	0.570	1.596***
	（0.148）	（0.306）	（0.303）	（0.417）	（0.471）
2011年（是=1，否=0）	0.410**	0.083	0.578	1.472***	2.634***
	（0.208）	（0.406）	（0.416）	（0.509）	（0.549）
2015年（是=1，否=0）	0.142	1.048	0.842	1.791***	2.912***
	（0.194）	（0.692）	（0.697）	（0.625）	（0.652）

续表

	玉米灌溉用水量（对数值）				
	所有样本	地下水	只用地下水	地表水	只用地表水
常数项	20.893***	-21.105	-6.167	46.428***	56.139***
	(6.780)	(58.012)	(59.757)	(11.193)	(9.745)
样本量	1452	746	703	749	706
R²	0.349	0.375	0.393	0.611	0.729

表5-14　　小麦灌溉用水量估计结果（模型4：地块固定效应）

	小麦灌溉用水量（对数值）				
	所有样本	地下水	只用地下水	地表水	只用地表水
非农就业情况					
本地非农就业劳动力比例（%）	-0.002	-0.003	-0.006*	-0.004	-0.004
	(0.002)	(0.003)	(0.003)	(0.003)	(0.003)
外出非农就业劳动力比例（%）	-0.004**	-0.004	-0.006*	-0.006*	-0.006*
	(0.002)	(0.003)	(0.003)	(0.003)	(0.003)
节水技术采用情况					
是否采用传统型技术（是=1，否=0）	-0.380*	-0.532**	-0.270	-0.479	-0.024
	(0.197)	(0.269)	(0.330)	(0.348)	(0.363)
是否采用农户型技术（是=1，否=0）	-0.114	-0.605*	-0.028	0.552	0.372
	(0.264)	(0.353)	(0.436)	(0.414)	(0.429)
是否采用社区型技术（是=1，否=0）	-0.489***	-0.481**	-0.705**	-0.255	-0.576**
	(0.172)	(0.226)	(0.308)	(0.232)	(0.252)
投入要素价格					
水价（对数值）（元/立方米）	-0.242***	-0.306***	-0.262***	-0.215***	-0.241***
	(0.026)	(0.038)	(0.044)	(0.040)	(0.046)
劳动力工资（对数值）（元/天）	-0.053	-0.046	0.095	0.360	0.090
	(0.162)	(0.226)	(0.262)	(0.267)	(0.231)
化肥价格（对数值）（元/千克）	0.136*	0.178	0.183	-0.011	0.016
	(0.081)	(0.109)	(0.124)	(0.124)	(0.108)
作物价格（元/千克）	0.571***	0.754***	0.785**	0.705***	0.830***
	(0.179)	(0.223)	(0.303)	(0.247)	(0.269)

续表

	小麦灌溉用水量（对数值）				
	所有样本	地下水	只用地下水	地表水	只用地表水
其他资金投入（元/亩）	-0.001	-0.001	-0.001	-0.000	-0.000
	(0.000)	(0.001)	(0.001)	(0.001)	(0.001)
农户家庭特征					
户主年龄（岁）	0.007	0.010	0.013	-0.000	0.016
	(0.005)	(0.006)	(0.008)	(0.012)	(0.012)
地块特征					
地块到放水口距离（千米）	-0.001	0.058	0.061	0.002	0.051
	(0.022)	(0.053)	(0.060)	(0.025)	(0.049)
是否遭受旱灾（是=1，否=0）	-0.299**	-0.604**	-0.549*	-0.086	-0.194
	(0.141)	(0.286)	(0.320)	(0.149)	(0.145)
气候特征					
平均气温（℃）	1.585***	1.539**	1.445*	2.172**	0.850
	(0.449)	(0.749)	(0.841)	(0.881)	(0.790)
平均气温标准差	0.120	0.991	0.864	-0.202	-0.249
	(0.126)	(0.663)	(0.764)	(0.207)	(0.200)
平均气温平方项	-0.066***	-0.034	-0.024	-0.098**	-0.042
	(0.020)	(0.039)	(0.044)	(0.039)	(0.035)
总降水量（毫米）	-0.001	-0.002	-0.003	-0.004	0.000
	(0.002)	(0.004)	(0.005)	(0.004)	(0.004)
降水量标准差	-0.005	-0.029**	-0.027*	0.006	-0.019
	(0.007)	(0.013)	(0.015)	(0.016)	(0.016)
总降水量平方项	0.000	0.000	0.000	0.000	-0.000
	(0.000)	(0.000)	(0.000)	(0.000)	(0.000)
村特征					
村水资源是否短缺（是=1，否=0）	-0.084	-0.095	-0.052	-0.246***	-0.115
	(0.055)	(0.077)	(0.086)	(0.086)	(0.077)
村人均纯收入（万元/年）	0.469***	0.532***	0.553***	0.354	0.303
	(0.095)	(0.112)	(0.123)	(0.224)	(0.189)
村只用地表水灌溉面积比例（%）	0.004**	0.010***	0.009***	-0.009*	0.003
	(0.002)	(0.002)	(0.003)	(0.005)	(0.006)

续表

	小麦灌溉用水量（对数值）				
	所有样本	地下水	只用地下水	地表水	只用地表水
村联合灌溉的	0.000	0.003	-0.002	-0.007	-0.006
面积比例（%）	(0.002)	(0.002)	(0.003)	(0.005)	(0.007)
年份虚拟变量					
2007 年	-0.413***	-0.736	-0.990	-0.770***	-0.382*
（是=1，否=0）	(0.152)	(0.636)	(0.736)	(0.232)	(0.211)
2011 年	-0.079	0.247	0.116	-0.562	-0.194
（是=1，否=0）	(0.224)	(0.728)	(0.929)	(0.416)	(0.364)
2015 年	-0.873**	-1.033*	-1.466**	-1.904***	-0.941
（是=1，否=0）	(0.355)	(0.613)	(0.709)	(0.629)	(0.596)
常数项	-4.961	-16.768*	-15.745	-3.425	2.203
	(3.224)	(8.529)	(9.664)	(5.653)	(5.052)
样本量	1520	902	808	712	618
R^2	0.401	0.491	0.458	0.518	0.435

表 5-15　玉米灌溉用水量估计结果（模型 4：地块固定效应）

	玉米灌溉用水量（对数值）				
	所有样本	地下水	只用地下水	地表水	只用地表水
非农就业情况					
本地非农就业	-0.003	-0.001	-0.003	-0.002	-0.002
劳动力比例（%）	(0.002)	(0.003)	(0.004)	(0.003)	(0.002)
外出非农就业	-0.001	0.001	0.001	-0.001	-0.001
劳动力比例（%）	(0.002)	(0.004)	(0.004)	(0.003)	(0.002)
节水技术采用情况					
是否采用传统型技术	-0.069	-0.057	0.075	-0.248	-0.291
（是=1，否=0）	(0.222)	(0.333)	(0.346)	(0.283)	(0.243)
是否采用农户型技术	-0.140	-1.264*	-1.022	0.056	-0.058
（是=1，否=0）	(0.404)	(0.667)	(0.704)	(0.459)	(0.412)
是否采用社区型技术	-0.483**	-0.193	-0.648	-0.524**	-0.514**
（是=1，否=0）	(0.216)	(0.365)	(0.405)	(0.242)	(0.209)

续表

	玉米灌溉用水量（对数值）				
	所有样本	地下水	只用地下水	地表水	只用地表水
投入要素价格					
水价（对数值）	-0.316***	-0.337***	-0.306***	-0.407***	-0.512***
（元/立方米）	(0.028)	(0.054)	(0.053)	(0.033)	(0.033)
劳动力工资（对数值）	0.139	-0.121	0.398*	0.011	-0.005
（元/天）	(0.089)	(0.212)	(0.235)	(0.101)	(0.085)
化肥价格（对数值）	-0.056	-0.182	-0.351**	0.039	-0.003
（元/千克）	(0.067)	(0.132)	(0.143)	(0.067)	(0.057)
作物价格	-0.147	0.046	-0.022	-0.143	-0.130
（元/千克）	(0.149)	(0.262)	(0.268)	(0.155)	(0.130)
其他资金投入	0.000	0.001**	0.001	0.000	-0.000
（元/亩）	(0.000)	(0.001)	(0.001)	(0.000)	(0.000)
农户家庭特征					
户主年龄（岁）	-0.006	-0.007	-0.004	0.002	0.004
	(0.005)	(0.010)	(0.010)	(0.006)	(0.005)
地块特征					
地块到放水口	0.033	0.053	0.064	0.083*	0.101**
距离（千米）	(0.038)	(0.056)	(0.055)	(0.045)	(0.039)
是否遭受旱灾	-0.115	0.013	0.027	-0.292**	-0.278***
（是=1，否=0）	(0.097)	(0.149)	(0.145)	(0.123)	(0.105)
气候特征					
平均气温（℃）	-1.367**	1.833	0.243	-2.640**	-3.421***
	(0.688)	(5.121)	(5.254)	(1.191)	(1.016)
平均气温标准差	-0.217*	0.571	-0.129	-0.473	-1.107***
	(0.117)	(0.439)	(0.461)	(0.298)	(0.331)
平均气温平方项	0.033*	-0.047	-0.012	0.026	0.045
	(0.017)	(0.113)	(0.116)	(0.033)	(0.028)
总降水量（毫米）	-0.006***	0.006	0.007	0.008*	0.003
	(0.002)	(0.008)	(0.009)	(0.004)	(0.004)
降水量标准差	0.018***	0.003	0.003	-0.047***	-0.055***
	(0.006)	(0.015)	(0.015)	(0.015)	(0.013)

续表

	玉米灌溉用水量（对数值）				
	所有样本	地下水	只用地下水	地表水	只用地表水
总降水量平方项	0.000***	−0.000	−0.000	−0.000	0.000
	(0.000)	(0.000)	(0.000)	(0.000)	(0.000)
村特征					
村水资源是否短缺	−0.044	0.107	0.137	−0.037	−0.066
（是=1，否=0）	(0.063)	(0.097)	(0.096)	(0.078)	(0.066)
村人均纯收入	0.261***	0.439***	0.331**	0.147	0.127
（万元/年）	(0.098)	(0.142)	(0.141)	(0.156)	(0.136)
村只用地表水灌溉	0.001	0.003	−0.003	0.005	0.009
面积比例（%）	(0.002)	(0.003)	(0.004)	(0.009)	(0.008)
村联合灌溉的	0.000	0.006	0.002	0.004	0.011
面积比例（%）	(0.002)	(0.004)	(0.004)	(0.009)	(0.009)
年份虚拟变量					
2007年	0.301**	0.226	0.168	0.546	1.573***
（是=1，否=0）	(0.149)	(0.306)	(0.303)	(0.422)	(0.474)
2011年	0.403*	0.074	0.567	1.438***	2.600***
（是=1，否=0）	(0.209)	(0.407)	(0.416)	(0.517)	(0.554)
2015年	0.125	1.000	0.725	1.752***	2.875***
（是=1，否=0）	(0.195)	(0.698)	(0.704)	(0.634)	(0.657)
常数项	20.508***	−17.084	2.074	45.816***	55.478***
	(6.798)	(58.558)	(60.131)	(11.316)	(9.845)
样本量	1452	746	703	749	706
R^2	0.357	0.378	0.398	0.611	0.716

第六章

非农就业对灌溉用水
技术效率的影响

第一节 灌溉用水技术效率测算

一 灌溉用水技术效率定义

关于灌溉用水技术效率的定义，本章研究主要参考 Kopp（1981）对灌溉用水技术效率的定义。此概念承认农户个体差异对用水技术效率的影响，将灌溉用水技术效率定义为假设产出和其他投入要素一定的情况下，农户可能达到的最小灌溉用水量与实际灌溉用水量的比值。可能的最小灌溉用水量代表的是技术充分有效、不存在任何效率损失的灌溉用水量。因此，本章将灌溉用水作为农业生产中的投入要素，在构建农户农业生产函数的基础上，进行灌溉用水技术效率的测算。

为了研究农户的灌溉用水技术效率，和第五章研究用水量的样本相同，本章的研究样本只包括灌溉的小麦和玉米样本。在样本地块中，有的农户选择单作小麦或玉米，也有的农户选择进行小麦和玉米套作。从灌溉地块的重复率看（见表6-1），如前文所述，由于农户搬迁或者地块流转等情况，存在一定样本量的替换，只出现一次的小麦地块和玉米地块分别约占各自样本量的45%。四轮均追踪到的样本地块，小麦有 51 个，玉米只有 26 个，分别占样本量的 13.4% 和 7.6%。其余分类中两种作物也没有明显差异，出现两次的比例均约为 30%，出现三次的比例不超过 20%，所以得到的样本是一套地块层面的非平衡面板数据。在下文使用面板数据随机前沿分析进行效率测算时，只出现过一次的样本在回归中会被自动剔除，最终回归中小麦地块样本量为 842 个，玉米地块样本量为 777 个。

表 6-1 作物灌溉样本重复情况

	小麦		玉米	
	样本量	比例（%）	样本量	比例（%）
灌溉样本	1520		1452	
一次	678	44.7	675	46.5
两次	440	28.9	452	31.0
三次	198	13.0	231	15.9
四次	204	13.4	104	7.6

资料来源：根据 CWIM 调查数据整理。

二 计量模型设定和估计方法

（一）模型设定

本章首先构建作物生产函数模型，分别采用 CD 函数的双对数形式和 Translog 形式，计算似然函数比率，通过卡方统计显著性检验来确认生产函数的最终选择形式。因此，农业生产技术效率的模型设定如下：

C-D 形式：

$$\ln Y_{it} = \beta_0 + \beta_1 \ln W_{it} + \beta_2 \ln X_{1,it} + \beta_3 \ln X_{2,it} + \theta T + \lambda D + V_{it} - U_{it} \tag{6.1}$$

Translog 形式：

$$\ln Y_{it} = \beta_0 + \beta_1 \ln W_{it} + \beta_2 \ln X_{1,it} + \beta_3 \ln X_{2,it} + \beta_4 (\ln W_{it})^2 + \beta_5 \ln W_{it} \ln X_{1,it} +$$
$$\beta_6 \ln W_{it} \ln X_{2,it} + \beta_7 (\ln X_{1,it})^2 + \beta_8 (\ln X_{2,it})^2 + \beta_9 \ln X_{1,it} \ln X_{2,it} + \theta T +$$
$$\lambda D + V_{it} - U_{it} \tag{6.2}$$

式（6.1）和式（6.2）中，i 表示地块，t 表示年份，Y 表示单位面积的作物产量（kg/亩），在本章中分别对小麦和玉米这两种作物进行研究；W 表示单位面积作物灌溉用水量（立方米/亩）；X_1 表示单位面积作物资本投入（元/亩），包括化肥、种子、农药、地膜、农机服务费用以及其他投入费用；X_2 表示单位面积劳动力投入（工日/亩），工日参考《全国农产品成本收益资料汇编》的计算标准，按照每天 8 小时进行折算；T 为年份虚拟变量，D 为省份虚拟变量。U_{it} 是非负数，表示技术无效率项；V_{it} 表示不受决策单位控制的随机因素。产出以及投入变量的统计描述见表 6-2。通过农户生产技术效率测定模型，提供测算灌溉用水技术效率需要的估计参数。

表 6-2　　　　　　　作物生产投入和产出变量统计描述

	样本量	平均值	标准差	最小值	最大值
小麦					
单产（千克/亩）	842	392.9	90.3	150.0	609.4
灌溉用水量（立方米/亩）	842	266.4	175.1	30.0	1122.9
资本投入（元/亩）	842	262.4	89.1	57.5	693.2
劳动力投入（工日/亩）	842	5.6	7.7	0.3	77.5
玉米					
单产（千克/亩）	777	467.3	154.7	47.0	987.0
灌溉用水量（立方米/亩）	777	288.8	256.3	19.8	1637.3
资本投入（元/亩）	777	266.3	156.8	16.3	1497.6
劳动力投入（工日/亩）	777	7.2	7.8	0.3	57.5

资料来源：根据 CWIM 调查数据整理。

（二）估计方法

1. 生产技术效率测定

灌溉用水技术效率的测算建立在农业生产技术效率的基础上，因此第一步需要测算农业生产技术效率。依据现有文献的研究方法，测算技术效率的方法主要包括非参数分析方法与参数分析方法，分别以数据包络分析（DEA）和随机前沿分析（SFA）为代表。两种方法比较而言，SFA 主要有三个优点。第一，考虑了随机误差对生产前沿面的影响，不会将随机误差项归类到效率项当中。在实际粮食生产过程中，气候灾害、经济波动等不可控因素难免存在，所以采用 SFA 进行估计更合适。第二，SFA 作为一种参数方法，采用极大似然估计各个未知参数，相比 DEA 利用决策单元构造生产前沿面的非参数分析方法而言，估计结果更具稳定性。第三，由于本章研究所用的数据是多轮追踪调研的微观数据，更适合采用 SFA 进行参数估计，而 DEA 一般更适用于估计样本量较小的宏观数据的效率（李双杰等，2009）。

综上所述，本章采用 SFA 进行技术效率估计。面板数据 SFA 模型分为两类，主要区别在于假设效率是否随时间变化。由于数据时期跨度较长，采用假设效率会随时间变化的面板数据 SFA 模型估计更合理。在效率会随时间变化的面板数据 SFA 模型中，虽然 Battese 和 Coelli（1988，1992，1995）的模型应用广泛（宋春晓等，2014；耿献辉等，2014；Karagiannis et al.，2003），但是其假设效率只能单调递增或递减，存在较大的模型误设的风险（边文龙，2016）。因此，依据 Lee 和 Schmidt（1993）提出的效率会随时间变化，且对技术无效率项分布无限制的模型方法进行估计，该模型假设：

$$Y_{it} = \alpha + X_{it}\beta - u_{it} + v_{it} = X_{it}\beta + \alpha_{it} + v_{it} = X_{it}\beta + \theta_t\delta_i + v_{it} \qquad (6.3)$$

式（6.3）中，Y_{it} 表示实际产出；X_{it} 表示影响产出的投入要素向量；β 为待估参数；u_{it} 是非负数，表示技术无效率项；v_{it} 表示不受决策单位控制的随机因素；θ_t 能够表示为任何形式的参数。

设 $\xi = (1, \theta_1, \theta_2, \cdots, \theta_T)'$，$P_\xi = \xi(\xi'\xi)^{-1}\xi'$，$M_\xi = I_T - P_\xi$，则系数估计如下：

$$\hat{\beta} = \left(\sum_{i=1}^{N} X_i' M_\xi X_i\right)^{-1}\left(\sum_{i=1}^{N} X_i' M_\xi Y_i\right) \qquad (6.4)$$

式（6.4）中，$X_i = (x_{i1}, x_{i2}, \cdots, x_{iT})'$，$Y_i = (y_{i1}, y_{i2}, \cdots, y_{iT})'$。在 $\hat{\beta}$ 的估计式中，ξ 是未知的，Lee 和 Schmidt（1993）验证 $\sum_i (y_i - x_i\hat{\beta})(y_i - x_i\hat{\beta})'$ 最大特征根对应的特征向量就是 $\hat{\xi}$。最后可以运用迭代的方法，得出 β 和 ξ 的一致估计。

2. 灌溉用水技术效率测定

依据 Kopp（1981）对灌溉用水技术效率的定义，采用单要素效率测算方法来求解灌溉用水技术效率 WE，在技术有效状态下，灌溉用水量的最小值为 W_{it}^m，则农业生产函数可以表示为：

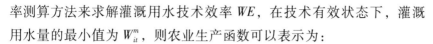

$$\ln Y_{it} = \beta_0 + \beta_1 \ln W_{it}^m + \beta_2 \ln X_{1,it} + \beta_3 \ln X_{2,it} + \beta_4 (\ln W_{it}^m)^2 + \beta_5 \ln W_{it}^m \ln X_{1,it} +$$
$$\beta_6 \ln W_{it}^m \ln X_{2,it} + \beta_7 (\ln X_{1,it})^2 + \beta_8 (\ln X_{2,it})^2 + \beta_9 \ln X_{1,it} \ln X_{2,it} + \theta T +$$
$$\lambda D + V_{it} \qquad (6.5)$$

将式（6.5）减去式（6.2）可得：

$$\beta_4 (\ln WE_{it})^2 + \beta_1 + 2\beta_4 \ln W_{it} + \beta_5 \ln X_{1,it} + \beta_6 \ln X_{2,it} \ln WE_{it} + U_{it} = 0 \qquad (6.6)$$

式（6.6）中，$\ln WE_{it} = \ln W_{it}^m - \ln W_{it}$，从而可以求解出灌溉用水技术效率：

$$WE = \exp \left\{ \left[-\theta \pm (\theta^2 - 2\beta_4 U_{it})^{1/2} \right] / 2\beta_4 \right\} \qquad (6.7)$$

式（6.7）即为灌溉用水技术效率的估计模型，其中，$\theta = \beta_1 + 2\beta_4 \ln W_{it} + \beta_5 \ln X_{1,it} + \beta_6 \ln X_{2,it}$。

三 计量模型估计结果

（一）生产函数系数估计

从农业生产效率模型的参数估计结果看（见表6-3），生产资料投入对不同作物的影响存在差异。在 C-D 生产函数形式下，增加灌溉用水量和资本投入对小麦产量有显著的正向影响，但是劳动力投入存在负向影响，可能是由目前农业生产中存在着劳动力剩余的现实导致的。对玉米而言，增加灌溉用水量与资本投入同样可以显著提高玉米的产量，但是劳动力投入对玉米生产没有显著的影响。在 Tranglog 生产函数形式下，灌溉用水量和资本投入对玉米的产量也有显著的正向影响。由于生产函数的 Translog 形式是 C-D 形式加入投入要素交叉项和平方项的扩展形式，所以通过对结果的差异性进行卡方统计显著性检验，来确认最终的生产函数采用形式。如果拒绝原假设，则考虑更全面的 Translog 形式；如果不能拒绝原假设，则 C-D 生产函数形式更优。由于似然函数比率在1%的统计水平下显著大于其卡方临界值，所以估计参数（β_4、β_5、β_6、β_7、β_8、β_9）不同时为零，利用 Translog 生产函数形式进行效率估计是更合理的选择，也更符合农业生产的实际情况。

表 6-3　　　　小麦和玉米各形式前沿生产函数各参数估计结果

| | 单产（对数值）（千克/亩） | | | |
| | 小麦 | | 玉米 | |
	C-D 形式	Translog 形式	C-D 形式	Translog 形式
生产要素投入				
灌溉用水量（对数值）（立方米/亩）	0.243 *** (0.045)	0.803 (1.575)	0.397 *** (0.036)	1.126 *** (0.359)
资本投入（对数值）（元/亩）	0.770 *** (0.055)	1.239 (1.536)	0.612 *** (0.045)	0.936 *** (0.305)
劳动力投入（对数值）（工日/亩）	-0.078 * (0.042)	0.013 (0.616)	-0.026 (0.037)	0.589 (1.230)
灌溉用水量×资本投入		-0.080 (0.220)		-0.001 (0.074)
灌溉用水量×劳动力投入		0.003 (0.056)		-0.045 (0.091)
资本投入×劳动力投入		-0.010 (0.103)		-0.0719 (0.142)
灌溉用水量平方项		-0.031 (0.059)		-0.097 *** (0.036)
资本投入平方项		-0.069 (0.244)		-0.071 (0.043)
劳动力投入平方项		-0.004 (0.026)		-0.008 (0.030)
时间虚拟变量				
年份	-0.030 (0.036)	0.049 (0.041)	0.115 ** (0.049)	0.056 (0.048)
省份虚拟变量				
河北	0.538 *** (0.121)	0.139 (0.140)	0.567 *** (0.072)	-0.140 (0.134)
河南	0.680 *** (0.112)	0.177 (0.140)	0.335 *** (0.074)	-0.225 (0.172)
样本量	842	842	777	777

　　注：括号内数值为标准误。*** 、** 和 * 分别表示该变量在1%、5%和10%的统计水平下显著。本章其余表同。

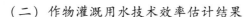

（二）作物灌溉用水技术效率估计结果

根据农业生产技术效率的参数估计结果，以及模型方法部分的式（6.7），可以分别估计出小麦和玉米的灌溉用水技术效率，具体的灌溉用水技术效率值以及频数分布如以下 3 个结果表格所示。

从作物生产灌溉用水技术效率的测定结果看（见表 6-4），小麦和玉米的灌溉技术效率随时间的变化趋势类似，但是效率大小存在较明显的差异。从小麦总样本的灌溉用水技术效率看，小麦的灌溉用水技术效率随着时间推移呈现增长的态势。2004 年小麦的灌溉用水技术效率平均值仅为 0.22，远远低于发达国家 0.7 左右的平均水平，2007 年甚至相比 2004 年出现了些微下降，但是 2011 年小麦的灌溉用水技术效率有了大幅度增长，相比 2004 年增长幅度超过 90%，达到了 0.43，到 2015 年小麦的灌溉用水技术效率已经达到了 0.58。总体上看，小麦灌溉用水技术效率与大西晓生（2013）和王学渊（2008）等测定的中国农业平均灌溉用水技术效率不足 0.6 相近，低于 Yin 等（2016）和王晓娟（2005）测定的河北小麦灌溉用水技术效率超过 0.7 的水平。2007 年之后，中国实行农业水价政策改革，并且采取一系列措施进行农业灌溉管理，包括推广节水技术等，这可能是促进农业灌溉用水技术效率提高的重要宏观背景原因。微观上的农户非农就业与其他社会经济因素的影响，则需要构建计量模型进一步证明。

表 6-4 作物生产灌溉用水技术效率

	小麦	玉米
2004 年	0.22	0.20
2007 年	0.18	0.18
2011 年	0.43	0.29
2015 年	0.58	0.50

进一步分析发现，不同水源情况的灌溉用水技术效率同样呈现显著的差别，地下水灌溉技术效率高于地表水灌溉技术效率。小麦的地下水灌溉用水技术效率明显高于同期的地表水灌溉用水技术效率，2015 年小麦地下水灌溉用水技术效率为 0.62，而地表水灌溉用水技

术效率为 0.34，无论是增长幅度还是速度都高于地表水。玉米的灌溉用水技术效率也呈现随时间增长的趋势，但是总体上玉米的灌溉用水技术效率低于同期小麦的灌溉用水技术效率。玉米的地下水灌溉用水技术效率同样高于地表水灌溉用水技术效率，和小麦相比，玉米的地下水灌溉用水技术效率和小麦的差距在缩小，但是整体上还处于一个较低的水平。从两种作物的灌溉用水技术效率测定结果看，小麦和玉米的灌溉用水技术效率均未超过 0.7，灌溉用水损失严重，尤其是地表水灌溉还存在很大的提升潜力。

　　从小麦的灌溉用水技术效率频数分布看，小麦的灌溉用水技术效率虽然随着时间的推移在提高，但是整体还属于较低的水平，灌溉用水技术效率有较大的提升空间。从小麦灌溉用水技术效率分组的频数分布看（见表 6-5），灌溉用水技术效率小于或等于 0.3 的分布份额显著减少，从 2004 年的 69% 下降到 2015 年的 12%，年均下降约 5 个百分点。同时，处于灌溉用水技术效率分组中间部分的样本份额不断上升，成为灌溉用水技术效率样本分布的主体。2004—2011 年，灌溉用水技术效率大于 0.3 且小于或等于 0.7 的样本份额从 29% 上升到 71%，总体灌溉用水技术效率水平呈现显著的提高。2015 年，灌溉用水技术效率超过 0.7 的样本份额更是出现了突破性的增长，从 2007 年之前的不到 2% 增加到 2015 年的 46%。可见，总体上看，小麦的灌溉用水技术效率不仅在平均水平上得到了提升，在高灌溉用水技术效率层次也呈现快速的增长趋势。但不容忽视的是，小麦的平均灌溉用水技术效率相比发达国家还有较大差距，因此，中国小麦灌溉用水技术效率还需要结合农户生产生活环境变化，通过采取灌溉管理措施等方式进一步提高。

表 6-5　　　　　　　小麦生产灌溉用水技术效率频数分布

小麦灌溉效率分组	2004 年		2007 年		2011 年		2015 年	
	样本数（份）	份额（%）	样本数（份）	份额（%）	样本数（份）	份额（%）	样本数（份）	份额（%）
[0, 0.1]	44	20.56	72	25.26	5	2.35	4	3.08
(0.1, 0.2]	53	24.77	1	0.35	20	9.39	4	3.08
(0.2, 0.3]	51	23.83	99	34.74	12	5.63	8	6.15

续表

小麦灌溉 效率分组	2004 年		2007 年		2011 年		2015 年	
	样本数 （份）	份额 （％）	样本数 （份）	份额 （％）	样本数 （份）	份额 （％）	样本数 （份）	份额 （％）
(0.3, 0.4]	34	15.89	49	17.19	34	15.96	12	9.23
(0.4, 0.5]	15	7.01	34	11.93	41	19.25	10	7.69
(0.5, 0.6]	6	2.80	16	5.61	42	19.72	13	10.00
(0.6, 0.7]	7	3.27	9	3.16	35	16.43	19	14.62
(0.7, 0.8]	2	0.93	5	1.75	16	7.51	33	25.38
(0.8, 0.9]	1	0.47	0	0	6	2.82	22	16.92
(0.9, 1.0]	1	0.47	0	0	2	0.94	5	3.85

从玉米的灌溉用水技术效率频数看，玉米的灌溉用水技术效率在高区间分组的份额不断增长，灌溉用水技术效率持续提高（见表6-6）。2004—2015 年，灌溉用水技术效率小于或等于 0.3 的样本份额呈现大幅度下降趋势，从 2004 年的超过 70％减少至 2015 年的 26％，年均下降超过 4 个百分点。从灌溉用水技术效率的中段分组看，灌溉用水技术效率大于 0.4 且小于或等于 0.7 的份额也出现了明显增长，2015 年相比 2004 年翻了近一番，从 23％上升到 41％。2011 年之后，灌溉用水技术效率超过 0.7 的样本份额也出现了快速增长，从 2007 年之前的不到 1％增加到 2015 年的 25％，处于高灌溉用水技术效率水平区间的样本明显增多。总体上看，玉米的灌溉用水技术效率水平也取得了明显的增长，高灌溉用水技术效率区间的分布份额也不断上升，但是玉米的灌溉用水技术效率相比小麦更低，并且结合玉米的生长季看，玉米拥有比小麦更大的提高灌溉用水技术效率的潜力。

表 6-6 玉米生产灌溉用水技术效率频数分布

玉米灌溉 效率分组	2004 年		2007 年		2011 年		2015 年	
	样本数 （份）	份额 （％）	样本数 （份）	份额 （％）	样本数 （份）	份额 （％）	样本数 （份）	份额 （％）
[0, 0.1]	72	51.43	100	42.92	33	14.86	16	8.79
(0.1, 0.2]	17	12.14	49	21.03	48	21.72	16	8.79

玉米灌溉效率分组	2004 年		2007 年		2011 年		2015 年	
	样本数（份）	份额（%）	样本数（份）	份额（%）	样本数（份）	份额（%）	样本数（份）	份额（%）
(0.2, 0.3]	10	7.14	41	17.6	30	13.51	15	8.24
(0.3, 0.4]	8	5.71	25	10.73	52	23.42	15	8.24
(0.4, 0.5]	16	11.43	14	6.01	26	11.71	17	9.34
(0.5, 0.6]	14	10.00	4	1.72	23	10.36	24	13.19
(0.6, 0.7]	2	1.43	0	0	6	2.70	34	18.68
(0.7, 0.8]	0	0	0	0	2	0.90	28	15.38
(0.8, 0.9]	1	0.71	0	0	1	0.45	15	8.94
(0.9, 1.0]	0	0	0	0	1	0.45	2	1.10

从小麦和玉米的灌溉用水技术效率水平看，两种作物的灌溉用水技术效率都呈现增长的态势，在这个过程中非农就业以及其他因素对灌溉用水技术效率产生了怎样具体的影响，还需要进行相关性描述分析以及计量分析来确定。

第二节 描述性统计分析

为了研究非农就业水平和作物灌溉用水技术效率之间的关系，基于作物地块层面的数据，按照非农就业比例、本地就业和外出就业比例从低到高的顺序，把样本均分成四等份，比较每组中小麦和玉米灌溉用水技术效率的变化。

从非农就业比例的统计描述结果看（见表6-7），小麦和玉米灌溉用水技术效率随非农就业比例增加的变化趋势有所不同。总体上看，小麦的灌溉用水技术效率和非农就业比例的变化同步，呈现随着非农就业比例提高而增加的趋势，最高非农就业比例样本组比最低非农就业比例样本组的灌溉用水技术效率增长了54%。从玉米的灌溉用水技术效率变化看，最高非农就业比例样本组比最低非农就业比例样本组的灌溉用水技术效率提高了 42%，但是玉米的灌溉用水技术效率随着非农就业比例的增加有所波动，增长趋势不如小麦灌溉用水技术效率表现得平稳，整体上变化没有呈现较为一致的规律。这可能是小麦和玉米对灌溉依赖性不同以及农户在两种作物上的投入有所侧重导致的。

表 6-7　　　　　　非农就业比例分组下作物灌溉用水技术效率

非农就业比例样本组	小麦		玉米	
	非农就业比例（%）	用水技术效率	非农就业比例（%）	用水技术效率
最低 25%样本组	7.85	0.28	7.95	0.24
次低 25%样本组	28.20	0.35	28.43	0.30
次高 25%样本组	45.98	0.35	46.20	0.28
最高 25%样本组	72.83	0.43	74.28	0.34
平均	37.78	0.35	37.85	0.29

资料来源：根据 CWIM 调查数据整理。

从本地非农就业比例的统计描述结果看（见表 6-8），小麦和玉米灌溉用水技术效率随本地非农就业比例增加的变化趋势波动性较大。总体上看，小麦的灌溉用水技术效率随着本地非农就业比例的增加呈现先降后增的趋势，在最低本地非农就业比例样本组，小麦的灌溉用水技术效率为 0.37，但是在次低本地非农就业比例样本组下降为 0.30，但是之后一直保持着上升的态势，在最高非农就业比例样本组已经增加到 0.39，超过了最初 0.37 的灌溉用水技术效率水平。从玉米的灌溉用水技术效率变化看，玉米的灌溉用水技术效率随着本地非农就业比例的增加呈现先降后增的趋势，在最低本地非农就业比例样本组，玉米的灌溉用水技术效率为 0.33，但是在次低本地非农就业比例样本组下降为 0.23，但是之后一直保持着上升的态势，在最高本地非农就业比例样本组已经增加到 0.31，但是小于最低本地农就业比例样本组的水平，变化趋势较为复杂。因此，需要构建计量模型进一步分析本地非农就业对小麦和玉米灌溉用水技术效率的影响。

表 6-8 本地非农就业比例分组下作物灌溉用水技术效率

本地非农就业 比例样本组	小麦		玉米	
	本地非农就业 比例（％）	用水技术效率	本地非农就业 比例（％）	用水技术效率
最低 25% 样本组	0	0.37	0	0.33
次低 25% 样本组	11.82	0.30	10.57	0.23
次高 25% 样本组	22.20	0.33	21.57	0.28
最高 25% 样本组	43.28	0.39	44.94	0.31
平均	19.58	0.35	19.25	0.29

资料来源：根据 CWIM 调查数据整理。

从外出非农就业比例的统计描述结果看（见表 6-9），小麦和玉米灌溉用水技术效率随外出非农就业比例增加的变化趋势较为复杂。总体上看，小麦的灌溉用水技术效率随外出非农就业比例的增加同样呈现先降后增的趋势。在最低外出非农就业比例样本组，小麦的灌溉用水技术效率为 0.34，在次低外出非农就业比例样本组下降为 0.28，但是之后一直保持着上升的态势，在最高外出非农就业比例样本组已经增加到 0.43，大幅度超过了最低外出非农就业比例样本组的灌溉用水技术效率水平。从玉米的灌溉用水技术效率变化看，玉米的灌溉用水技术效率随着外出非农就业比例的增加呈现先降后增的趋势，在最低外出非农就业比例样本组，玉米的灌溉用水技术效率为 0.31，在次低外出非农就业比例样本组下降为 0.23，但是之后一直保持着上升的态势，在最高外出非农就业比例样本组已经增加到 0.36。因此，综合来看，需要采用计量模型分析外出非农就业对小麦和玉米灌溉用水技术效率的影响，观测具体的影响方向与显著程度。

表 6-9 外出非农就业比例分组下作物灌溉用水技术效率

外出非农就业 比例样本组	小麦		玉米	
	外出非农 就业比例（％）	用水技术效率	外出非农 就业比例（％）	用水技术效率
最低 25% 样本组	0	0.34	0	0.31
次低 25% 样本组	9.91	0.28	9.85	0.23

续表

外出非农就业 比例样本组	小麦		玉米	
	外出非农 就业比例（%）	用水技术效率	外出非农 就业比例（%）	用水技术效率
次高 25% 样本组	21.65	0.35	22.61	0.25
最高 25% 样本组	41.13	0.43	43.04	0.36
平均	18.20	0.35	18.60	0.29

资料来源：根据 CWIM 调查数据整理。

第三节　计量模型设定

一　模型设定

基于第一节灌溉用水技术效率的估计结果，本节将就非农就业对灌溉用水技术效率的影响进行模型设定。为了分析非农就业对灌溉用水技术效率的影响，需控制其他因素（包括村、农户和地块特征等），建立作物灌溉用水技术效率模型，并利用计量经济学方法进行关键系数估计。

$$WE_{ijkt} = \partial + \beta M_{jkt} + \gamma WP_{ijkt} + \varphi H_{ijkt} + \delta_q \sum_{q=1}^{3} PL_{q,\,ijkt} + \lambda_v \sum_{v=1}^{3} V_{v,\,kt} +$$

$$\tau_n \sum_{n=1}^{3} YR_n + \sigma_m \sum_{m=1}^{2} D_m + \xi_{ijkt} \qquad\qquad (6.8)$$

模型设定说明：式（6.8）是本章中非农就业对灌溉用水技术效率影响模型的具体形式，变量下标 i、j、k、t 分别代表地块 i、农户 j、村庄 k 和年份 t。

因变量设定说明：因变量 WE 代表灌溉用水技术效率，由于模型基于地块作物层面，所以分别应用于小麦和玉米样本。

自变量设定说明（见表 6-10）：本章研究重点关注变量 M_{jkt} 代表的农户家庭非农就业状况，依然表示为两种形式，一种是农户家庭劳动力非农就业比例，另一种是本地非农就业和外出非农就业的劳动力比例。

表 6-10 作物灌溉用水技术效率模型变量描述

变量	单位	变量描述
因变量		
灌溉用水技术效率		灌溉用水技术效率
自变量		
关键自变量		
非农就业情况（M）		
家庭非农就业劳动力比例	%	家庭非农就业的劳动力比例
外出非农就业劳动力比例	%	家庭外出非农就业的劳动力比例
本地非农就业劳动力比例	%	家庭本地非农就业的劳动力比例
其他控制变量		
水价（WP）		
水价	元/立方米	灌溉水价，2001 年价格水平
农户家庭特征（H）		
户主年龄	岁	户主年龄
地块特征（PL）		
平均地块规模	亩	农户地块平均面积
是否遭受旱灾	是=1，否=0	地块在某一年内是否受旱灾
地块到放水口距离	千米	地块到放水口距离
村特征（V）		
村水资源是否短缺	是=1，否=0	虚拟变量，村是否缺水
村深井比例	%	村灌溉井中深井所占比例
村人均纯收入	万元/年	村人均年纯收入水平，2001 年价格水平
年份虚拟变量（YR）		
2007 年	是=1，否=0	虚拟变量，是否为 2007 年
2011 年	是=1，否=0	虚拟变量，是否为 2011 年
2015 年	是=1，否=0	虚拟变量，是否为 2015 年
地区虚拟变量（D）		
河北	是=1，否=0	虚拟变量，是否为河北省
河南	是=1，否=0	虚拟变量，是否为河南省

此外，控制了水价变量（WP）；村特征变量（V），包括村水资源是否短缺、村深井比例、村人均纯收入；农户特征变量（H），包括

户主年龄；地块特征变量（PL），包括平均地块规模、地块到放水口距离、是否遭受旱灾这类可能随着时间变化的变量。在控制变量中，村特征和农户特征中一些不随时间变化的变量（村庄地形、农户受教育水平）没有被包含在模型中，因为这些变量的影响在做固定效应时会被消除，所以不会产生遗漏偏误的问题。为了控制因时间和地区变化产生的影响，以2004年为对照组，加入了其他3个年份的时间虚拟变量（YR）；以宁夏为对照，加入了河北和河南的省份虚拟变量（D）。

和对用水量影响的考虑类似，节水技术对灌溉用水技术效率也会产生影响，那么非农就业可能会通过影响节水技术采用而对灌溉用水技术效率造成间接影响。因此，本章也对小麦和玉米的灌溉用水技术效率设置两种不同的模型情景，一种是不考虑节水技术对灌溉用水技术效率的影响，直接分析非农就业对灌溉用水技术效率的综合影响；另一种是考虑节水技术采用对灌溉用水技术效率的影响，将基于地块层面固定效应模型估计的节水技术采用拟合值代入模型，以此测度非农就业通过节水技术采用对灌溉用水技术效率造成的间接影响。因此，根据关键自变量非农就业情况与节水技术采用拟合值的设置，本节构建四个模型（见表6-11）。模型1和模型2直接估计非农就业对灌溉用水技术效率的影响；模型3和模型4代入地块层面非农就业对节水技术采用影响的实证研究拟合值，来估计非农就业通过节水技术采用对灌溉用水技术效率的影响。

表6-11　　　　　　　　灌溉用水技术效率模型设置

	模型1	模型2	模型3	模型4
非农就业状况				
家庭非农就业劳动力比例（%）	√		√	
本地非农就业劳动力比例（%）		√		√
外出非农就业劳动力比例（%）		√		√
节水技术采用拟合值				
是否采用传统型节水技术			√	√
是否采用农户型节水技术			√	√
是否采用社区型节水技术			√	√

二 模型估计方法

在第一节中，根据生产技术效率的参数估计和误差项计算得到灌溉用水技术效率，所以这里无法用"一步法"对影响灌溉用水技术效率的因素进行估计，而需要采用"两步法"进行分析。由于被解释变量（灌溉用水技术效率）的取值范围是 0—1，如果采用普通最小二乘法对模型进行回归会导致有偏且不一致的估计结果。为了避免此类误差，在本章中采用最大似然估计方法的受限因变量模型（Tobit 模型）对参数进行估计。

第四节 计量模型估计结果

表 6-12 报告的是非农就业对小麦灌溉用水技术效率影响的估计结果。由模型 1 中家庭非农就业劳动力比例对小麦灌溉用水技术效率综合影响的估计结果可知，家庭非农就业劳动力比例的增加会显著提高小麦的灌溉用水技术效率，并且估计结果在 1% 的水平下显著。从模型 2 中本地非农就业比例和外出非农就业比例对小麦灌溉用水技术效率的影响看，无论是本地非农就业还是外出非农就业，均会对小麦的用水技术效率产生显著的正向影响，但是估计结果的显著性不强，仅在 10% 的水平下显著。在模型 3 和模型 4 中均代入 3 个主要类型节水技术采用概率的拟合值后发现，非农就业对灌溉用水技术效率的影响主要是通过节水技术采用来发挥作用。在模型 3 中，家庭非农就业劳动力比例对小麦灌溉用水技术效率依然有显著的正向影响，但是显著性相比模型 1 中不考虑节水技术采用情况时略有下降。在模型 4 中本地非农就业对小麦的灌溉用水技术效率依然有显著的正向影响，但是外出非农就业与小麦的灌溉用水技术效率没有显著的相关关系。从不同节水技术类别对灌溉用水技术效率的影响差异看，采用传统型技术和农户型技术与小麦的灌溉用水技术效率没有显著的相关性，但是采用社区型节水技术能够显著提高小麦的灌溉用水技术效率，相比另外两种节水技术对灌溉用水技术效率的促进作用更明显。结合第五章中非农就业对灌溉用水量

影响的估计结果，家庭非农就业劳动力比例和外出非农就业劳动力比例的提高，均会显著减少小麦的灌溉用水量，本部分小麦的灌溉用水技术效率提高的估计结果进一步说明，作物用水量的降低并非建立在粗放生产直接减少农业生产各类投入、牺牲产出的基础上。

表 6-12　　非农就业对小麦灌溉用水技术效率影响的估计结果

	小麦灌溉用水技术效率			
	模型 1	模型 2	模型 3	模型 4
非农就业状况				
家庭非农就业劳动力比例（%）	0.001 *** （0.000）		0.001 ** （0.000）	
本地非农就业劳动力比例（%）		0.001 * （0.000）		0.001 * （0.000）
外出非农就业劳动力比例（%）		0.001 * （0.000）		0.000 （0.000）
水价				
水价（元/立方米）	0.029 *** （0.005）	0.029 *** （0.005）	0.030 *** （0.005）	0.030 *** （0.005）
户主特征				
户主年龄（岁）	-0.000 （0.001）	-0.000 （0.001）	-0.000 （0.001）	-0.000 （0.001）
地块特征				
平均地块规模（亩）	0.005 （0.003）	0.005 （0.003）	0.005 （0.003）	0.005 （0.003）
地块到放水口距离（千米）	-0.005 （0.004）	-0.005 （0.004）	-0.005 （0.004）	-0.005 （0.004）
是否遭受旱灾（是=1，否=0）	0.032 （0.026）	0.032 （0.026）	0.029 （0.026）	0.029 （0.026）
村特征				
村水资源是否短缺（是=1，否=0）	0.013 （0.010）	0.013 （0.010）	0.015 （0.010）	0.015 （0.010）
村深井比例（%）	0.000 （0.000）	0.000 （0.000）	0.000 （0.000）	0.000 （0.000）

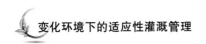
续表

	小麦灌溉用水技术效率			
	模型 1	模型 2	模型 3	模型 4
村人均纯收入（万元/年）	-0.115***	-0.115***	-0.119***	-0.119***
	(0.018)	(0.018)	(0.018)	(0.018)
地区虚拟变量				
河北（是=1，否=0）	0.050**	0.050**	0.049**	0.048**
	(0.021)	(0.021)	(0.021)	(0.021)
河南（是=1，否=0）	0.174***	0.173***	0.174***	0.173***
	(0.020)	(0.020)	(0.020)	(0.020)
年份虚拟变量				
2007 年（是=1，否=0）	-0.049***	-0.040***	-0.043***	-0.043***
	(0.010)	(0.010)	(0.012)	(0.012)
2011 年（是=1，否=0）	0.218***	0.218***	0.211***	0.211***
	(0.014)	(0.014)	(0.014)	(0.014)
2015 年（是=1，否=0）	0.389***	0.389***	0.380***	0.381***
	(0.018)	(0.019)	(0.021)	(0.021)
节水技术采用情况				
是否采用传统型技术 （是=1，否=0）			0.014 (0.028)	0.014 (0.028)
是否采用农户型技术 （是=1，否=0）			-0.006 (0.034)	-0.005 (0.034)
是否采用社区型技术 （是=1，否=0）			0.041* (0.023)	0.041* (0.023)
常数项	0.216*** (0.039)	0.216*** (0.039)	0.206*** (0.041)	0.206*** (0.041)
样本量	842	842	842	842

从投入要素价格看，水价的增长会提高灌溉用水技术效率，并且在各类模型中都具有十分显著的影响。从农户、地块和村特征的相关控制变量的影响来看，也有个别变量对灌溉用水技术效率有显著影响。户主年龄对小麦的灌溉用水技术效率没有产生显著影响。从地块

特征变量来看，平均地块规模和地块遭受旱灾和小麦的灌溉用水技术效率有正相关关系，地块到放水口的距离与小麦的灌溉用水技术效率有负向相关性，但是估计结果不显著。从村特征来看，村人均收入越高，小麦的灌溉用水技术效率越低。这可能是因为村人均收入越高，整体经济水平越好，灌溉成本对于农户灌溉用水技术效率的限制效应下降，和前文中村人均收入增加显著提高作物灌溉用水量的估计结果在机理上相吻合。

　　表6-13报告的是非农就业对玉米灌溉用水技术效率影响的估计结果。由模型1中家庭非农就业劳动力比例对玉米灌溉用水技术效率综合影响的估计结果可知，家庭非农就业劳动力比例的增加会显著提高玉米的灌溉用水技术效率，并且结果在5%的水平下显著。从模型2中家庭本地非农就业比例和外出非农就业比例对玉米灌溉用水技术效率影响的估计结果可知，本地非农就业对玉米用水技术效率产生显著的正向影响，但是外出非农就业没有显著的影响。在模型3和模型4中均代入三大主要类型节水技术采用概率的拟合值后，家庭非农就业劳动力比例和本地非农就业比例对玉米灌溉用水技术效率依然有显著的正向影响，并且显著性没有发生变化。从不同节水技术类别对玉米灌溉用水技术效率的影响差异看，各类型节水技术采用对玉米灌溉用水技术效率没有显著的影响。可见，相比小麦，节水技术对玉米灌溉用水技术效率的促进作用不明显。这可能由多种原因造成，一方面，宁夏玉米的地表水灌溉用水量远超过小麦，地表水灌溉需要更多的劳动力投入，非农就业的增多会限制这部分投入的供给；另一方面小麦生长在旱季，降雨量相比玉米的生长季少，因此农户在种植小麦时更注重节水技术的采用。从投入要素价格看，水价的增长会提高灌溉用水技术效率，并且在各类模型中都具有十分显著的影响，其余控制变量对于玉米灌溉用水技术效率的影响与小麦相比没有明显差异，在此不再赘述。

表 6-13   非农就业对玉米灌溉用水技术效率影响的估计结果

	玉米灌溉用水技术效率			
	模型 1	模型 2	模型 3	模型 4
非农就业状况				
家庭非农就业劳动力比例（%）	0.0004 **		0.0004 **	
	（0.000）		（0.000）	
本地非农就业劳动力比例（%）		0.001 **		0.001 **
		（0.000）		（0.000）
外出非农就业劳动力比例（%）		0.0002		0.0002
		（0.000）		（0.000）
水价				
水价（元/立方米）	0.064 ***	0.065 ***	0.064 ***	0.065 ***
	（0.005）	（0.005）	（0.005）	（0.005）
户主特征				
户主年龄（岁）	0.0003	0.0002	0.000	0.000
	（0.001）	（0.001）	（0.001）	（0.001）
地块特征				
平均地块规模（亩）	0.007 **	0.008 **	0.007 **	0.008 **
	（0.003）	（0.003）	（0.003）	（0.003）
地块到放水口距离（千米）	0.002	0.002	0.002	0.003
	（0.007）	（0.007）	（0.007）	（0.007）
是否遭受旱灾（是=1，否=0）	−0.020	−0.020	−0.021	−0.024
	（0.018）	（0.018）	（0.018）	（0.018）
村特征				
村水资源是否短缺（是=1，否=0）	−0.001	−0.001	−0.000	−0.001
	（0.010）	（0.010）	（0.011）	（0.011）
村深井比例（%）	0.000	0.000	0.000	0.000
	（0.000）	（0.000）	（0.000）	（0.000）
村人均纯收入（万元/年）	−0.095 ***	−0.096 ***	−0.096 ***	−0.097 ***
	（0.018）	（0.018）	（0.018）	（0.018）
地区虚拟变量				
河北（是=1，否=0）	0.164 ***	0.162 ***	0.166 ***	0.163 ***
	（0.014）	（0.015）	（0.014）	（0.015）

续表

	玉米灌溉用水技术效率			
	模型 1	模型 2	模型 3	模型 4
河南（是=1，否=0）	0.159***	0.158***	0.162***	0.161***
	(0.015)	(0.015)	(0.015)	(0.015)
年份虚拟变量				
2007 年（是=1，否=0）	−0.085***	−0.086***	−0.082***	−0.081***
	(0.013)	(0.013)	(0.015)	(0.015)
2011 年（是=1，否=0）	−0.008	−0.006	−0.006	−0.004
	(0.015)	(0.015)	(0.016)	(0.016)
2015 年（是=1，否=0）	0.285***	0.289***	0.278***	0.281***
	(0.018)	(0.019)	(0.022)	(0.022)
节水技术采用情况				
是否采用传统型技术			−0.033	−0.033
（是=1，否=0）			(0.034)	(0.034)
是否采用农户型技术			0.002	0.008
（是=1，否=0）			(0.040)	(0.041)
是否采用社区型技术			0.016	0.014
（是=1，否=0）			(0.031)	(0.031)
常数项	0.288***	0.293***	0.299***	0.303***
	(0.032)	(0.033)	(0.035)	(0.035)
样本量	777	777	777	777

第七章

非农就业对农户购买地下
水灌溉服务的影响

从 20 世纪 80 年代开始，中国灌溉机井产权不断从集体产权向个体产权或股份制产权演变，在此情形下，农民自发形成的地下水灌溉服务市场开始在中国尤其是北方地区发育（Zhang et al.，2008）。在地下水灌溉服务市场中，没有灌溉机井的农户向投资灌溉机井的农户购买灌溉服务，交易中基本不存在政府干预，也不需借助法律或行政手段，交易的范围较小，通常只发生在村庄内部。相对于南亚一些国家，中国的地下水灌溉服务市场虽出现较晚，但发育很快，第十一章第三节对此做了详细描述。

已有文献对非农就业影响农户地下水灌溉服务选择行为的关注是非常缺乏的，本章拟在分析家庭劳动力非农就业对农户是否选择购买地下水灌溉服务的影响机理的基础上，利用北京大学中国农业政策研究中心（CCAP）五轮实地追踪微观调查数据，通过构建 Ⅳ–Probit 模型和固定效应模型识别家庭劳动力在本地非农就业和外出非农就业对农户是否选择购买地下水灌溉服务的差异化影响。

第一节　非农就业对农户购买地下
水灌溉服务的影响机理

没有灌溉机井的农户在灌溉环节选择向投资打井的农户购买地下

水灌溉服务，是随着机井产权的非集体化改革而出现的，是农户为了实现家庭自身资源的合理利用而采取的替代自己直接投资打井的迂回投资方式（Zhang et al.，2008；Wang et al.，2020）。一些农户之所以选择放弃投资打井而利用外部资源，是考虑各种成本收益等相关因素的决策结果。其中，农业劳动力非农转移（包括本地转移和外出务工）是影响农户是否选择购买地下水灌溉服务的重要因素，其主要影响途径有三个方面。

首先，当农户决定分配家庭劳动力从事非农工作时，可分配的从事农业生产活动的劳动力数量就会减少，进而会影响农户的灌溉选择。在不完善的劳动力市场条件下，家庭损失的农业劳动力很难被替代（Yin et al.，2016）。农户家庭决定向非农产业转移的劳动力越多，他们面临的从事农业生产的劳动力约束就越严格（Taylor et al.，2003）。欲选择购买地下水灌溉服务的农户要面对的是投资打井的农户，后者中大部分是单个农户，也有几户合伙的情况，他们通常是在满足自己的灌溉需求后才会向其他农户提供灌溉服务。在灌溉高峰期，有灌溉服务需求的农户较多，农户要想及时获得灌溉服务，就需要积极地向有井农户表达购买灌溉服务的意愿，并且及时跟进，因为抽水起始时间、灌溉次序、费用计算等没有专人负责，购买服务的农户需要自己参与每一个环节。因此，在非正式的地下水灌溉服务市场中，建立在口头承诺基础上的交易实现往往需要较多的劳动力投入。灌溉虽通常被划分为劳动密集生产环节，但又不像整地、收割等环节那样容易通过购买机械作业服务来实现环节外包，外包服务在劳动密集环节对家庭劳动力的"替代效应"难以在灌溉环节体现出来，向有井农户购买地下水灌溉服务并不能代替农户自己在灌溉环节的劳动力投入，反而可能需要更多的劳动力投入。这是因为灌溉环节存在较高的劳动监督成本，发生道德风险的可能性较大（孙顶强等，2016）。由此可见，非农就业带来的家庭农业劳动力的损失可能会降低农户选择购买地下水灌溉服务的可能性。需要强调的是，家庭劳动力外出非农就业相较于本地非农就业通常会产生更大的劳动力损失效应，从而对农户是否选择购买地下水灌溉服务的影响可能更大。这是因为，在当地从事非农工作的家庭成员仍然可能住在家里，或者可以经常回家，也或者在灌溉季节可以回家帮忙。

其次，非农就业会影响家庭的农业劳动力结构，从而会影响农户的灌溉决策。非农就业不仅会导致家庭农业劳动力数量减少，还会改变从事农业生产的家庭劳动力结构。根据新劳动力迁移经济学理论，家庭劳动力迁移决策往往是由家庭中相互依存的转移者和留守者共同做出的，他们通过隐含的某种契约安排联系在一起，成本共担，利益共享（Stark and Bloom，1985）。决策的结果往往是成年男性外出打工，而女性和老人留在家里承担家庭照料和农业生产的责任。这意味着家庭损失的劳动力往往是那些农业生产管理经验更加丰富、受教育程度更高、身体素质更好的男性劳动力（Taylor et al.，2003）。于是，留守的女性劳动力和老年劳动力不得不在家务劳动、子女（或孙辈）照料和农业劳动之间进行时间分配，而他们更倾向于先保证家庭照料，很难在地下水灌溉服务市场上花费较多精力与有井农户在作物所需的多次灌溉中就抽水的时间、顺序、收费等事项协商，也无法保证能在灌溉高峰期随时去地里等待，并在抽水开始到结束的一段时间内一直守在现场。另外，女性劳动力的灌溉管理经验相对不足，她们觉得即使自己在现场监督，也不能保证灌溉质量。因此，非农就业引起的家庭农业劳动力构成的女性化和老龄化可能会阻碍农户选择购买地下水灌溉服务。

最后，非农就业会通过"收入效应"对农户的灌溉选择产生影响。根据新劳动力迁移经济学理论，建立在迁移成员与非迁移成员之间隐含的契约关系基础之上的成本共担、利益共享的一个重要体现，就是迁移成员向家庭返回汇款（Stark and Bloom，1985）。汇款能通过以下途径对农户是否选择购买地下水灌溉服务产生影响：第一，在农村信贷市场不完善的情形下，汇款减轻或消除了农村家庭的信贷约束（Taylor et al.，2003），为农户提供了灌溉投资的资金支持。这种支持可能会促使一部分农户投资打井以满足自己的灌溉需求，从而不需要向其他农户购买灌溉服务；也可能促进农户采用一些田间灌溉技术（如地面输水管道），从而解决了从较远处的个体机井抽水的输水问题，进而为向其他农户购买灌溉服务创造可能。第二，汇款带来的家庭收入的增加会减少农户对农业收入的依赖（Yin et al.，2016），从而降低农户对灌溉的重视程度，使农户不愿意在参与地下水灌溉服务市场中投入较多的劳动时间。

由上可见，家庭劳动力非农就业对农户是否选择购买地下水灌溉服务的影响有多条途径，但剥离各种途径的单独影响是非常困难的，借鉴以往研究（Yin et al.，2016），本章关注家庭劳动力在不同地点非农就业对农户是否选择购买地下水灌溉服务的总体影响。

第二节　描述性统计分析

需要说明的是，由于宁夏几乎不存在地下水灌溉，本章仅使用CWIM调查中来自华北平原的河北和河南两省的数据。河北和河南最主要的粮食作物是小麦和玉米，但玉米的生长季与雨季重叠，玉米种植对地下水灌溉的依赖很低，因此，本章在分析中剔除了不种植小麦的农户样本。此外，由于本章关注的是家庭劳动力非农就业对农户是否选择购买地下水灌溉服务的影响，所以去掉了少数没有地下水灌溉的村庄中的农户样本。最终，本章分析所用的数据来自河北和河南49个村庄267户小麦种植户，涉及不同年份，农户样本观测值为629个。

近30年间样本地区地下水灌溉服务市场的发展将在第十一章第三节进行描述，此处不再赘述。本节主要利用629个小麦种植户观测值描述农户中从事非农工作的家庭劳动力比例及其变化，以及家庭劳动力非农就业与农户是否选择购买地下水灌溉服务的相关关系。在本章中，本地非农就业指的是劳动力1年内在户籍所在乡镇地域内从事非农工作超过1个月，外出非农就业指的是在户籍所在乡镇以外从事非农工作超过1个月。

调查数据的统计结果表明，农户中从事非农工作的家庭劳动力比例呈现上升趋势，而这种上升主要是因为外出非农就业家庭劳动力比例快速攀升（见图7-1）。2001—2015年，农户家庭从事非农工作的劳动力比例从 31.2% 增加到 54.2%，增长了 23 个百分点，这主要是由于外出非农就业的劳动力比例持续增长。从图 7-1 可以看出，2001年样本农户中只有不足 8% 的家庭劳动力外出非农就业，而接近 1/4的家庭劳动力在本地非农就业，选择本地非农就业是农户家庭劳动力非农转移的主导形式。然而，这一状况在 2007 年后发生了转变，选择外出非农就业的农户家庭劳动力比例快速上升，到 2015 年已超过30%；但在本地非农就业的农户家庭劳动力比例并无显著变化，相比2007 年只有小幅回升，但并未超过 21 世纪初的水平。可见，近 20 年间，样本区域农户家庭劳动力非农就业在地点选择上发生了变化，外出就业已经代替本地就业成为农户非农就业的主要选择。

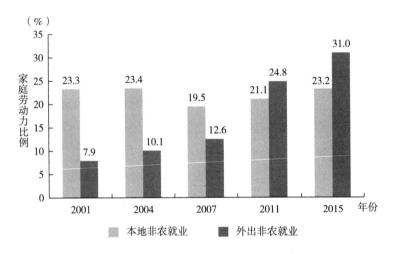

图 7-1 样本农户非农就业的家庭劳动力比例变化

农户中从事非农工作家庭劳动力比例的变化，尤其是外出非农就业家庭劳动力比例的增加，会引起从事农业生产的家庭劳动力在数量和结构上发生变化，也会引起家庭收入的变化，进而影响农户是否选择购买地下水灌溉服务的决策。在控制其他因素的影响之前，运用简单的统计分析方法可以初步观察到农户家庭劳动力非农就业与选择购买地下水灌溉服务之间的相关关系。首先，笔者按照农户中本地或外出非农就业家庭劳动力比例高低将有非农就业的样本农户分为 4 组（见表 7-1）；然后，计算各组中选择购买地下水灌溉服务的农户比例；最后，分别检验组2、组3、组4与组1之间在选择购买地下水灌溉服务的农户比例上是否存在显著差异。表7-1中的结果表明，随着农户中本地非农就业家庭劳动力比例增加，购买地下水灌溉服务的农户比例并没有显著变化；但随着农户中外出非农就业家庭劳动力比例增加，购买地下水灌溉服务的农户比例呈现下降趋势，尤其是组3与组1之间以及组4与组1之间的差异十分显著。由此可以初步推断：家庭劳动力在本地非农就业对农户是否选择购买地下水灌溉服务市场购买服务的决策可能没有明显影响，但家庭劳动力外出非农就业可能会抑制农户购买地下水灌溉服务。

表7-1　　　　　家庭劳动力非农就业与农户是否选择

购买地下水灌溉服务的关系

组别	样本农户数	非农就业的家庭劳动力比例（%）	购买地下水灌溉服务的农户比例（%）
按本地非农就业家庭劳动力比例由低到高分组			
组1：（0，25%]	89	22.6	14.6
组2：（25%，35%]	60	33.3	16.7
组3：（35%，50%]	96	49.3	19.8
组4：（50%，100%]	64	80.3	15.6
按外出非农就业家庭劳动力比例由低到高分组			
组1：（0，25%]	67	23.8	26.9
组2：（25%，35%]	54	33.3	24.1
组3：（35%，50%]	86	49.1	14.0**
组4：（50%，100%]	48	71.2	12.5**

注：**代表组3或组4与组1之间的均值差异t检验值在5%的统计水平下显著。

第三节　计量模型设定

一　模型设定

虽然前文简单的统计分析结果显示，家庭劳动力非农就业可能会影响农户是否选择购买地下水灌溉服务，但并没有控制其他因素的影响。为了识别家庭劳动力非农就业对农户是否选择购买地下水灌溉服务的影响，需进一步构建计量经济模型。模型的简单表达形式如下：

$$GWM_{ijt} = f(L_{ijt}, M_{ijt}, Z_{ijt}, Year) + \varepsilon_{ijt} \qquad (7.1)$$

式（7.1）中，GWM_{ijt} 表示第 j 村的第 i 个农户在第 t 年是否选择购买地下水灌溉服务，L_{ijt} 为农户 i 中本地非农就业家庭劳动力比例，M_{ijt} 为农户 i 中外出非农就业家庭劳动力比例，Z_{ijt} 为影响农户 i 是否选择购买地下水灌溉服务的控制变量，$Year$ 为年份虚拟变量，ε_{ijt} 为随机扰动项。

二 内生性处理：工具变量估计方法

在识别家庭劳动力非农就业对农户是否选择购买地下水灌溉服务的影响时，需要考虑的最主要的问题是式（7.1）中的非农就业变量 L_{ijt} 和 M_{ijt} 具有内生性。这种内生性的主要来源是农户在配置家庭劳动力的过程中，非农就业决策与农业生产决策往往是同时进行的。处理内生性问题行之有效的方法是为内生变量寻找恰当的工具变量。在本章中，恰当的工具变量必须满足两个条件：一是必须与农户家庭劳动力非农就业变量相关；二是对农户是否选择购买地下水灌溉服务只有间接影响而没有直接效果。在借鉴已有文献的基础上，本章在选取农户家庭劳动力本地或外出非农就业的工具变量时，主要从两方面考虑。

首先，新劳动力迁移经济学理论认为，对移民网络的严重依赖是移民行为模式的一个突出特点，即新的移民往往受到早期移民的协助（Stark and Bloom，1985）。在既有的理论和实证研究中（Taylor et al.，2003；Yin et al.，2016），移民网络已被证明是推动移民的最重要的变量之一。已经在外地获得较好非农工作的村庄成员往往会与村内成员（亲戚、朋友或邻居）分享工作机会信息，也可能会帮助有外出就业意向的村庄成员做一些准备工作（如在打工地点寻找住处等），以降低他们外出就业的前期成本。另外，根据新劳动力迁移经济学理论，家庭成员迁移不只是为了提高家庭的绝对收入，还是为了减轻在某一参照系内的相对贫困感（Stark and Bloom，1985）。一般而言，与在本地从事非农工作相比，外出打工可以获得较高的工资待遇。因此，在外出非农就业网络早已存在或较发达的村庄，在村的农户家庭劳动力更有可能放弃在本地寻找非农工作机会而倾向于选择到外地打工。然而，农户是否选择购买地下水灌溉服务不会受到村庄移民网络的直接影响，而是取决于农户家庭自己的生产决策。

其次，农户的非农就业决策也会受到本地非农就业关系网络和就业机会的影响。一方面，本地的关系网络可能促使农户选择本地非农就业。在本地产业中形成的业缘关系往往是以亲缘和地缘关系为基础的。例如，刘继文、良警宇（2021）发现，许多女性劳动力进入本地生产车间或合作社工作都是起始于熟人介绍，当她们通过非农工作获得满意的收入后，会带动更多的亲戚或同乡加入同一产业。因此，如果村庄中在本地非农就业的劳动力越多，农户在本地产业中的业缘关系可能越好，其家庭劳动力也越有可能选择在本地从事非农工作。另一方面，本地就业机会获取的难易程度会影响农户家庭劳动力对非农就业地点的选择。如果在本地从事非农工作的农村劳动力比例已经较高，那么受本地非农劳动力需求有限和产业类型单一等影响，农户家庭劳动力在本地获得超过自己保留工资水平的工作机会的难度就会增大，他们更倾向于选择去机会多、工资水平高的外地打工。然而，村庄本地非农就业劳动力比例的高低不会直接影响农户是否选择购买地下水灌溉服务。

综上所述，本章选择的两个工具变量分别是村庄本地非农就业劳动力比例和村庄外出非农就业劳动力比例。由于模型的被解释变量是二值虚拟变量，所以，估计中采用的是Ⅳ-Probit模型，并采用县级层面的聚类稳健标准误对异方差进行修正。

三　变量选取与描述性统计

1. 被解释变量——农户是否选择购买地下水灌溉服务

实地调查中，调查员询问了农户获得地下水灌溉的具体方式。如果农户家中有地块是通过地下水灌溉服务市场获得灌溉的，就认为该农户选择购买地下水灌溉服务，被解释变量取值为1，否则取值为0。

2. 核心解释变量

核心解释变量包括两个：本地非农就业家庭劳动力比例和外出非农就业家庭劳动力比例。农户问卷中询问了农户家庭劳动力状况，并详细收集了每一个从事非农工作的家庭劳动力的具体工作信息，包括非农工作地点、工作时长、工作类型等。通过计算1年内农户家中在户籍所在乡镇地域内（包括在本村工作、在本乡镇外村工作）从事非农工作超过1个月的劳动力数量占家庭劳动力总数的百分比，可以得到本地非农就业家庭劳动力比例。类似地，通过计算1年内农户家中在户籍所在乡镇以外（包括在本县外乡镇工作、在本省外县工作和在外省工作）从事非农工作超过1个月的劳动力数量占家庭劳动力总数的百分比，可以得到外出非农就业家庭劳动力比例。

3. 工具变量

工具变量包括村庄本地非农就业劳动力比例和村庄外出非农就业劳动力比例。调查员在村级问卷调查中，向村干部询问了全村劳动力数量，并进一步询问了本村村民在本地从事非农工作以及到外地打工的劳动力数量。经过简单计算，可以得到最终的工具变量数据。

4. 控制变量

借鉴以往相关文献（Yin et al.，2016；Zhang et al.，2016），本章的控制变量包括农户的土地规模、地块数、劳动力数量、女性劳动力比例、老年劳动力比例、户主年龄、户主受教育年限、村庄个体机井比例、村庄深井比例。

变量的含义及其描述性统计见表7-2。

表7-2　　　　　　　　变量的含义及其描述性统计

变量名称	变量含义和赋值	均值	标准差
被解释变量			
农户是否选择购买地下水灌溉服务	农户家中是否有地块通过地下水灌溉服务市场获得灌溉？是=1，否=0	0.18	0.39
核心解释变量			
本地非农就业家庭劳动力比例	在户籍所在乡镇地域内从事非农工作超过1个月的劳动力数量占家庭劳动力总数的百分比（%）	22.06	27.25

续表

变量名称	变量含义和赋值	均值	标准差
外出非农就业家庭劳动力比例	在户籍所在乡镇以外从事非农工作超过1个月的劳动力数量占家庭劳动力总数的百分比（%）	17.54	24.05
工具变量			
村庄本地非农就业劳动力比例	村庄在本地从事非农工作的劳动力数量占全村劳动力总数的百分比（%）	8.45	9.83
村庄外出非农就业劳动力比例	村庄到外地打工的劳动力数量占全村劳动力总数的百分比（%）	18.70	18.71
控制变量			
土地规模	农户实际经营的土地总面积（公顷）	0.50	0.28
地块数	农户实际经营的地块数（块）	4.10	2.98
劳动力数量	农户家庭中实际从事农业和非农劳动的人数（人）	3.23	1.24
女性劳动力比例	女性劳动力数量占家庭劳动力总数的百分比（%）	45.87	16.31
老年劳动力比例	60岁以上劳动力数量占家庭劳动力总数的百分比（%）	11.95	25.40
户主年龄	户主年龄（周岁）	51.17	10.67
户主受教育年限	户主的受教育年限（年）	7.03	2.99
村庄个体机井比例	村庄个体产权灌溉机井数占灌溉机井总数的百分比（%）	49.65	43.53
村庄深井比例	村庄抽取深层地下水的灌溉机井数量占灌溉机井总数的百分比（%）	35.64	41.94

第四节　计量模型估计结果

一　Ⅳ-Probit 模型估计结果

家庭劳动力非农就业影响农户是否选择购买地下水灌溉服务的Ⅳ-Probit模型估计结果见表7-3。首先，瓦尔德检验值在1%的统计水平下显著不为零，表明模型的整体拟合效果较好，具有进一步分析的价值。其次，外生性瓦尔德检验值（Wald test of exogeneity）在1%的统计水平下显著不为零，因而拒绝"所有解释变量均为外生"的原假设，表明采用工具变量法纠正模型中潜在的内生性问题是有效的。此外，第一阶段估计（见表4回归1和回归2）工具变量的F检验值十分显著，表明本章使用的工具变量不存在弱工具变量问题。因此，本章接受Ⅳ-Probit模型的回归结果。下面，笔者将根据表7-3的估计结果展开讨论。

表7-3　　　　家庭劳动力非农就业影响农户是否选择购买地下

水灌溉服务的Ⅳ-Probit模型估计结果

变量	第一阶段		第二阶段
	本地非农就业家庭劳动力比例	外出非农就业家庭劳动力比例	农户是否选择购买地下水灌溉服务
	回归1	回归2	回归3
核心解释变量			
本地非农就业家庭劳动力比例			0.010
			(0.020)
外出非农就业家庭劳动力比例			-0.037***
			(0.012)
工具变量			
村庄外出非农就业劳动力比例	-0.087***	0.029	
	(0.024)	(0.053)	
村庄本地非农就业劳动力比例	0.031	0.215**	
	(0.113)	(0.091)	
控制变量			
土地规模	-10.543**	6.060	0.016
	(4.926)	(3.725)	(0.533)
地块数	0.636**	-0.900**	-0.024
	(0.272)	(0.440)	(0.037)
劳动力数量	-0.601	1.651**	0.102*
	(0.946)	(0.772)	(0.053)
女性劳动力比例	0.003	-0.209***	-0.008*
	(0.089)	(0.064)	(0.004)
老年劳动力比例	-0.169***	-0.062	-0.003
	(0.039)	(0.044)	(0.005)

续表

变量	第一阶段		第二阶段
	本地非农就业 家庭劳动力比例	外出非农就业 家庭劳动力比例	农户是否选择购买 地下水灌溉服务
	回归1	回归2	回归3
户主年龄	0.149	0.235*	0.014*
	(0.093)	(0.125)	(0.008)
户主受教育年限	0.594*	1.021*	0.042**
	(0.308)	(0.543)	(0.020)
村庄个体机井比例	−0.013	−0.018	0.005
	(0.016)	(0.039)	(0.006)
村庄深井比例	0.033	0.027	0.001
	(0.046)	(0.043)	(0.002)
常数项	17.500***	1.601	−0.974
	(6.767)	(8.067)	(1.135)
观测值	629		
外生性瓦尔德检验值	21.81***		
瓦尔德检验值（Wald χ^2）	18398.85***		

注：***、**和*分别代表在1%、5%和10%的统计水平下显著。括号中数字是县级层面的聚类稳健标准误。

第一阶段的估计结果显示，工具变量对农户家庭劳动力非农就业选择具有显著影响。回归1的结果显示，村庄外出非农就业劳动力比例在1%的统计水平下显著，且系数为负。这表明，村庄在外地打工人数越多，农户本地非农就业家庭劳动力比例越低。这与前文的判断逻辑一致，可能是因为在外打工的村民形成了一个关系网络，可为有非农转移意向的村民选择外出非农就业提供工作机会、工资待遇等方面有价值的信息以及生活上的便利，从而减少了潜在的非农转移的不确定性（Stark and Bloom，1985）。在这种情形下，农户的非农就业决策更可能倾向于减少本地就业。回归2的结果显示，村庄本地非农就业劳动力比例在5%的统计水平下显著，且系数为正。这表明，在其他条件不变的情况下，村庄中在本地从事非农工作的人数越多，农户外出非农就业家庭劳动力比例越高。实地调查中发现，样本区域农村劳动力在本地从事非农工作的人员主要有三种类型，分别是建筑类工人（35.4%）、教师或医生等技术岗位人员（16.2%）和工厂的合同工人（11.1%）。较单一的工作类型、有限的非农劳动力需求、较低的工资水平，使农户在非农就业决策过程中不得不考虑能否在本地找到合适的工作，以及留在本地工作能否减轻相对贫困感（Stark and Bloom，1985）。因此，当村庄中有较多的人在本地从事非农工作时，本村有非农就业意愿的劳动力获得较满意的本地非农工作机会的难度增大，他们可能更倾向于选择外出打工。

第二阶段的估计结果显示，家庭劳动力非农就业的地点不同，对农户是否选择购买地下水灌溉服务的影响也不同。回归 3 的结果显示，外出非农就业家庭劳动力比例在 1% 的统计水平下显著，且系数为负，但本地非农就业家庭劳动力比例并不显著。这表明，家庭劳动力在本地非农就业并不会影响农户是否选择购买地下水灌溉服务，但家庭劳动力外出非农就业会减少农户选择购买地下水灌溉服务的可能性。如前文所述，农户购买地下水灌溉服务需要较多的家庭劳动力投入，如果家庭劳动力选择非农就业，其所产生的劳动力损失效应就会抑制农户选择购买地下水灌溉服务，而外出非农就业的劳动力损失效应会更大。这是因为在本地从事非农工作的家庭成员大部分住在家里，能够兼顾灌溉等农业生产活动。调查数据的统计结果显示，在本地从事非农工作的农村劳动力中，95.0% 的人是住在家里的，而且87.6% 的人兼顾农活。另外，与本地非农就业相比，家庭劳动力外出非农就业通常也会产生更大的收入效应，减少农户对农业收入的依赖，从而他们不愿意参与地下水灌溉服务市场。

回归 3 的结果显示，户主受教育年限对农户是否选择购买地下水灌溉服务具有显著的正向影响，这与生产环节外包选择的相关研究结果一致（例如王志刚等，2011；段培等，2017）；户主年龄越大的农户，越可能选择购买地下水灌溉服务，这与申红芳等（2015）、段培等（2017）的研究发现类似；劳动力数量对农户是否选择购买地下水灌溉服务具有显著的正向影响，这与以往的生产环节外包行为研究结果不同（Ji et al.，2017；赵培芳、王玉斌，2020）。回归 3 的估计结果还表明，女性劳动力比例越高的农户，越不可能选择购买地下水灌溉服务。这可能是因为灌溉环节作业的标准化程度较低，服务质量难以判断，选择购买灌溉服务的农户通常需要投入较多劳动监督服务质量，而有效监督服务质量要求农户具备一定的相关经验，对于女性劳动力比例较高的农户而言，在这些方面往往较为不足。关于家庭劳动力性别结构对农业生产环节外包行为的影响，在以往的研究中缺乏关注。

二　稳健性检验：固定效应模型估计

遗漏变量是内生性问题产生的来源之一，采用面板数据固定效应模型可以处理不随时间变化的遗漏变量所导致的内生性问题。多期追踪调查数据为本章采用固定效应模型估计提供了可能。

考虑到本章的被解释变量为二值变量，可以选择面板数据 Logit 模型或面板数据 Probit 模型。但是，面板数据 Probit 模型无法控制固定效应，会导致估计量的不一致性（Wooldridge，2010）。因此，本章采用面板数据 Logit 模型的固定效应估计方法（Logit-FE）来识别家庭劳动力非农就业对农户是否选择购买地下水灌溉服务的影响，进而检验Ⅳ-Probit 模型估计结果的稳健性。可是，当被解释变量是二值变量时，采用 Logit-FE 模型估计会自动剔除被解释变量值没有变化的样本，导致样本量损失较大。在被解释变量为二值变量的情况下，虽然采用线性概率模型（LPM）估计可能造成被解释变量的拟合值大于 1 或者小于零（Wooldridge，2016），但为了避免样本量损失，LPM 经常被作为一种折中的估计方法采用（王卫东等，2020）。因此，本章除了采用 Logit-FE 模型外，也采用 LPM-FE 模型来识别家庭劳动力非农就业对农户是否选择购买地下水灌溉服务的影响。

表 7-4 报告了固定效应模型的估计结果。Logit-FE 模型的估计结果显示，卡方检验统计量在 1% 的统计水平下拒绝了原假设（所有变量的参数均为零），表明模型整体拟合效果较好（见回归 4）。LPM-FE 模型也通过了总体上显著的 F 检验，表明模型运行良好（见回归 5）。最为重要的是，回归 4 和回归 5 的结果均表明，家庭劳动力外出

非农就业会显著减少农户选择购买地下水灌溉服务的可能性，而家庭劳动力在本地非农就业对农户是否选择购买地下水灌溉服务没有产生显著影响。这一结果与前文Ⅳ-Probit模型的估计结果一致，证实了估计结果的稳健性。

表7-4　　家庭劳动力非农就业影响农户是否选择购买地下水灌溉服务的固定效应模型估计结果

	农户是否选择购买地下水灌溉服务	
	Logit-FE 模型	LPM-FE 模型
	回归4	回归5
核心解释变量		
本地非农就业家庭劳动力比例	−0.009	−0.001
	(0.005)	(0.001)
外出非农就业家庭劳动力比例	−0.016**	−0.001**
	(0.007)	(0.001)
控制变量	已控制	已控制
年份虚拟变量	已控制	已控制
常数项		−0.144
		(0.111)
观测值数	552	629
F 检验值		9.61***
卡方检验统计量	123.40***	

注：①***、**和*分别表示在1%、5%和10%的统计水平下显著。②括号中数字是标准误。③控制变量同表7-3，由于篇幅所限，没有列出其估计结果。④采用Logit-FE模型估计时会自动剔除被解释变量值没有发生变化的样本。

第八章

结论和政策建议

灌溉农业作为中国最主要的农业形式，在促进中国粮食产量增长和保障国家粮食安全方面发挥了非常重要的作用，但是中国农业灌溉面临着水资源短缺和用水效率低等挑战。在以非农就业为主要特征之一的农村经济转型背景下，非农就业影响着农业生产投入及产出的诸多方面，而灌溉作为农业生产中的重要环节，农户的灌溉决策及用水技术效率也会因非农就业导致的生产要素改变而受到影响。在当前应对灌溉困境的研究中，很少有研究重点关注农村经济转型对灌溉管理的影响，解决灌溉面临的种种挑战，不应忽视对农村社会环境变化和适应性灌溉管理的考量。

当前，尽管有很多学者关注了非农就业对农业生产要素投入及配置的影响，但很少有学者关注非农就业对水资源投入及灌溉管理的影响，不仅研究文献较少，现有研究还存在诸多不足：第一，缺少基于长时期微观面板数据的实证研究。以截面数据为主开展研究在一定程度上影响了研究结果的可靠性和精准性。第二，缺乏对非农就业这一因素多维度的探讨，如非农就业地域差异所导致的影响，且对计量结果的稳健性分析不足。第三，非农就业对灌溉决策和灌溉技术效率的研究有待进一步细化。在对节水技术采用影响的研究中，研究区域和所涉及的技术种类单一，忽略了非农就业通过节水技术对灌溉用水量和灌溉用水技术效率造成的间接影响。

因此，为了解决现有非农就业对灌溉管理影响研究的不足，促进灌溉部门结合农村社会经济环境变化实施更有针对性与现实性的灌溉管理措施，本篇基于中国水资源制度和管理调查的五轮追踪调查数据，采用农户 2000—2015 年非农就业史回顾式数据以及农户和地块层面的节水技术采用与灌溉用水数据，描述中国非农就业状况变化趋势与演进特征，探讨非农就业对农户灌溉决策的影响（包括对节水技术采用和灌溉用水量的影响），并分析非农就业对灌溉用水技术效率的影响。本章主要是对以上研究得出的主要结论、政策含义等进行进一步的归纳梳理，并总结本篇的主要创新点、不足和未来研究方向。

第一节　主要结论

本篇研究主要得到如下几个结论：

第一，中国农户非农就业水平不断提高，外出就业成为农村劳动力非农就业的主要形式，非农就业劳动力结构日趋合理。

宏观数据分析显示，中国农村劳动力非农就业参与率在 2000 年后经历了持续快速的增长，农村劳动力非农就业参与率达 74.9%。非农收入成为农民收入的重要来源，其占农民总收入的比例超过 50%。非农就业地域上，外出就业成为农村劳动力非农就业的主要形式，2017 年外出非农就业劳动力在非农就业劳动力群体中的占比为 60%。利用微观调研数据分析非农就业结构特征发现，从事非农就业的青壮年比例提高，40 岁以下的非农就业劳动力为主体部分。与农村男性劳动力相比，女性劳动力的非农就业参与率有了更为显著的增长。农村非农就业劳动力整体教育水平提高，平均受教育年限从 7.3 上升为 8.6 年。自营工商业形式的非农就业所占比重持续下降，外出打工形式的非农就业呈现更明显的发展。

第二，农户家庭非农就业尤其是本地非农就业，对传统型和农户型节水技术的采用有显著的正向影响，尤其是对畦灌、地面管道、秸秆还田和地膜覆盖这几项技术的采用有显著的促进作用，但是对社区型节水技术没有明显的影响。

研究结果显示，从三个主要类型节水技术类别看，对传统型技术而言，家庭非农就业劳动力比例以及本地非农就业劳动力比例越高，对传统型节水技术的采用越有积极作用。本地非农就业比例每提高 1 个百分点，农户采用传统型节水技术的概率会增加 0.2%。对农户型技术而言，家庭非农就业劳动力比例与农户型节水技术的采用有显著的正向相关性，本地非农就业劳动力比例也能够提高农户型节水技术采用的概率。本地非农就业比例每提高 1 个百分点，农户采用农户型节水技术的概率会增加 0.4%。从社区型技术的采用影响分析，非农就业对社区型节水技术的采用没有显著影响。从七种细分类型节水技术看，家庭非农就业劳动力比例和本地非农就业劳动力比例对畦灌、地面管道、秸秆还田和地膜覆盖的采用有显著正向影响，非农就业对沟灌、地下管道和渠道衬砌均没有显著的影响作用。

第三，非农就业能够显著减少小麦和玉米的灌溉用水量，外出非农就业对小麦灌溉用水量有显著的负向影响，本地非农就业对玉米灌溉用水量有显著的负向影响。

计量分析结果显示，家庭非农就业劳动力比例的提高会显著减少小麦和玉米的灌溉用水量，小麦对非农就业比例变化的反应更敏感。外出非农就业劳动力比例越高，小麦的灌溉用水量越少。本地非农就业比例越高，玉米的灌溉用水量越少。进一步分析非农就业对作物灌溉用水量的间接影响表明，非农就业对灌溉用水量的影响，会通过影响节水技术采用发挥作用。传统型技术会显著减少小麦的灌溉用水量，社区型节水技术能够显著减少小麦和玉米的灌溉用水量，而农户型节水技术对两种作物的灌溉用水量的影响不明显。

第四，小麦和玉米的灌溉用水技术效率处于增长趋势，但是依然存在很大的增长潜力。非农就业水平的上升会显著提高小麦和玉米的灌溉用水技术效率，并且本地非农就业对两种作物的灌溉用水技术效率有显著的正向影响。间接影响分析表明，采用社区型节水技术能够显著提高小麦的灌溉用水技术效率，传统型和农户型技术的影响效果不明显。

具体而言，小麦的平均灌溉用水技术效率目前为 0.58，玉米为 0.5，且两种作物地下水的灌溉用水技术效率远高于地表水。非农就业对小麦和玉米灌溉用水技术效率的直接影响结果显示，家庭非农就业劳动力比例的增加会显著提高小麦的灌溉用水技术效率；不管是本地非农就业还是外出非农就业，均会对小麦的灌溉用水技术效率产生显著的正向影响。对玉米而言，家庭非农就业劳动力比例的增加会显著提高玉米的灌溉用水技术效率，本地非农就业对玉米的灌溉用水技术效率有显著的正向影响。

非农就业通过节水技术采用对小麦和玉米灌溉用水技术效率产生的间接影响分析结果显示，对小麦而言，家庭非农就业劳动力比例和本地非农就业劳动力比例对小麦灌溉用水技术效率有显著的正向影响，采用社区型节水技术能够显著提高小麦的灌溉用水技术效率，传统型和农户型技术的影响效果不明显。对玉米而言，家庭非农就业劳动力比例和本地非农就业劳动力比例对玉米灌溉用水技术效率有显著的正向影响，但是对玉米的灌溉用水技术效率没有显著的间接影响。

第五，政府补贴对社区型节水技术的采用有显著的正向影响，计量收费方式的采用也能够促进传统型和社区型节水技术的采用。无论是小麦还是玉米，水价的提高均会显著减少其灌溉用水量，并且能够显著促进小麦和玉米灌溉用水技术效率的提高。

第六，家庭劳动力非农就业地点不同，对农户是否选择购买地下水灌溉服务决策的影响也不同，即家庭劳动力外出非农就业会显著减少农户选择购买地下水灌溉服务的可能性，而家庭劳动力本地非农就业没有产生显著影响。

第二节　政策建议

根据本篇的主要研究结果及对这些结果的分析讨论，结合当前中国灌溉管理政策与非农就业发展特征，提出以下几点政策建议，为中国在非农就业为主要特征之一的农村社会经济环境变化背景下，保障粮食安全，制定水资源高效、可持续利用的灌溉管理政策提供科学依据。

第一，政府要在地方创造更多非农就业机会，合理引导农户在本地从事非农就业工作。结合农户非农就业情况以及就业地域差异，对农户进行针对性的节水技术推广。

本篇研究结果表明，非农就业对传统型和农户型节水技术的采用有显著的正向作用，且相比外出非农就业，本地非农就业对节水技术的采用更具有促进作用。因此，政府可以在地方创造更多的非农就业机会，合理引导农户在本地非农就业，促进节水技术的推广与灌溉用水的可持续利用。

考虑到不同非农就业地域对农户灌溉影响的差异性，政府应该依据非农就业地域进行区分，有针对性地对农户进行节水技术推广。对于本地非农就业比例较高的农户家庭，除了资本密集型的节水技术，还可以向其推广以畦灌为代表的传统型节水技术。对于外出非农就业比例较高的农户，则应该向其推广对劳动力投入需求较低的节水技术，农户型和社区型节水技术更适合这类农户，因此应该向其推广秸秆还田这类能够实行机械化服务的技术。

第二，为了减少灌溉用水量，需要结合农户非农就业状况，综合考虑作物类别对不同类型节水技术的反应，改善不同类型节水技术的实施效果。

非农就业能够显著减少小麦和玉米的灌溉用水量。非农就业对作物灌溉用水量的间接影响表明，非农就业对灌溉用水量的影响会通过节水技术采用发挥作用。总体上看，农户型节水技术表现不佳，传统型节水技术只对小麦灌溉用水量有显著的负向作用，社区型节水技术能够显著减少小麦和玉米的灌溉用水量。因此，需要在考虑非农就业的情况下，针对不同作物种类，一方面继续推广以社区型为代表的节水效果好的技术，另一方面也要关注农户型等没有体现明显节水作用的技术，可以通过开展技术采用培训等方式，改善技术实施效果，促进灌溉用水量的减少。

第三，在改善灌溉用水技术效率的政策中，需要关注地表水灌溉用水技术效率的提升，以及非农就业水平较低农户的灌溉用水技术效率的提高。

无论是小麦还是玉米的灌溉用水技术效率，都有很大提升空间，尤其是地表水灌溉用水技术效率远低于地下水灌溉用水技术效率，因此，地表水灌溉技术效率的提升潜力更大。鉴于研究结果表明非农就业水平能够显著促进农户灌溉用水技术效率的提高，因此，一方面，对于从事非农就业农户进一步促进其提高节水技术采用水平；另一方面，加大对纯农户等非农就业水平较低的农户的扶持力度，比如提供节水技术补贴、完善灌溉服务等，以提高这类农户的灌溉用水技术效率。

第四，加强对社区型节水技术的补贴与支持力度，提高社区型节水技术的采用比例。酌情提高农业灌溉水价水平，扩大计量收费方式的实行范围。

社区型节水技术的采用主要受政府补贴的影响，并且节水效果较为明显，因此，国家还需要加强农户采用社区型节水技术的补贴与扶持力度。另外，水价和计量收费方式可以显著减少作物灌溉用水量，并且水价能够显著提高灌溉用水技术效率。在结合农村实际经济情况的基础上，继续推进水价改革，酌情提高水价水平，或实行分类水价等政策，同时力推计量收费方式，以期有效减少作物灌溉用水量，并提高灌溉用水技术效率。

第五，引导和鼓励农民在地下水灌溉服务交易中实行规范化运作，培育专业化的灌溉服务供给主体，推进灌溉环节社会化服务的发展。

从目前来看，农民从其他农户那里购买地下水灌溉服务需要较多的家庭劳动力投入，这与建立在口头承诺基础上的非正式交易的特点有关。为了减少交易成本，灌溉管理部门可以引导和鼓励农户采取更加透明、有序和规范化的交易形式，如签订交易合同等。另外，现阶段地下水灌溉服务市场上供给主体单一，基本都是投资打井的小农户，他们是在满足自身灌溉需求后才向其他农户提供外包服务，管理能力较差，服务的专业化水平较低。有灌溉服务需求的农户出于对外包风险的担忧，选择灌溉环节外包的程度较低，难以缓解家庭农业劳动力约束。对此，可以考虑培育专业化的地下水灌溉服务供给主体，如类似其他环节的专业化托管服务组织。

上篇思考题：

1. 农村经济转型的内涵和政策背景是什么？

2. 农村经济转型背景下适应性灌溉管理是如何演变的？

3. 农村经济转型背景下非农就业的演变规律和特征是什么？

4. 非农就业影响节水灌溉决策的理论机理是什么？

5. 农业节水技术主要分哪几种类型？每种类型的特点是什么？

6. 非农就业对农户节水技术采用的影响有多大？影响机理是什么？不同类型节水技术采用受到的影响是否存在差异？

7. 非农就业对灌溉用水量的影响有多大？影响机理是什么？

8. 非农就业对灌溉用水技术效率的影响有多大？影响机理是什么？

9. 非农就业是否影响农户选择购买灌溉服务？影响机理是什么？

10. 除了农村劳动力就业转型，农村经济转型过程中还有哪些变化会影响农户灌溉行为？

下　篇
气候变化背景下的
适应性灌溉管理

第九章

引　言

第一节　研究背景

一　日益严重的水资源短缺

世界范围的水资源短缺问题愈演愈烈。联合国粮食及农业组织（FAO）发布的《2020 年粮食及农业状况：应对农业中的水资源挑战》报告显示，过去 20 年间，由于人口增长、收入增加、城市化、气候变化等原因，世界人均年淡水可供给量减少了 20%以上，32 亿生活在农业地区的人口面临着严重到非常严重的水资源不足或短缺问题，其中 12 亿（约占全球人口的 1/6）生活在极端缺水的农业地区。

日益严峻的缺水问题已成为中国农业生产和粮食安全面临的一项重大挑战。中国是全球 13 个人均水资源最贫乏的国家之一，超过70%的粮食生产依赖灌溉。中国农田有效灌溉面积居世界首位，但超过 60%的灌溉农田面临较大或极大的水资源压力。由于降雨的时空分布和年内分配的巨大差异，中国水资源在地区上的分布极不均匀。全国 80%的降水发生在南方地区，而北方地区的降水只占到了 20%（郭久亦，2016）。从东南沿海各省份向北向西，水资源短缺程度不断增加，其中北方 13 个省份为水资源紧缺区（王琛茜等，2015；童绍玉等，2016）。更加严峻的是，农业经济的增长、工业化和城市化的发展、地表水和地下水的减少、农业用水的低效率、跨部门用水竞争的加剧使原本严重的水资源短缺雪上加霜（Chen et al.，2014）。按照目前的用水模式，水资源压力最大的地区是中国的华北平原、长江中下游，以及新疆的一些干旱的地区（Chen et al.，2014）。据预测，到2030年中国人均水资源量将比现在减少四分之一，将处于严重缺水状况（刘昌明、陈志凯，2001；柳长顺等，2005）。

二　水资源短缺的加剧对粮食安全造成了威胁

农业生产是通过水资源利用这一纽带而横跨水资源安全和粮食安全的重要活动（刘渝、张俊飚，2010）。因此，水资源短缺的加剧会影响农业生产，危及粮食安全（李玉敏、王金霞，2013）。尤其是对于水资源极度短缺的地区，农业生产高度地依赖灌溉，水短缺加剧对粮食安全问题的影响更是不容忽视。

无论是从全球还是从中国看，农业生产都高度地依赖灌溉。农业灌溉占全球用水量的80%，至少一半的灌溉用水来自地下水（Famiglietti，2014）。中国有世界上最大的净灌溉面积，通过改善灌溉设施来发展农业已经成为提高粮食产量、满足粮食自给的关键。目前灌溉农业在中国是占主导地位的用水部门，占到全部水消费的60%以上（Chen et al.，2014）。受水资源时空分布格局所限，中国北方许多地区的农业灌溉高度地依赖抽取地下水，地下水灌溉面积已占中国粮食主产区农田总灌溉面积的50%以上（耿直等，2009）。水资源短缺的加剧造成许多大的含水层正在经历地下水的枯竭，在全球大多数干旱和半干旱地区，也就是主要依赖地下水的干旱地区，农业生产十分脆弱（Famiglietti，2014）。

三　气候变化进一步加剧了水资源短缺，间接影响农业生产

气候变化和变异，包括极端事件（如干旱的频率增加）都对已经短缺的水资源供给带来了额外的压力（Piao et al.，2010；Alkama et al.，2011；IPCC，2014；Chen et al.，2014）。气候变化通过改变水供给、水需求和水质，凭借水文循环影响水系统。观测数据和气候预测显示，在世界的许多地区，淡水资源强烈地受到气候变化的影响，出现地表径流减少、含水层补给减少、地下水水位下降（唐国平等，2000；Jeelani，2008；Aguilera and Murillo，2009；曹建民、王金霞，2009；Piao et al.，2010；Alkama et al.，2011；Wang et al.，2013；Jiménez Cisneros et al.，2014）。气候变化也使灌溉系统的供给可靠性下降（Kiparsky et al.，2014；Karamouz et al.，2013；Bright et al.，2011；Halmova and Melo，2006）。高度的气候变异常常通过增加洪水和干旱等极端水文事件发生的频率使区域水资源供给变得更加脆弱（Sivakumar，2011）。

气候变化不仅直接影响农业生产，还会通过影响水资源供给来间接地影响农业生产。在中等的可信度水平下，气候变化的趋势对全球许多地区小麦和玉米的生产产生负面的影响（Porter et al.，2014）。总体来看，长期的变暖趋势对中国小麦和玉米都会产生不利影响，北方的农业相对而言受到的影响更大（Wang et al.，2014）。对于高度依赖灌溉的缺水地区，气候风险（包括气候长期趋势的变化和极端天气事件）通过影响灌溉供给而影响农民的农业生产和收入（Marston，2008；Kohler et al.，2010；Macchi，2011；IPCC，2012；Olsson et al.，2014）。徐建文等（2015）预测面对未来气候变化可能引起的干旱加剧，黄淮海平原的灌溉量如果不能充分保证，将会对冬小麦的生产造成负面影响。王电龙等（2015）研究发现，中国华北平原典型井灌区粮食生产的地下水供给保障能力较低，有的地区处于保障能力极弱水平，威胁粮食生产的安全。

四 水资源管理如何适应气候变化非常重要

21世纪最大的挑战就是响应和应对气候变化的重大影响，因为观察到的气候变化已经对经济、生态系统和人类健康带来了负面的影响（Adhikari and Taylor，2012）。适应就是针对现实发生或预计到的气候变化及其影响，人类系统为趋利避害而进行的调整（IPCC，2007；Adhikari and Taylor，2012）。越来越多的证据表明，对气候变化的适应性措施是有效的（Adhikari and Taylor，2012）。

在气候变化的背景下，由于全球气候变暖的趋势以及气候变化的不确定性，水资源适应性管理受到决策者和学者的高度关注（IPCC，2014；Cheng and Hu，2012；Adhikari and Taylor，2012；陈岩，2016；丹尼斯·维赫伦斯、童国庆，2011；曹建廷，2015；吴绍洪等，2016）。IPCC在2008年"气候变化与水"的技术报告中提出了加强对气候变化背景下水资源适应性管理对策研究的要求，以减缓全球及区域气候变化带来的影响（陈攀等，2011）。对水资源管理者而言，最关心的气候变化主要是温度和降水的变化及其相应的影响。在气候变化的条件下，水资源适应性管理的目的就是通过适应性调整，评估气候变化对水资源产生的不确定影响，降低气候变化影响的风险，筛选出有效的适应性策略来提高人类的适应能力（张秀琴、王亚华，2015）。

五 灌溉管理适应气候变化尤为重要

在适应性水资源管理备受关注的形势下，面对气候变化对灌溉供给的潜在影响，将灌溉管理纳入适应性管理的框架十分重要，尤其是对地下水灌溉的管理（Famiglietti，2014）。气候变化可能影响到灌溉供给的可靠性，从而威胁农业生产和粮食安全。人们已开始意识到，气候变化及其他因素变化给农业灌溉供给增加了更多的压力，尽管扭转气候变化及其影响已不再可能，但改善灌溉管理却是可能的。在这种情况下，提高灌溉用水效率和减少灌溉用水量被着重提出，被认为是应对气候变化的迫切之需（Famiglietti，2014）。已有研究认为，可以提高灌溉用水效率的管理措施主要是需求方面的。需求管理的核心是运用以市场为导向的多种经济和政策手段来调节水资源的利用和优化配置。

第二节 问题的提出

作为中国的主要农业生产区，华北平原的农业生产高度依赖于地下水灌溉，加快了地下水枯竭，并引发了许多严重的环境问题。华北平原是中国重要的农业生产区，生产了约占全国56%的小麦和27%的玉米。[①]然而，华北平原水资源十分短缺，人均水资源占有量不到全国水平的1/6（王金翠等，2015）。根据2007年《水利发展"十一五"规划》数据，作为华北平原的主要流域，海河流域的年径流在约20年时间内减少了41%。由于地表水资源的减少，华北平原的农民主要依靠地

---

① 数据来源：《中国农村统计年鉴（2013）》。

下水灌溉来进行农业生产（Zhang et al.，2008；Wang et al.，2005）。到目前，将近70%的灌溉面积依靠地下水灌溉。然而，地下水被抽取的速率远远高于含水层自然补给的速率，导致地下水枯竭和一系列环境问题，如地面沉降、海水入侵、河流断流和湿地及生态破坏（Famiglietti，2014；Li et al.，2014；Feng et al.，2013）。

更重要的是，华北平原的地下水灌溉也受到气候变化的威胁，从而影响农业生产。过去60年，华北平原平均每10年温度上升0.3℃，降水降少2.8—34.3毫米（王金翠等，2015）。气候变化除了对农业生产的直接影响外，也通过改变灌溉供给来间接影响农业生产。曹建民、王金霞（2009）发现，华北平原地下水位的减少与降水的减少显著相关。Wang等（2013）发现，气候变化将会减少北方地区主要流域的农业水供给，从而减少灌溉面积并对农业生产造成负面影响。研究表明，气候变化导致华北平原小麦每公顷产量每年减少3.3—54.8千克，玉米每公顷产量每年减少6.6—15.3千克（Li et al.，2016；Guo et al.，2014）。

尽管气候变化对地下水供给的影响受到了一定的关注，但很少有研究定量分析气候变化如何影响村和农户层面的地下水灌溉供给。对于高度依赖灌溉的地区，农户的农业生产不仅取决于是否有足够的灌溉供给量，而且也取决于是否能及时地得到足够量的水。目前，大多数研究侧重在气候变化对水文水循环的影响方面，关注的基本是地区水平上气候变化对地下水资源量的影响，缺乏对微观层次的用水者面对的灌溉供给问题的关注（Jiménez Cisneros et al.，2014）。有研究表明，农户能否足量地、及时地得到灌溉还受到很多社会经济因素的影响（成诚、王金霞，2008；Yang et al.，2012），例如当地的水利设施拥有状况、水利设施的产权制度、社区和农户的社会经济特征等。但是，这些研究都没有考虑气候因素的影响。因此，在同时考虑社会经济因素影响的情况下，在村和农户水平上研究气候变化如何影响华北平原地下水灌溉供给具有重要意义。

如果气候变化会对华北平原的地下水灌溉供给产生不利影响，那么，如何采用适应性水资源管理措施来减少其对农业生产的负面影响？

学术界已有大量文献探讨适应性水资源管理策略（IPCC，2014）。尽管已有的文献对中国地下水灌溉管理的演变及影响的定量研究并不多见，但也有证据表明，机井产权制度的演变及地下水灌溉服务市场的发育能够提高用水效率（Wang et al.，2005；Zhang et al.，2010）。然而，现有关于地下水灌溉管理的定量研究并没有考虑气候变化，因此对地下水适应性灌溉管理在应对气候风险方面起到多大作用尚不清楚。

由上可见，尽管气候变化可能会影响华北平原的地下水灌溉供给和农业生产，但从已有文献来看，仍然不知道气候变化如何影响华北平原的村庄和农户获得足量的、可靠的地下水灌溉，而理解这个问题对政策制定者设计更加适合的适应性措施来减少气候风险非常重要。因此，一系列问题亟须得到科学的回答：作为高度依赖地下水灌溉的主要农业生产区，华北平原在村庄和农户层面上地下水灌溉供给的现状和变化趋势如何？华北平原地下水灌溉供给的脆弱性如何？在时间趋势上表现出怎样的变化？气候变化如何影响地下水灌溉供给可靠性和村庄地下水水位？为了应对气候变化风险，地下水灌溉管理是否做出了适应性反应？如果是，有哪些适应性反应？地下水适应性灌溉管理在应对气候风险方面的成效如何？如何通过完善地下水灌溉管理来应对气候风险？

第三节　研究目标和内容

一　研究目标

为了回答上述问题，本篇研究的总体目标是定量评估华北平原地下水供给的脆弱性，识别气候变化对华北平原地下水灌溉供给可靠性的影响，分析地下水适应性灌溉管理应对气候变化的成效，为国家应对气候变化、开展可持续的水资源管理提供实证依据和科学对策。具体研究目标如下：了解华北平原长期气候变化及特征、地下水灌溉供给变化及特征、地下水适应性灌溉管理的演变；构建综合指数，评价华北平原地下水供给的脆弱性；定量分析气候变化对地下水灌溉供给可靠性和村地下水水位变动的影响；定量分析地下水适应性灌溉管理在应对气候风险、提高用水效率、保障农业生产方面的成效。

二 研究内容

针对上述具体的研究目标，本篇将分别开展如下五个方面的具体研究内容：

第一，基于长时期调查数据，描述华北平原样本区气候变化、地下水灌溉供给变化，以及地下水适应性灌溉管理的演变。

第二，基于村、农户和地块水平的调查数据以及国家气象站点观测数据，从脆弱性的暴露度、敏感性和适应能力三个方面选取评价指标，构建综合评价指数，评价气候变化背景下华北平原地下水供给的脆弱性。

第三，利用多元回归分析方法，通过构建计量经济学模型定量分析气候变化对地下水灌溉供给可靠性和地下水水位变动的影响。

第四，运用实地调查数据和气象观测数据，在地块水平上建立计量经济模型，定量分析地下水适应性灌溉管理在应对气候风险、提高农业用水效率和保障粮食安全等方面的成效。

第五，在上述研究内容的基础上，提出地下水灌溉管理应对气候变化的有效适应策略，探讨研究结论引申的政策含义。

第四节 数据说明及本篇结构

一 数据说明

本篇分析所采用的原始数据来源于中国国家气象信息中心网站上公布的全国 753 个国家气象站的历史气候数据库，以及北京大学中国农业政策研究中心（CCAP）于 2001 年、2004 年、2008 年、2012 年、2016 年开展的五轮追踪调查。气候数据和五轮追踪调查的数据说明见第一章。

需要说明的是，由于宁夏几乎不存在地下水灌溉，本篇中仅使用 CWIM 调查中来自华北平原的河北省和河南省的数据。这两个省份都高度依赖于地下水灌溉（Zhang et al.，2008），而且是华北平原重要的两个省份。对于农户样本，只保留了这两个省中种小麦且用地下水进行灌溉的农户。玉米的生长季（7—10月）基本与华北平原的雨季重叠，因此玉米不像小麦一样主要依赖灌溉，在本篇研究中不包括只种植玉米的农户。由于五轮追踪调查中存在样本丢失和新增，所以并不是完全平衡的面板数据，而是混合面板数据。

二 本篇结构

围绕研究目标和研究内容，本篇包括以下八章内容：

第九章引言。本章主要介绍研究背景、问题的提出、研究目标和内容、数据说明及本篇结构。

第十章文献综述。本章主要回顾和评价与本篇研究有关的重要文献，主要对水资源脆弱性评价、气候变化对水资源供给的影响、气候变化背景下水资源适应性管理及成效等方面的文献进行总结归纳。

第十一章气候变化、灌溉供给及管理变迁。本章基于国家气象站点观测数据和2001年、2004年、2008年、2012年、2016年在华北平原样本区开展的五轮追踪实地调查数据，描述华北平原气候变化及特征、地下水灌溉供给变化及特征、地下水适应性灌溉管理的演变。

第十二章气候变化背景下地下水供给脆弱性评价。本章利用收集的气候数据和五轮追踪实地调查数据，从脆弱性的暴露度、敏感性和适应能力三个方面选取评价指标，构建综合评价指数，在村级水平上对华北平原地下水供给的脆弱性进行评价。

第十三章气候变化对地下水灌溉供给可靠性的影响。本章基于气候数据和实地调查数据建立计量经济模型，从村级层面和地块层面定量评估气候变化对地下水灌溉供给可靠性的影响。

第十四章气候变化对村地下水水位变动的影响。本章基于气候数据和长时期村级调查数据建立计量经济模型，评估气候变化对村地下水水位变动的影响。

第十五章应对气候变化地下水适应性灌溉管理的成效。本章基于农户水平和地块水平的调查数据以及国家气象站点观测数据，建立一系列计量经济模型定量分析农民获取地下水灌溉的方式及其变化对小麦灌溉用水量和单产的影响，从而定量评估地下水适应性灌溉管理在应对气候风险、提高灌溉用水效率和保障作物生产方面的成效。

第十六章结论和政策建议。本章根据前面几章的研究结果提出相应的政策建议。

三　本篇的创新点

本篇的创新点主要有以下几方面。

第一，从研究的内容来看，本篇将采用实证方法分析气候变化对地下水灌溉供给的影响及地下水适应性灌溉管理应对气候变化的成效，创新之处表现在：首先，考虑了气候变化产生影响的社会经济环境，而现有的大多数相关研究都是水文研究，没有控制非气候因素的影响，本篇研究将包括可能会影响地下水灌溉供给的许多因素，并将使用计量经济学方法分离出气候变化的单纯影响，因此将会弥补气候变化影响等研究的不足，丰富了相关文献。其次，本篇研究还将从应对气候变化风险的角度出发，分析地下水灌溉管理在减缓气候变化负面影响方面起到的作用，研究结果将有助于政策制定者设计适应气候变化的策略。

第二，从研究的视角来看，以往相关研究多是在较大的空间尺度上开展的，如在全球、国家、流域、地区或省市层面上。然而，在末端的用水者层面上分析地下水灌溉供给，将为政策制定者提供更有意义的决策依据。农户是华北平原主要的终端用水户，因此，本篇研究将在村和农户层面上分析气候变化如何影响地下水灌溉供给。此外，本篇研究将在终端的用水者（农户）层面上分析地下水灌溉管理适应气候变化的成效，这在目前的研究中是极度缺乏的。

第三，从研究所用的数据来看，本篇研究的一大特色是利用大规模、长时期的实地追踪调查收集的一手数据开展规范、定量的实证研究。本篇研究基于北京大学中国农业政策研究中心（CCAP）2001年、2004年、2008年、2012年、2016年开展的五轮村级和农户调查数据，这区别于以往类似研究主要以收集宏观数据为主。一手的实地调查数据为分析气候变化对地下水灌溉供给的影响及地下水适应性灌溉管理成效提供了难得的数据基础，研究结果更具有说服力，得出的政策建议也更具现实指导意义。

第十章

文献综述

第一节　水资源脆弱性评价

一　脆弱性的一般概念

科学研究使用的术语"脆弱性"源于地理和自然灾害的研究，这个术语现在已成为生态学、公共健康、贫困和发展、生计和粮食安全、可持续性科学、土地利用变化、气候变化影响和适应等各个学科领域研究的一个核心概念（Gain et al.，2012）。

每个学科对"脆弱性"的定义各有不同，没有统一公认的定义。最权威的定义之一是由联合国国际减灾署（UN/ISDR）给出的：脆弱性是物理、社会、经济和环境因素或进程决定的条件，使社区易受风险影响的可能增加。联合国开发计划署（UNDP）对脆弱性的定义是：脆弱性是由物理、社会、经济和环境因素导致的一种人类面对的条件或进程，从而决定受给定风险影响产生伤害的可能性和规模（UNDP，2004）。根据联合国环境规划署（UNEP）的定义，脆弱性是人类福祉暴露于物理威胁，以及人们和社区应对这些威胁的能力。威胁可能来自社会和物理过程的结合。Turner等（2003）认为，脆弱性是一个系统暴露于一种风险下可能经受伤害的程度，这种风险既可能是一种扰动，也可能是一种压力。

脆弱性具有多个尺度的驱动因子，气候事件仅仅是脆弱性的一个重要方面。在许多气候变化的研究中，对脆弱性的定义也是有所差异的，具有代表性的是 IPCC 对脆弱性的定义。IPCC 在 2001 年第 3 次评估报告中提出，脆弱性是指系统容易遭受和是否有能力应对气候变化（包括气候变率和极端气候事件）的不利影响的程度。它是系统对所受到的气候变化的特征、幅度和变化速率及其敏感性、适应能力的函数（IPCC，2001）。之后，很多研究都采用了这一框架，将脆弱性定义为暴露度、敏感性和适应能力的函数（Lindoso et al.，2014）。例如，Adhikari 和 Taylor（2012）指出，任何系统在任何尺度下的脆弱性都是对一种风险或挑战的暴露度、敏感性和适应或恢复能力的函数。简言之，脆弱性与一个系统或社区经受冲击和压力的能力有关。IPCC 在 2011 年 11 月发表的《管理极端事件和灾害风险，推进气候变化适应》特别报告中将脆弱性与暴露度结合起来，认为脆弱性是指人员、生计、环境服务和各种资源、基础设施，以及经济、社会或文化资产处在有可能受到不利影响的倾向或趋势（翁建武等，2012）。

学者也对脆弱性的 3 个方面给出了解释（Lindoso et al.，2014）。暴露度作为脆弱性的一个属性与气候刺激的类型、规模和频率有关（Smithers and Smit，1997），有时被认为是社会生态系统的一个外生元素（Gallopín，2006）。敏感性体现于气候事件和社会经济系统之间的交互作用，反映的是一个系统对某些干扰的易感性（Turner et al.，2003）。适应能力可以被定义为"社会生态系统的管理能力、适应和从最终的环境干扰中恢复的能力"（Smit and Wandel，2006）。因此，加强制度、社会资本、立法、信息、资源、学习能力和知识积累对适应性至关重要（Eakin and Lemos，2010）。

二 水资源脆弱性的概念

水资源脆弱性是指某一地区的水资源系统在服务于生态环境和社会经济领域的生产、生活和生态功能过程中，容易受到人类活动和自然灾害影响和破坏的敏感性，以及受损后恢复到原状和原来功能的难度（Liu et al.，2012）。Wang 等（2012）认为，水资源脆弱性（WRV）可以被定义为水资源系统受到自然因素和人类活动破坏的容易程度。一旦发生损坏，系统很难恢复到原有的状态，人类活动不能维持长期的系统开发，生态环境不能持续。刘绿柳（2002）认为，水资源脆弱性是水资源系统易于遭受人类活动、自然灾害威胁和损失的性质和状态，受损后难以恢复到原来状态和功能的性质。

在气候变化条件下，水资源的脆弱性被认为是水部门容易受到气候变化（包括气候变异和极端天气）伤害的程度，以及应对和适应气候变化的能力（Zhou，2004）。夏军等（2012）认为，水资源脆弱性是受到气候变化、极端事件、人类活动等因素的影响，水资源系统正常的结构和功能受到损坏并难以恢复到原有状态的倾向或趋势。唐国平等（2000）认为，气候环境变化条件下水资源的脆弱性是指在气候变化、人为活动等作用下，水资源系统的结构发生改变、水资源的数量减少和质量降低，以及由此引发的水资源供给、需求、管理的变化和旱、涝等自然灾害的发生。张秀琴（2013）指出，水资源系统对气候变化的脆弱性是指气候变化对水资源系统可能造成损害的程度。它是两个因素的函数，一是水资源系统对气候变化的敏感性，二是水资源系统对气候变化的适应性。

三　地下水资源脆弱性的概念

地下水资源脆弱性的概念最早由法国人 Margat 在 1968 年提出，之后，随着研究的不断深入，其内涵不断丰富，许多学者也给出了不同的定义。Albinet 和 Margat 在 1970 年提出，地下水脆弱性是在自然条件下，污染源从地表渗透与扩散到地下水面的可能性（马芳冰等，2012）。Vrba 和 Zaporozec（1994）认为，地下水脆弱性是一个地下水系统对人类和（或）自然影响的敏感度的固有属性。人们比较公认的是美国国家科学研究委员会（National Research Council）1993 年对地下水脆弱性给出的定义：地下水脆弱性是污染物自顶部含水层以上某一位置到达地下水系统中某一特定位置的趋势和可能性。并且，地下水脆弱性被分为本质脆弱性和特殊脆弱性。本质脆弱性，即结构型脆弱性，是指在天然状态下含水层对污染所表现出的内部固有的敏感性，它不考虑污染源或污染物的性质和类型，是静态、不可变和人为不可控制的。特殊脆弱性，即胁迫型脆弱性，是指含水层对特定的污染物或人类活动所表现的敏感性，它与污染源和人类活动有关，是动态、可变和人为控制的（刘绿柳，2002；Liggett and Talwar，2009；张昕等，2010；马芳冰等，2012；Wu et al.，2014）。截至目前，地下水脆弱性概念仍在逐渐发展和完善之中。

四 水资源脆弱性的评价方法

水资源脆弱性的评价方法大致可分为定性评价和定量评价两种（夏军等，2012；陈攀等，2011）。定性评价是对影响水资源系统的因素进行定性分析，找到主要影响因素，从而提出降低水资源脆弱性的措施（夏军等，2012）。多数水资源脆弱性研究是定量评价，其方法大致可分为指数法和函数法。多数已有研究使用指数法，其步骤一般为先建立水资源脆弱性指标体系，对指标赋予权重，再使用加权方法得到水资源脆弱性评价指数。指数法具有体系清晰、构建灵活、考虑全面、易于操作等优点，但同时也有缺乏系统性、指标间作用机制不明、区域性明显、结果难以比较、不易与气候变化相联系等缺点。与指标法比较，函数法具有系统性，物理机制明晰，适用范围广，易于在地区间比较，受尺度转换影响较小，能与气候变化相联系，同时易于操作。但函数法也有指标选取困难、不够灵活、对数学水平要求较高、因素难以考虑全面等缺点（翁建武等，2012）。

在过去的 20 多年间，运用指数法评估水资源脆弱性十分流行，学者运用各种指数定量地评估了水资源的脆弱性（Almeida et al.，2014；Jubeh and Mimi 2012；Liu et al.，2012；Sullivan，2011；Brown and Matlock，2011）。一些文献对已有的研究进行了回顾，发现了至少 50 种不同的评价指数或工具（Brown and Matlock，2011；Plummer et al.，2012）。在表 10-1 中列出了比较有影响的一些评价指数。

表 10-1　　　　　　　　水资源脆弱性评价的工具

评价指数/工具	是否加入气候要素	主要来源
Falkenmark 水压力指数	否	Falkenmark（1989）
人类发展指数（HDI）	否	UNDP（2004）
社会水压力指数	否	Brown 和 Matlock（2011）
流域可持续发展指数（WSI）	否	Chavez 和 Alipaz（2007）

续表

评价指数/工具	是否加入气候要素	主要来源
水供给压力指数（WaSSI）	否	McNulty 等（2010）
水贫困指数（WPI）	否	Sullivan 等（2003）；Sullivan 和 Meigh（2007）
管理和气候脆弱性指数（GCVI）	是	Jubeh 和 Mimi（2012）
水脆弱性指数（WVI）	是	Sullivan（2011）
水资源脆弱性评价指数系统	是	Liu 等（2012）
系统动态学方法，水供给需求比率（WSI）	否	Wu 等（2013）
水评价和规划模型（WEAP）	是	Esqueda 等（2011）
北极水资源脆弱性指数（AWRVI）	是	Alessa 等（2008）
脆弱性指数	是	Babel 和 Wahid（2009）
指数系统	是	Wang 等（2012）
基于指数的方法	是	Chang 等（2013）
水资源的气候脆弱性指数（CVIW）	是	Pandey 等（2015）

资料来源：根据 Plummer 等（2012）、Brown 和 Matlock（2011）以及笔者自行归纳整理所得。

在较早出现的众多评价指数中，应用比较多的包括 Falkenmark 水压力指数（Falkenmark，1989）、水贫困指数（WPI）（Sullivan et al.，2003）、流域可持续发展指数（WSI）（Chavez and Alipaz，2007）、北极水资源脆弱性指数（AWRVI）（Alessa et al.，2008）。最早，Falkenmark 指数可能是度量水压力应用最广的方法，指的是全年供人类利用的总的径流量。如果每人每年大于 1700 立方米，就被认为水资源没有压力；1000—1700 立方米表示有压力；500—1000 立方米表示水短缺，小于 500 立方米表示绝对短缺（Falkenmark，1989）。Falkenmark 水压力指数典型地被用于评价国家层次上的水短缺状况，但不适合较小规模的评估（Brown and Matlock，2011）。在 Falkenmark 水压力指数基础之上，UNDP 的人类发展指数（HDI）得以发展并被广泛接受，它是对 Falkenmark 水压力指标的加权，同时考虑了人类对水压力的适应能力，所以被称为社会水压力指数（Brown and Matlock，

2011）。之后，水资源脆弱性指数得到发展，有时候被称为 WTA 比率，即全年取水量与可用水资源量之比。如果一个国家全年的取水量占可用水资源量的比例为 20%—40%，就被认为水是短缺的；超过 40% 被认为严重短缺（Raskin et al.，1997）。这个方法以及 40% 的临界值常被用来分析水资源状况（Brown and Matlock，2011）。Chavez 和 Alipaz（2007）提出了流域可持续发展指数（WSI），结合了水文、环境、生活和政策。McNulty 等（2010）提出了一个定量评估水供给和需求相对大小的新指数，叫作水供给压力指数（WaSSI），与 WTA 的方法类似，是计算过去或者未来环境和人为部门水需求与水供给之比。

最近，新的指数也不断被提出，运用已有指数开展的案例研究也很多，如水脆弱性指数（WVI）（Sullivan，2011）、管理和气候脆弱性指数（GCVI）（Jubeh and Mimi，2012）、水资源的气候脆弱性指数（CVIW）（Pandey et al.，2015）。与之前的很多指数不同，这些指数在构建过程中都考虑了气候要素，更加关注气候变化背景下水资源的脆弱性。

纵观已有的水资源脆弱性评估工具的发展，最明显的特征就是评价层面从单层面向多层面发展。早期的水资源脆弱性评估只包含物理因素，如水短缺指数（水需求与水供给的比率）和 Falkenmark 水压力指数。这些指数常常都是在年度水平上对水资源脆弱性进行的评估。然而，年度水平的缺水评估并不能反映季节的变化。例如，在年平均水资源丰富的地区，在旱季可能会遭受严重的缺水（Gain et al.，2012）。然而，水资源的脆弱性是多层面的，生物物理条件和社会经济因素都是脆弱性的关键决定因素。为了帮助水管理者和政策制定者，水资源脆弱性评价需要广度和深度上的整体分析。最近对水资源脆弱性的研究大多朝着这个方向努力，开始运用其他一些简明的指数对水资源脆弱性进行评价。例如，Sullivan 和 Meigh（2007）在建立水贫困指数中，强调了通过迭代过程整合生物物理和社会科学知识的必要性。Alessa 等（2008）提出的水资源脆弱性的评估工具也强调了在社区或流域尺度上结合自然和社会指标。Pandey 等（2009）提出，可以用水压力指数（WSI）与适应能力指数（ACI）的比率来度量脆弱性，其中 WSI 通过聚合 4 个水压力参数（水变化、水短缺、水资源开发和水污染）计算而得，而 ACI 的计算聚合了自然能力、物理能力、人力资源能力和经济能力。Balica 等（2009）考虑了社会、经济、环境和物理成分，建立了一个洪水脆弱性指数（FVI）来定量估计脆弱性。还有研究提出流域的脆弱性可以表示为资源压力、发展压力、生态安全和管理挑战的函数（Babel and Wahid，2009；Pandey et al.，2010）。然而，这些研究所选取的指标和变量都没有考虑当地的利益相关者，而调查这些利益相关者的看法对选取适当的指标和有效的决策都是很重要的。为此，Sullivan（2011）发展了一个水脆弱性指数（WVI），指标的选取考虑了当地的利益相关者的看法，基于供给驱动的脆弱性和需求驱动的脆弱性两个方面计算了这一指数。Gain等（2012）基于全盘考虑，提出了一个水资源脆弱性评价的一般性框架，对于发展中国家的水资源脆弱性评价具有重要的指导意义。

为了评述现有的水资源脆弱性评价工具在何等程度上既反映环境或生物物理因素，又反映社会因素，以及现有评价工具在多大程度上做到了全盘考虑进而符合水资源综合管理的原则，Plummer 等（2012）收集了截至 2010 年 7 月已发表的研究水资源脆弱性的文献，共找到了 112 篇，发现其中仅有 55 篇在不同程度上既考虑了生物物理，又考虑了人类活动。Plummer 等（2012）运用在环境领域广为应用的系统评价（Systematic Reviews）方法，对这 55 篇既考虑生物物理又考虑人类社会因素对水资源脆弱性进行评价的文献进行了梳理。他们发现，现有的水资源脆弱性评价工具对环境和社会的考虑主要集中在传统的水供给和水需求方面，对制度和社会层面的强调比较有限，同时对水资源综合管理的主要特性的反映较弱。Plummer 等（2012）发现了 55 篇文献中运用了 50 种水资源脆弱性评价的工具，涉及 5 个维度，22 个子维度中的 710 个指标（Plummer et al.，2012）。5 个主要维度包括水资源、其他物理环境、经济、制度和社会。其中，水资源在 50 种工具中 100%都被考虑，包括的指标也最多，达到了 323个；其次是经济因素，66%的工具纳入了经济因素，涉及的指标达

199 个；再者是其他物理环境，48%的评价工具对此有所考虑；被考虑最少的是制度和社会维度，分别有 34%和 26%的工具考虑了这两种因素，包括的指标个数也最少，分别为 49 个和 34 个。

另外，Plummer 等（2012）发现不同工具综合考虑各维度的程度也有所差异。只有 9 个工具同时考虑了 5 个维度，14 种工具只考虑了水资源这一个维度，10 种工具仅考虑了 2 个维度，10 种工具考虑了 3 个维度，7 种工具考虑了 4 个维度（Plummer et al.，2012）。由于包含的维度有所不同，各种工具所包括的指标个数也变化很大，最少的只有 3 个指标，而最多的达到了 116 个指标。可见，现有的对水资源脆弱性的研究对社会维度的关注不够。水资源综合管理的关键特性（适应性、制度和管理）在当前的水资源脆弱性评价工具中没有被高度关注。

在 Plummer 等（2012）对已有研究总结的基础上，笔者检索了2010 年之后发表的文献，并整理了这些文献评估水资源脆弱性的框架，见表 10-2。通过整理发现，2010 年后发表的文章对水资源脆弱性的评估多数是按照 IPCC 的框架，即从暴露度、敏感性和适应能力3 个方面进行考虑的。

表 10-2　　　　　不同研究中水资源脆弱性评估框架比较

作者	国家/流域	规模	指数分类
Gain 等（2012）	雅鲁藏布江流域	下游流域	暴露度、敏感性、恢复力、应对能力
Sullivan（2011）	南非	市政	供给驱动脆弱性、需求驱动脆弱性
Zhou（2004）	中国天津	市政、区县	敏感性、应对和适应能力
翁建军等（2012）	中国	省	自然环境脆弱性、社会经济脆弱性
Liu 等（2012）	中国云南	县的部分区域	自然脆弱性、人工脆弱性、承载脆弱性
Larson 等（2013）	内尼日尔三角洲	市政	暴露度、敏感性、适应能力
Wang 等（2012）	中国华北	市和所属区县	水文因素、社会经济因素、生态环境因素、水利工程

续表

作者	国家/流域	规模	指数分类
Chang 等（2013）	哥伦比亚流域	流域的一部分	水供给脆弱性、水需求脆弱性、水质脆弱性
Wan 等（2014）	中国	石羊河流域	暴露度、敏感性、适应能力
Kim 和 Chung（2013）	韩国	省	暴露度、敏感性、适应能力
Plummer 等（2013）	加拿大	社区	水资源、其他物理环境、经济、制度、社会
Pandey 等（2015）	印度	农户	暴露度、敏感性、适应能力

资料来源：笔者自行整理。

在指数法中，需要构建定量评价水资源脆弱性的指标体系，就要讲求指标选择的方法。影响水资源脆弱性的因素很多，在实际应用中，要建立一个包含所有影响因素的评价指标体系是不可能和不现实的。因子太多，不但加大工作量，而且增加因子之间的复杂关系，容易造成因子之间相互关联或包容，同时也会冲淡主要因子的影响，所以必须识别出用于评估的关键的指标或代理变量，能够量化、测量和传达相关的信息（Hamouda et al.，2009）。这些指标应该简化或总结一些重要的属性，而不是把重点放在系统的一些孤立的特点上。指标必须是可测量的，或者至少是可以观察到的，用于构造这些指标的方法应该是透明的和容易理解的（Seager，2001；马芳冰等，2012）。

指标选择通常有两种方法：一是演绎方法，即基于对关系的理论认识；二是归纳方法，即基于大量变量之间的统计关系（Adger et al.，2004）。归纳方法需要一个或多个代理变量来衡量脆弱性。然而，之所以需要脆弱性指标恰恰是因为脆弱性不可量化。因此，Gain 等（2012）建议指标选择可采用演绎方法。在演绎法中，在对现象和过程理解的基础上选取最适合的指标，可以参照他人类似研究中选取的指标，常常根据具体问题的选择标准、数据质量和统计关系，经过一个从预选到最终确定的仔细筛选的过程，在此过程中，管理者、研究者、其他资源管理者、政策制定者和关键的利益相关者的参与至关重要（Damm，2010；Adger et al.，2004）。

表10-3列出了几篇评估气候变化背景下水资源脆弱性的文献所选取的指标。可以看出，尽管这些研究都是从暴露度、敏感度和适应能力3个方面来评估水资源的脆弱性，但是选取的指标却差异其大，这也是不少学者对指数法的批评之一，即认为指数法区域性明显、结果难以比较、评价指数对指标是敏感的（翁建武等，2012；Plummer et al.，2012）。

表 10-3 已有文献从暴露度、敏感度和适应能力评估气候变化背景下水资源脆弱性的指标

文献	地域	暴露度	敏感度	适应能力
Gain 等（2012）	雅鲁藏布江流域	气候变化条件下的河流流量	用水总需求、上游水力发电生产能力、上游森林覆盖面积	水稻总产出、综合水管理的认知趋势、贫困发生率
Larson 等（2013）	内尼日尔三角洲	气候变化的预期和最近的区域趋势、本地城市热岛的影响、人口和增长率、分类的土地利用变化、城市化预期趋势	过去5年用水总量和人均用水量变化、土地利用部门用水量趋势、未来10年用水需求预期、模拟的土地利用对需求的影响、模拟的气候条件对需求的影响、地表水比例、地下水比例、污水比例、现有的供水是否预期能满足下一个10年的需求	是否发展新水源、是否采取行动应对气候变化、城镇是否采取水规划、是否采取减少水需求策略、城镇是否采取用地计划、是否采取智慧的增长战略（紧凑开发和土地保护）、是否有景观策略、水管理中是否考虑土地问题、土地管理中是否考虑水管理、是否让管水者参与到土地规划中、机构的能力
Wan 等（2014）	中国石羊河流域	受旱的耕地比率	河流对降水变化的敏感性、开采的可利用的水资源比率	人均可用水资源、生态用水与最低要求生态用水比率
Kim 和 Chung（2013）	韩国	连续不下雨的最多天数、冬季降水量、春季降水量、冬季蒸散发量、春季蒸散发量、地下流出量	人口密度、总人口、水供给、粮食单产、单位面积畜牧生产、地下用水量、河流用水量、农户用水量、工业用水量、农业用水量	经济独立性、每万人所拥有的公务员、区域生产总值、与水相关的公务员数量、供水分配比、地下水承载力、单位面积水库供水能力、单位面积循环利用的水量

在应用指数法的步骤中，当已构建好用于评价水资源脆弱性的指标体系，一般会对指标赋予权重，再使用加权方法得到水资源脆弱性评价结果。有些研究在指数法的基础上引入分形理论、模糊数学方法、层次分析法（Liu et al.，2012；Wang et al.，2012）、"驱动—压力—状态—影响—响应模型"等方法或模型，主要用于指标权重的确定或指标体系的构建（夏军等，2012）。

五　地下水资源脆弱性的评价方法

地下水资源脆弱性评价的方法已经发展了很多（Wu et al.，2014），包括迭置指数法（Aller et al.，1987；Gogu and Dassargues，2000；Ibe et al.，2001；Liggett and Talwar，2009）、过程模拟法（Soutter et al.，1998；Verba and Zaporozec，1994）、统计方法（Masetti et al.，2009；Sorichetta et al.，2011）和模糊数学综合评价法（Dixon，2005；Uricchio et al.，2004）。

由于容易采用、成本较低、结果能够分类，迭置指数法应用最广泛（Liggett 和 Talwar，2009）。迭置指数法的特点是通过对定义的诸多因子进行分级评分赋值来区分地下水脆弱性的高低。其评价模型很多，如 DRASTIC、Legrand、GOD、SIGA、PI、VULK、欧洲（COP）法、局部欧洲（LEA）法等（张昕等，2010）。表 10-4 列出了几种常用的迭置指数法模型的应用，以及所包括的参数。其中，美国水井协会为美国环境保护局开发的 DRASTIC 模型是评估地下水脆弱性最为广泛使用的模型之一（Aller et al.，1987；Wu et al.，2014）。迭置指数法的不足是各个参数评级定值的主观性（Liggett and Talwar，2009）。

表 10-4　　地下水资源脆弱性评估常用的几种迭置指数法模型

模型名称	应用文献	参数[a]					
		D	R	A	S	U	O
DRASTIC （Aller et al.，1987）	Al-Hanbali 和 Kondoh（2008） Draoui 等（2008） Liggett 等（2006） Wu 等（2014）	√	√	√		√	√

续表

模型名称	应用文献	参数[a]					
		D	R	A	S	U	O
GOD（Foster, 1987）	Gogu 等（2003） Neukum 和 Hötzl（2007）	√				√	√
EPIK（Doerfliger et al., 1999）	Vías 等（2005） Neukum 和 Hötzl（2007）	√				√	√
Aquifer Vulnerability Index（AVI）（Van Stempvoort et al., 1993）	Wei（1998）	√				√	

注：[a] 表示 D＝含水层埋深；R＝含水层补给/渗透；A＝含水层特征（如介质、传导性等）；S＝饱和区特征（如流量模式、分层、水力梯度）；U＝非饱和区特征（如介质、渗透系数、土壤湿度）；O＝其他特征（如明确的约束、岩溶特征、透水通路）。

过程模拟法是评价地下水脆弱性的一种强大的方法，使用确定性方法估算经过时间、污染物浓度、污染的持续时间，是在对水分和污染质运移过程分析和模型模拟的基础上，通过构建脆弱性评价数学公式，将各评价因子定量化后求解得出一个可评价脆弱性的综合指数，从而来量化脆弱性高和低的区域（Liggett and Talwar，2009；张昕等，2010）。这种方法可能会用到数值计算机模型（如 SAAT、SWAT、MODFLOW、MIKE-SHE），因而对数据的要求比较高。过程模拟法典型地被用于在局部规模上评价机井的脆弱性，但不适用于在区域规模上评价地下水脆弱性（Frind et al.，2006）。

脆弱性评价的统计方法可以计算某种污染物超过特定的浓度的概率。这种方法典型地用于存在不同污染源的地方（Liggett and Talwar，2009）。模糊数学综合评价法主要通过确定因子评分体系和评价因子权值，经过单因子模糊评价和模糊综合评价来划分地下水的脆弱程度（张昕等，2010）。

六　水资源脆弱性评价的主要结论

（一）国外水资源脆弱性评价的主要结论

国外水资源脆弱性研究源于 20 世纪 60 年代 Albinet 和 Marget 提出的地下水资源脆弱性概念，随后众多学者及研究机构都对地下水资源脆弱性概念与评价方法进行了深入的研究（陈攀等，2011；Wang et al.，2012）。尽管分析地下水对其他风险（干旱、超采、地下矿山扰动等）的脆弱性在技术上是可行的，但很多研究分析了地下水对污染的脆弱性（Liggett and Talwar，2009）。随着数据信息的可获得性增强及研究的不断深入，关于地表水脆弱性的研究逐渐受到关注，此外，气候变化背景下的水资源脆弱性也引起了研究者与研究机构的广泛关注。

现有的对水资源脆弱性的很多研究都着眼于全球规模。例如，Alcamo 等（2007）运用 Water GAP 全球水文模型，分析了在 IPCC 的两种温室气体排放情景下水资源的脆弱性，预计随着用水需求的增加，全球大约 2/3 的流域的水压力会增加。他们还发现，人口增长对水资源造成的压力远没有气候变化大。Doll 和 Zhang（2010）评估了气候变化对河流流量变化的影响，发现气候变化的影响超过人为影响。也有很多研究在流域规模上评估了水资源的脆弱性。

Esqueda 等（2011）评估了墨西哥塔毛利帕斯州 Guayalejo-Tamesi 流域的灌区由气候变化引致的可用水量的变化，结果发现气候变化情景对农业部门的可用水资源量的影响最为不利。Weiß 和 Alcamo（2011）对欧洲的 18 个流域的水资源脆弱性进行了评估，发现有 17 个流域的可用水资源对气候变化的影响是脆弱的，南部的流域和部分中部的流域的脆弱性最高。Cheo 等（2013）评价了气候变化背景下喀麦隆北部水资源的脆弱性，得出结论认为气候变化对水资源的影响在各个地区存在差异，并且喀麦隆北部水短缺的主要原因可能不是气候变化，而是落后的水管理、人口增长、环境条件等因素。Larson 等（2013）运用调查结果、文献总结和公开信息评估比较了美国亚利桑那州凤凰城和俄勒冈州波特兰的水资源脆弱性，主要关注气候变化和城市化的影响，结果发现波特兰水资源受到季节极端气候的影响更大。Chang 等（2013）评估了哥伦比亚流域在美国部分的水资源脆弱性，在县级规模上运用指数方法分析了水供给、水需求和水质的脆弱性，发现水资源的脆弱性在流域内差异很大，海拔较高的县的水资源脆弱性较高，水供给的脆弱性与水需求的脆弱性正相关。

对国外地下水脆弱性的研究表明，气候变化的影响不容忽视。Doll（2009）对全球研究的结果表明，在各种气候情景下，地下水补给在当前的一些半干旱地区（包括地中海、巴西东北部和非洲西南部）将会强烈减少，减少幅度达到30%—70%，甚至超过70%。到21世纪50年代，A2情景下地下水补给在全球20.4%—21.5%的土地面积上将会减少10%以上；B2情景下在全球18.3%—20.4%的土地面积上将会减少10%以上（Doll，2009）。到2055年，全球人口的18.4%—19.3%（A2）或16.1%—18.1%（B2）将会受到地下水补给减少的不利影响（Doll，2009）。

（二）中国水资源脆弱性评价的结论

国内水资源脆弱性研究起步于20世纪90年代，早期也主要是地下水脆弱性方面的研究，主要关注地下水的污染。21世纪以后，才逐渐出现了一些地表水资源及区域水资源系统脆弱性方面的研究。总体而言，国内水资源脆弱性研究仍侧重于地下水脆弱性方面；区域水资源及地表水资源脆弱性研究仍处于起步阶段；气候变化背景下的水资源脆弱性、水资源脆弱性与区域可持续发展、脆弱性分析基础上水资源系统的风险受到越来越多的关注（陈攀等，2011）。

对全国层面的研究发现，中国水资源系统对气候变化是十分脆弱的，最脆弱的地区为海河、滦河流域，其次为淮河、黄河流域，而整个内陆河地区由于干旱少雨非常脆弱（张秀琴，2013）。洪水的脆弱地区是工农业集中、人口密度大、地面高程多在江河洪水位以下、人与水争地最严重的七大江河中下游平原地区。而暴雨和洪水频率较高、防洪标准较低的南方干支流是洪涝的最脆弱地区。干旱最脆弱的地区是对气候变化最敏感且灌溉和水利抗旱措施薄弱的西北干旱、半干旱地区，以及对干旱适应能力较弱的松辽平原、华北平原等地区。另外，以水稻为主要作物的南方虽然水源充沛，但作物本身的抗旱能力很差，对季节性干旱也是很脆弱的（张秀琴，2013）。翁建武等（2012）以中国省级行政区为评价单元，开展气候变化背景下水资源的脆弱性评价，结果表明，中国的水资源脆弱性在南方地区较低，在北方地区较高，其中宁夏的水资源脆弱性最高，海南的最低。

除了全国层面的研究，也有不少研究评价了地区的水资源脆弱性。Wang 等（2012）分析了张家口地区官厅水库流域的水资源脆弱性，结果表明官厅水库流域的水资源脆弱程度非常严重，其中，张家口市高度脆弱。Wan 等（2014）评价了中国西北地区石羊河流域水资源对气候变化的脆弱性，评价结果表明这一地区的水资源在 21 世纪00 年代表现出严重的脆弱性，并且这种高度的脆弱性将会持续到未来。Wu 等（2013）研究发现，如果没有管理政策，中国新疆维吾尔自治区巴音郭楞蒙古自治州的水资源脆弱性是很高的。减少灌溉水需求是减少水资源脆弱性最适合的措施。Liu 等（2012）对云南省元阳县哈尼梯田核心区的水资源脆弱性进行了评估，结果表明在过去的 7 年中，2003 年、2005 年、2006 年和 2007 年水资源是相对脆弱的，2008 年和 2009 年适度脆弱。

第二节　气候变化对水资源供给的影响

一　全球及中国气候变化事实的研究

全球气候变暖已经成为不争的事实，引起了国际社会的普遍关注。IPCC 第五次评估报告指出，1880—2012 年，全球地表平均温度上升了 0.85℃（IPCC，2014）。近百年来，中国的年平均气温也呈现升高趋势，上升了 0.5℃—0.8℃，略高于同期全球增温的平均幅度（张秀琴，2013）。近 60 年来中国气候变暖更为明显，1951—2009 年，平均气温上升了 1.38℃。[①] 据预测，未来全球气候变暖的趋势将进一步持续。除了温室气体浓度情景 RCP2.6 外，在所有的其他情景下（RCP4.5、RCP6.0 和 RCP8.5），21 世纪末相对于 1850—1900 年，全球地表温度变化可能会超过 1.5℃，变暖一直会持续到 2100 年以后（IPCC，2013）。中国未来的气候变暖趋势也将进一步加剧。与

---

① 资料来源：《气候变化国家评估报告》编写委员会：《第二次气候变化国家评估报告》，科学出版社 2011 年版。

2000 年相比, 2050 年中国地表气温将分别上升 2.5℃—4.6℃。①

除了气候变暖外, 全球降水模式也发生了改变。1901 年以后, 北半球中纬度地区平均降水增加了, 而其他纬度地区降水的长期变化趋势有增加, 也有减少 (IPCC, 2013)。近百年来, 中国降水量变化总体趋势虽不显著, 但区域波动较大。华北大部分地区、西北东部和东北地区的降水量平均每 10 年减少 20—40 毫米, 而华南与西南地区降水却平均每 10 年增加 20—60 毫米 (张秀琴, 2013)。据预测, 中国年平均降水量在未来 50 年将呈现增加的趋势, 预计到 2050 年, 全国年平均降水量将增加 5%—7% (张秀琴, 2013)。

除了气温上升、降水模式改变外, 极端气候事件强度和频率的增加也引起关注。1950 年以来, 全球范围观察到了许多极端天气和气候事件。从全球来看, 寒冷的白天和夜晚的天数很可能减少了, 而温暖的白天和夜晚的天数增加了 (IPCC, 2013)。热浪的频率在欧洲的大部分地区、亚洲和澳洲很可能增加了。极端降水事件数量增加的地区可能会多于减少的地区 (IPCC, 2013)。近 50 年来, 中国主要极端天气与气候事件的频率和强度出现了明显变化。在东北、华北和西南地区, 1997—2013 年中等以上干旱天数较 1961—1996 年分别增加了 24%、15%和 34%; 1960—2013 年, 中国每年发生的群发性暴雨事件从 13.5 次增加到 17.3 次, 增幅 28% (秦大河, 2015)。据预测, 中国发生极端天气事件的频率在未来 100 年中还会增大 (张秀琴, 2013)。

二 气候变化影响产生的机制研究

气候变化的不利影响主要通过气候相关的危害 (包括灾害事件和趋势)、人类和自然系统对气候危害的暴露度以及脆弱性来体现 (Lindley et al. , 2011; IPCC, 2014)。

气候相关的危害是指与气候有关的物理事件或趋势, 或它们的自然影响, 可能危害生命、造成伤害或其他健康方面的影响, 以及造成

---

① 资料来源:《气候变化国家评估报告》编写委员会:《第二次气候变化国家评估报告》, 科学出版社 2011 年版。

财产、基础设施、生计、服务提供、生态系统和环境资源的损害和损失。一般来说，气候刺激及其直接影响包括两个方面：一方面是气候因素的趋势变化。从全球来看，带有普遍性的是气候变暖和二氧化碳浓度增高，有些地区还有变干或变湿的趋势；另一方面是极端天气、气候事件危害加大，如干旱和洪涝等事件的频率和强度增加（IPCC，2007；潘志华、郑大玮，2013）。人类和自然系统对气候危害的暴露度是指人、生计、物种、生态系统、环境功能、服务、资源、基础设施、经济、社会或文化资产可能会受到不利影响的处境。脆弱性就是一个系统易受或无法应对气候变化的不利影响，包括气候变异和极端事件。脆弱性是与弹性相对比的，是社会或生态系统吸收干扰，同时保持相同的基本结构和运作方式、自我组织能力以及适应压力和变化的能力（IPCC，2007）。

气候变化相关危害转化为对系统、个人或社会群体的不利影响依赖于许多个人的、环境的和社会的转化因素。个人的、环境的和社会的转化因素意味着气候变化影响的发生及其影响程度的大小不仅仅取决于对气候危害的暴露度，还取决于将这种暴露度转化为不利影响的个人、环境和社会因素，即不同的脆弱性（Lindley et al.，2011；潘志华、郑大玮，2013）。脆弱性就是关注怎么将外部压力转化为不利影响的，用来描述一个系统、个人或社会群体应对气候变化造成的不利影响的能力，即系统、个人或社会群体有能力或无能力应对、恢复和适应任何影响他们的功能、生计或福祉的外部压力（Kelly and Adger，2000）。系统如果不太能够应对压力的影响，就更容易受到伤害。

社会经济发展过程的不均衡和非气候因子的复杂性导致了气候变化影响的巨大差异，形成了不同的气候变化风险（姜彤等，2014；IPCC，2014；高江波等，2017）。在自然地理环境、社会、经济、文化、政治、体制上或其他方面被边缘化的人们通常对气候变化影响是高度脆弱的，面临的气候变化潜在影响也很大（李小云等，2010；高江波等，2017；IPCC，2014）。在不同的自然地理环境下，气候变化对于资本和生计措施的影响可能会不同，将因个体和环境的特征而变化（李小云等，2010）。例如，对于干旱地区，剧烈的气候变化，包括干旱期的延长和异常降雨，对生计措施的影响会更加严重。除地理环境外，气候变化对处于不同社会经济结构之中的人群也具有不同的影响，其中，对贫困群体的生计影响最大（李小云等，2010）。

三 气候变化对水资源的影响

气候变化对水资源的影响越来越受到国内外学者的重视，但很多集中在对地表水的研究方面（Piao et al.，2010；Alkama et al.，2011；Jiménez Cisneros et al.，2014）。IPCC 第五次评估报告评价了气候变化对水文变化的影响（IPCC，2014）。许多研究一致认为，人为的气候变化是影响水资源的因素之一（Piao et al.，2010；Alkama et al.，2011；IPCC，2014）。气候变化主要通过影响水资源的供给加剧水资源的短缺状况（唐国平等，2000；Wang et al.，2013）。气候变化对水资源的影响具体体现在：强降雨事件的频发导致地表水和地下水水质降低，水资源污染增加；因缺水造成的大面积干旱会进一步加剧水资源不足的威胁；台风事件导致停电等，也会影响公共水资源的供给（Bates et al.，2008）。气候变化带来蒸腾量、径流、降雨等方面的物理变化，这些物理变化直接改变了水资源供给量，从而影响水资源的可获得性，增加水资源短缺（Bates et al.，2008）。预计未来气候变化将进一步改变水资源空间配置状态，加剧水资源供给压力（陈攀等，2011）。

气候变化影响水资源的研究结果主要包括以下几个方面：首先，许多地区观测到的年径流减少部分或主要是由于降水和气温的变化（Piao et al.，2010；Alkama et al.，2011；Jiménez Cisneros et al.，2014）。在中国北方的黄河、淮河、海河和辽河流域，75%的地表水的减少首先是由降雨量下降引起的（Shen，2010）。其次，在大部分干旱的热带地区，年均径流量预测还将会减少（Jiménez Cisneros et al.，2014）。最后，气候变化通过改变径流和水质对水生态造成负面的影响（Jiménez Cisneros et al.，2014）。

相较于对地表水的研究，分析气候变化对地下水系统影响的研究十分有限（IPCC，2014）。最新的有限的研究也评价了气候变化对地下水资源的影响（IPCC，2014）。现有的气候变化对地下水供给可靠性影响的相关研究聚焦于气候变化对地下水补给量和时间的影响（Hiscock et al.，2012；Döll，2009；Woldeamlak et al.，2007）。气候变化预计将主要通过减少含水层补给使地下水水位下降来影响地下水供水可靠性。

研究表明，一些地区地下水水位和补给量的下降与降水减少和升温有关（Jeelani，2008；Aguilera and Murillo，2009；Jiménez Cisneros et al.，2014）。例如，Jeelani（2008）发现，印度克什米尔地区自 20世纪 80 年代以来，来自地下水的泉水出水量减少的原因可归结为当地降水量的减少。Aguilera 和 Murillo（2009）基于模型对西班牙 4 个超采的喀斯特地形含水层的地下水水位进行评估发现，20 世纪降水的减少造成地下水补给的强烈减少。Woldeamlak 等（2007）发现，在干燥的气候情景下，由于降水较少、蒸散发量增加，地下水补给会减少，这会导致比利时格罗特内特河流域每年的地下水水位下降高达 3 米。Döll（2009）对全球的研究结果表明，地下水补给在一些半干旱地区将会减少 30%—70%。Bright 等（2011）发现，在 2040 年的 A1B 气候情景下，英国坎特伯雷的朗伊塔塔河流域的地下水补给量会减少约 10%。

国内关于气候变化对地下水影响的研究还处于起步阶段，已有研究主要考虑气温和降水的变化对地下水水位、含水层补给量和水质的影响（贾瑞亮等，2012）。曹建民、王金霞（2009）发现，中国华北平原地下水位的减少与降水的减少显著相关。张世法（1995）研究表明，海河流域的地下水量随着 CO_2 的升高而降低。王庆平等（2010）发现，近 50 年滦河下游地区的气温升高使地下水的排泄量增大。当气温升高 1.0℃时，降水减少 8%，地下水资源减少 12%，地下水位埋深呈下降趋势。王业耀等（2009）研究表明，气候异常对临汾盆地的地下水系统会产生影响，例如连续遭遇两个特殊干旱年将对地下水补给产生较大影响。

四　气候变化对灌溉供给的影响

水资源供给的一个重要部门就是农业灌溉，已有一些研究分析了气候变化如何影响灌溉系统的供给可靠性（Kiparsky et al.，2014；

Karamouz et al., 2013；Bright et al., 2011；Halmova and Melo, 2006），但也主要集中在地表水方面。

研究表明，农民管理的灌溉系统在尼泊尔越来越多地受到气候变化的影响（Pokhrel，2014；Janssen and Anderies，2013），这主要是由于降水强度和时间的变化会影响可用的灌溉水量，更多的洪水和腐蚀会损坏引水口和渠道，长期干旱和用水竞争的加剧会使灌溉取水点在旱季的水量减少。对于中国的海河流域，到 2030 年，气候变化导致的水资源供需平衡的变化将造成小麦的灌溉面积减少 6.9%，雨养面积增加 19.9%（Wang et al.，2013）。Karamouz 等（2013）在不确定的未来极端气候条件下分析了供水的可靠性，预测伊朗中部的 Karaj 水库系统的供水可靠性会降低 50% 以上。Kiparsky 等（2014）分析了气候变暖对加利福尼亚图奥勒米和默塞德河流域供水可靠性的潜在影响，发现在温度上升 2℃、4℃ 和 6℃ 时，该流域的供水可靠性都会降低。Halmova 和 Melo（2006）发现，气候变化可能对水库的供水可靠性影响较小。Bright 等（2011）预计 2040 年的气候变化将减少坎特伯雷朗伊塔塔河流域地表水供给的可靠性。

气候变化对灌溉供给的影响间接地影响了农业生产和农民生计。这主要是由于灌溉在全球农业生产中的重要作用。IPCC 第五次评估报告总结了过去半个世纪以来观察到的气候变化对作物产量影响的相关研究（Porter et al.，2014）。这些研究表明，在中等的可信度水平下，气候变化的趋势对全球许多地区小麦和玉米的生产产生负面的影响（Porter et al.，2014）。对于高度依赖灌溉的缺水地区，气候风险（包括气候长期趋势的变化和极端天气事件）对灌溉供给的影响还会影响农民的生计和生活（Marston，2008；Kohler et al.，2010；Macchi，2011；IPCC，2012；Olsson et al.，2014），减少他们的农业收入，影响食物安全供给，使他们面对较高的食品价格。就中国而言，极端气候事件对农业生产的负面影响也成为加剧农村贫困的重要因素（Wang and Zhang，2010；王学义、罗小华，2014）。

研究气候变化对中国灌溉供给及农业生产的定量研究并不是很多，但已有研究一致性地表明，气候变化会影响灌溉供给可靠性，从而对农业生产造成影响（杨宇等，2012；陈学渊等，2012；王电龙等，2015；徐建文等，2015）。研究表明，尽管有所差异，但总体上看，长期的变暖趋势对小麦和玉米的产量有负面影响。杨宇等（2012）基于全国 7 省份的大规模实地调查表明，2006—2010 年有 1/3 的年份存在灌溉供水不可靠的状况，不能满足当地农业生产的需求。从水量可靠性看，陈学渊等（2012）表明，因为农业水资源与农业生产呈正相关关系，海河流域水供给量增长受限影响最大的仍然是农业生产。徐建文等（2015）预测黄淮海平原在未来气候变化情景下，如果灌溉量不能充分保证，干旱将会对冬小麦生产造成潜在的影响。王电龙等（2015）研究发现，华北平原典型井灌区粮食生产的地下水供给保障能力较低，有的地区处于保障能力极弱水平，威胁粮食生产的安全。汪阳洁（2014）通过定量研究表明，在考虑气候变化因素的情况下，保持其他因素不变时，如果可以获得可靠的灌溉水来保障灌溉的强度，就会降低干旱造成作物单产减少的风险。

第三节　气候变化背景下水资源适应性管理及成效研究

一　水资源管理应对气候变化的适应性策略及成效

适应性管理是由 Holling 在 20 世纪 70 年代提出的，最初称作"适应性环境评估与管理"，主要用于解决复杂资源的管理问题（刘尚等，2013；张秀琴、王亚华，2015；陈岩，2016）。后来经过不断的完善，适应性管理及其思想逐渐形成，并被广泛应用在许多领域，如资源和生态管理（张秀琴、王亚华，2015）。适应性管理的核心原理是强调不确定性、突变和弹性（曹建廷，2015）。多数学者认为，适应性管理就是人类在面对大量不确定性因素的变化时，由于认识能力的局限，需要通过积累并吸收以往经验和见解来不断地调整管理实践，从而适应社会经济状况与外部环境的快速变化（陈岩，2016）。IPCC 将适应性定义为"针对现实发生或预计到的气候变化及其影响，人类系统为趋利避害而进行的调整"（IPCC，2007；Adhikari and Taylor，2012）。

　　在气候变化背景下，由于全球气候变暖的趋势以及气候变化的不确定性，水资源适应性管理受到决策者和学者的高度关注（IPCC，2014；Cheng and Hu，2012；Adhikari and Taylor，2012；陈岩，2016；丹尼斯·维赫伦斯、童国庆，2011；曹建廷，2015；吴绍洪等，2016）。IPCC在 2008 年"气候变化与水"的技术报告中提出了加强对气候变化背景下水资源适应性管理对策研究的要求，以减缓全球及区域气候变化带来的影响（陈攀等，2011）。对水资源管理者而言，他们最关心的气候变化主要是温度和降水的变化及其相应的影响（IPCC，2014；曹建廷，2015）。在气候变化背景下，水资源适应性管理的目的就是减缓气候变化对水资源的影响，通过适应性调整，评估气候变化对水资源系统产生的不确定影响，降低气候变化影响的风险，筛选出有效的适应性策略来提高人类应对气候风险的能力（张秀琴、王亚华，2015）。

　　水资源管理适应性策略从不同的角度有不同的分类（潘志华、郑大玮，2013）。曹建廷（2010）从供给方面和需求方面对水资源管理的适应性措施进行了分类（见表 10-5）。供给方面有效的策略包括地下水开采、建设水库和塘坝、雨水收集、海水淡化、调水等（IPCC，2014；曹建廷，2010）。水需求方面的适应策略包括提高用水效率（如循环利用）、减少灌溉需求（通过改变作物种植结构、灌溉方式、种植面积等）、提倡适宜当地的水利用方式、扩大水市场的应用、利用经济激励机制鼓励节水、更有效的土壤和灌溉水管理（IPCC，2014；曹建廷，2010）。

表 10-5　　　水资源管理供给方面和需求方面的适应性措施

分类角度	适应性措施
水资源供给	地下水勘探和开采
	建设水库和塘坝等来增加蓄水能力
	海水淡化
	收集和储存雨水
	调水

续表

分类角度	适应性措施
水资源需求	提高用水效率（如循环利用）
	减少灌溉用水需求（如通过改变作物种植结构、灌溉方式、种植面积等）
	水资源利用方式要因地制宜
	扩大水市场的应用，重新配置水资源流向高价值部门
	利用经济激励机制鼓励节水，如水的计量和提高水价等
	更有效的土壤和灌溉水管理

资料来源：根据曹建廷（2010）和IPCC（2014）整理所得。

由于供给方面的适应性策略可能对环境造成负面影响，增加能量消耗，为了提高水资源管理对气候变化的适应能力，就必须将传统上的以供给为导向的、以中央决策为主的、分散的水资源管理转变为以需求为导向的、鼓励民主决策并以水资源统一管理为特征的适应性管理（王金霞等，2008），因此，作为减少气候变化负面影响的有效方式，降低水资源需求受到高度关注（曹建廷，2010）。减少水资源需求的大部分措施发生在个体生产者和家庭层面（曹建廷，2010）。在水需求方面适应气候变化影响的策略中，有两个策略至关重要：一个是建立基于市场的水资源在不同利用者之间的转换机制；另一个是通过节水和用水效率的提高减少水资源的消耗（曹建廷，2010）。

也有学者从其他角度对水资源管理应对气候变化的适应性策略进行了分类。IPCC的第五次评估报告中总结了近些年来已有研究中提出的水资源管理应对气候变化的适应性策略（Jiménez Cisneros et al.，2014）。从表10-6可以看出，已有研究主要从水管理政策、法律框架、设计和操作、减少自然灾害的影响、工业用水、农业灌溉几方面识别水资源管理应对气候变化的适应性选择。在政策层面强调水资源综合管理、促进水资源的高效利用、适应能力建设、信息共享等；在构建法律框架方面着重考虑激励机制，包括在管理体制、公共参与、信息管理和财务系统等方面提供适应气候变化的激励机制；在设计和操作时强调考虑不确定性因素，加强基础设施的建设和运营；在减少自然灾害的影响方面强调预警和应急系统的建立和完善、作物品种的调整和抗灾性能的提高；在工业用水方面强调从用水效率、替代能源和需水量方面考虑适应气候变化；在农业灌溉方面重点强调提高灌溉效率、减少灌溉用水需求、利用污水灌溉和利用土壤固碳。

表 10-6　　水资源管理应对气候变化的适应性策略

适应性措施分类	可选择的适应性措施
水管理政策	支持水资源综合管理，包括考虑气候变化消极和积极影响的土地综合管理
	协同推进水和能源的节约和高效利用
	识别"低悔政策"，并建立一个适应的相关解决方案
	通过组建水公共事业网络工作队增加恢复力
	适应能力建设
	改善信息共享
	为水资源可持续管理发展金融工具（信贷、补贴、公共投资），并考虑公平和消除贫困
法律框架	提供适应气候变化的管理体制和激励机制
	提供改变水管理参与网络的激励机制
	提供信息管理的激励机制
	提供财务系统的激励机制
设计和操作	运用决策工具，考虑不确定性和实现多目标设计
	修订水利基础设施的设计标准
	确保计划和服务是稳定的、适应性强的、模块化的、提供良好价值的、可维护的并长期受益的
	运营水基础设施，以增加所有用户和部门对气候变化的适应能力
	利用硬件的和软件的适应措施
	实施方案，保护水资源的数量和质量
	通过多样化水源增加对气候变化的适应能力
	通过控制渗漏来减少需求，实施节水计划，推进水的再利用

适应性措施分类	可选择的适应性措施
减少自然 灾害的影响	建立和完善监测和预警系统
	制订应急计划
	提高关键基础设施的防御性
	寻求并确保水资源的多样性，以减少干旱和可用水量变化的影响
	促进所有用户减少用水和高效用水并进
	促进种植更适合的作物（抗旱、抗盐、需水少）
	种植抗洪和抗旱的作物品种
工业用水	当选择替代能源时，要对用水需求进行评估
	将需水多的工业搬迁到水资源丰富的地区
	实施工业用水效率认证
农业灌溉	提高灌溉效率
	减少灌溉用水需求
	利用污水灌溉农作物
	利用土壤固碳

资源来源：根据 IPCC（2014）和曹建廷（2015）整理所得。

越来越多的证据表明，水资源管理应对气候变化的适应性策略是有效的（Medellin-Azuara et al.，2008；Hoekstra and de Kok，2008；Miles et al.，2010；Pittock and Finlayson，2011；Connell-Buck et al.，2011；IPCC，2014；Adhikari and Taylor，2012；Ghosh et al.，2014）。关于水资源管理适应性措施的潜在有效性的案例研究越来越多。例如，Medellin-Azuara 等（2008）表明，提高水管理的灵活性和采用水管理措施能够减少气候变暖的影响。水管理措施包括节水行动的增加、水市场的扩大、水资源再利用的发展、地表水和地下水联合利用、水库经营策略的改变。Connell-Buck 等（2011）表明，改变水库运行与管理，并结合其他适应措施，如地表水和地下水的联合利用、水市场等，可以很好地降低气候变化带来的水资源短缺程度和经济成本。Ghosh 等（2014）研究发现，如果地表水和地下水联合利用，水银行在干旱发生时可以减少灌溉者的损失。

二 应对气候变化的地下水适应性灌溉管理及成效

(一) 全球地下水灌溉管理的现状研究

尽管地下水对全球的水资源供给至关重要，但是相较于更容易看到的江河水库的地表水而言，人们对地下水管理的关注是不够的（Famiglietti，2014）。地下水，即存储在地表下面土壤和多孔岩石蓄水层中的水，占全球总取水量的33%。超过20亿人的主要水源来自地下水，一半或超过一半的灌溉用水来自地下水（Famiglietti，2014）。在全球的很多地区，地下水的监测和管理是非常缺乏的。在发展中国家，监管经常是不存在的，结果就是地下水名副其实地被免费使用，能打得起井的人通常可以无限制地抽取地下水。在一些国家，如印度，政府甚至以不惜付出含水层水位下降的代价，对抽取地下水给予电价补贴，以此促进农业生产力提高（Shah，2011；Famiglietti，2014）。

地下水灌溉的快速发展及管理的缺乏加速了地下水的枯竭。地下水被抽取的速度远远快于自然补给的速度，导致全球大多数干旱和半干旱地区，也就是主要依赖地下水的干旱地区，正在经历地下水的枯竭。面临这个严峻问题的地区包括中国的华北平原、澳大利亚坎宁盆地、撒哈拉西北含水层、南美的瓜拉尼含水层、美国的高平原和中央谷含水层、印度西北和中东的地下含水层。这些地区几乎构成了世界最大的农业区（Famiglietti，2014）。例如中国的华北平原，地下水利用的迅速扩张导致了地下水位快速下降，地下水资源的供给十分严峻（Wang et al.，2006）。地下水位的下降也引发了一系列环境问题，如地面沉降、海水入侵、海平面上升、河流断流、泉水消失、湿地和生态破坏（Famiglietti，2014；Li et al.，2014；Feng et al.，2013）。

关于地下水灌溉管理的措施，Shah（2011）主要归纳总结为五类：

第一，行政法规。许多国家的政府，特别是阿曼、伊朗、沙特阿拉伯、以色列和南亚国家经常运用法律和行政法规管理地下水灌溉。这对于独裁国家，并且地下水用水户很少的国家是有效的，如阿曼。然而，几乎在所有的其他国家，地下水灌溉通过行政法规管理通常是无效的，因为缺乏3个要点：民众支持、政治意愿和执行能力。

第二，经济工具。运用价格或税收通常被认为比使用强迫或国家权力更有效。在美国西部，泵税被广泛用于控制地下水超采。在以色列，水价有效地被用于地下水需求管理；在中国，水价政策在管理城市地下水需求中一直起重要作用。当计量和监督地下水用水量较容易时，或者用水户数量少且用水规模大时，水价政策的效果最好。然而，在地下水开采者规模小而多并且贫困的地区，地下水价格管理通常不使用武力很难实施。例如，约旦创建了水警来为深井安装水表并强制定价。如今，当"稀缺定价"的原则被广泛接受时，实践证明这一原则的实施在发展中国家是困难的。

第三，可交易的水权。在 18、19 世纪，像美国和澳大利亚这样的国家实施明确的产权对鼓励人们对土地和水资源开发进行私人投资是必要的。这些国家的地下水治理基于这样一个前提：用水户自我管理用水，国家政权提供总体监管和便利。可交易的水权是这种自治的基础。美国的经验表明，实施可交易水权是解决地下水无政府管理的"一站式"方案。然而，创建地下水可交易水权在美国或其他地方的最终结果并不清楚。智利引入可交易水权既受到了大力称赞，又受到了严厉批评。像地下水定价一样，没有人反对可交易水权能够使稀缺的地下水得到优化分配，真正的问题是执行的交易成本按用户数量的几何级数上升。为了降低地下水管理制度的交易成本，美国和澳大利亚的地下水管理豁免了众多微量用户。然而，如果印度或中国像堪萨斯、内布拉斯加州和澳大利亚一样豁免微量用户的话，超过 95% 的地下水用户会被漏掉。

第四，社区管理。墨西哥和西班牙已经汲取了美国实施可交易水权的经验，通过农民组织促进地下水管理。西班牙 1985 年《水法》规定，流域层次的地下水联合会负责资源规划和管理。类似地，1992年墨西哥的《水法》创建了国家含水层管理委员会（COTAS），负责地下水管理。虽然想法很好，但实施也是非常困难的。虽然墨西哥COTAS 在信息生成和农民教育方面起到了有益的作用，但有效地管理地下水超采一直是不到位的。

第五，开发替代的水资源。代替需求管理，开发替代水源一直是最有效的和经过时间考验的缓解农业对含水层压力的方法。在美国西部，代替抽取地下水，调入地表水几十年来一直是地下水治理的做法。其他国家也有类似的做法，即调入地表水来缓解对地下水含水层的压力，如西班牙从埃布罗河的调水工程、中国的南水北调工程和印度连接喜马拉雅山和半岛河流的项目。

（二）中国地下水灌溉管理的发展历程及存在的问题

地下水灌溉在中国发挥了非常重要的作用，尤其是在北方地区。由于水资源时空分布的不平衡，中国北方许多地区的农业灌溉都高度依靠开发地下水。据统计，地下水灌溉的耕地面积占中国粮食主产区全部农田灌溉面积的50%以上（耿直等，2009）。中国地下水灌溉管理的发展大致经历了3个阶段，在各个阶段都表现出不同的特征，现归纳总结如下：

1. 1949年至20世纪80年代初期：以集体机井管理为主

在20世纪80年代初期实行农村经济改革之前，无论是大型水利工程设施（如水库和灌区），还是小型水利工程（如机井、水塘），产权都归国家或集体所有（王金霞等，2005），中央政府通过行政命令、强制性的计划和对行政人员的任命和开除垄断了资源的配置。中央政府通过一层层行政系统中的水利部门分配和管理水资源，社会大众几乎没有机会影响政府对当地水资源管理的决策（Cheng and Hu, 2012）。这一时期附属于农民土地上的灌溉机井，产权为集体所有，由集体统一管理（王金霞等，2005）。

2. 20世纪80年代初期至2010年：集体机井管理和个体机井管理并存

在这一时期，随着农村土地制度的改革，家庭联产承包责任制的普遍实行削弱了原来意义上的"集体经济"（王金霞等，2005）。机井产权开始从集体产权向非集体产权演变，集体机井的承包、拍卖、股份合作在各地均被积极尝试（Cheng and Hu, 2012；景清华，2010；王金霞等，2005），极大地提高了地下水灌溉的利用效率，减少了浪费和机井设施无人管理和维护的现象。进入20世纪90年代以后，机井产权从集体产权向个体产权继续演变，农户个体投资打井或合伙打井更加普遍，机井数量增加较快，表现出集体机井和个体机井共同存在的特征（Zhang et al.，2008）。

3. 2010 年以后：更加注重运用需求管理的措施

地下水灌溉管理的前两个阶段主要是以供给管理为主的，如以投资打井为主。2011 年，中央一号文件和中央水利工作会议明确要求实行最严格水资源管理制度。在此背景下，地下水灌溉管理更加注重在最严格水资源管理制度下运用需求管理的措施，提高用水的效率。随着水权和水市场实践的发展，市场化运作方式逐步融入机井的运行管理中，中国北方地区的地下水灌溉服务市场已有一定程度的发育（Zhang et al.，2010）。

尽管中国的地下水灌溉管理经历了一个逐步发展和完善的历程，但仍存在不少问题。最突出的问题就是地下水资源管理制度和政策的实施不力（Shah，2011）。与印度一样，中国也是以小农为主的农业系统，机井数量庞大，地下水灌溉管理的交易成本非常大。中国已经发现在一个庞大的地下水经济中实施需求管理是一个巨大的挑战。仅仅对 750 眼机井所有者实施取水许可就是一个挑战，更不用说监控他们的抽水（Shah，2011）。Wang 等（2007）基于在内蒙古、河北、河南、辽宁、陕西和山西 6 省份 60 个县 126 个乡镇 448 个村的调查研究发现，尽管普遍要求打井前要取得打井许可证，但实际上这项制度在村级的实施率是很低的，不到 10% 的机井在打井前取得了许可证，只有 5% 的村认为打井决策需要考虑井距。

（三）应对气候变化的地下水适应性灌溉管理

面对气候变化对地下水灌溉供给的潜在影响，将地下水灌溉管理纳入适应性管理的框架十分重要（Famiglietti，2014）。气候变化可能影响到地下水灌溉供给的可靠性，从而威胁农业生产，在这种情况下，提高地下水灌溉的用水效率被着重提出，被认为是应对气候变化的迫切之需（Famiglietti，2014）。已有研究认为，提高地下水灌溉用水效率的管理措施主要是需求方面的（见表 10-7）。需求管理的核心是运用以市场为导向的多种经济和政策手段来调节水资源的利用和优化配置。

表 10-7 **已有研究对提高地下水灌溉用水效率**
可选择的管理措施的研究

管理措施	具体措施	研究区域	文献出处
机井产权制度改革	机井产权从集体产权向非集体产权转变，包括农民股份制产权和个体产权	中国	董军海、张英林，1994；Wang 等，2005；Wang 等，2007
机井管理方式转变	机井由集体管理向承包管理、股份制管理或个体管理转变	中国	蔡小威，1985；Wang 等，2009
地下水灌溉服务市场	允许机井所有者按照某种价格向灌溉需水户提供灌溉服务	澳大利亚	Wheeler 等，2014；Wheeler 等，2010；Wheeler 等，2009；Wheeler 等，2008
		中国	Zhang 等，2008；Zhang 等，2010
		印度	Shah，1993；Mukherji，2004；Manjunatha 等，2011
		巴基斯坦	Strosser 和 Meinzen-Dick，1994；Meinzen-Dick，1996
水价改革	提高灌溉水价，并配套政府补贴	中国河北省	Huang 等，2010；Wang 等，2016

资料来源：笔者根据已有文献整理。

　　机井产权制度的改革是中国北方地下水灌溉管理的一项重要改革（董军海、张英林，1994；Wang et al.，2005；Wang et al.，2006；Wang et al.，2007）。在20世纪60—70年代，农村改革开始以前，农村大多数机井的所有权和管理权都是归乡镇政府和村委会的。但是，从20世纪80年代经济改革开始，农村机井的所有权和管理权开始迅速从集体转移到个体。河北省的调查表明，集体所有权的机井比例在20世纪80年代至90年代迅速下降，而个体所有权机井比例则由7%上升到64%（Wang et al.，2006）。

　　随着机井产权从集体产权向非集体产权的演变，作为需求管理的一种方法，水市场在提高地下水灌溉用水效率方面的重要作用受到高度关注（Bjornlund，2006；Hadjigeorgalis，2008；Wheeler et al.，2009；Zhang et al.，2010；Manjunatha et al.，2011）。区别于美国、智利和澳大利亚等国家在明确界定地下水水权基础上探索发展的地下水市场，在地下水属于公共资源基础上发育的非正式的地下水灌溉服务市场，引起了国内外学者的关注（Shah，1993；Mukherji，2004；Zhang et al.，2008；Zhang et al.，2010；Manjunatha et al.，2011）。地下水灌溉服务市场是一种农民自发形成的、本土的（通常是村级范围）、非正式的制度安排，通过这种安排，没有灌溉井的农户向投资打井的农户（包括单个农户自己打井和几个农户合伙打井的情况）购买抽水灌溉服务。

全球范围内对地下水灌溉服务市场的研究始于 20 世纪 90 年代初期，最早关注的是印度、巴基斯坦、孟加拉国等南亚一些国家农户购买地下水灌溉服务的交易行为（如 Pant，1990；Shah，1993；Strosser and Meinzen Dick，1994；Shah et al.，2006；Manjunatha et al.，2011）。2005 年之后，中国的地下水灌溉服务市场也受到了一些学者的关注（如 Zhang et al.，2008；陈瑞剑、王金霞，2008；Zhang et al.，2010）。其实，中国的地下水灌溉服务市场在受到学者关注之前就早已存在。Zhang 等（2008）基于中国北方 6 省份的村级调查数据发现：在 1995 年，就有 9%的村庄存在地下水灌溉服务市场，到 2004 年，有地下水灌溉服务市场的村庄比例增加到 44%；同一时期内，提供灌溉服务的机井所有者比例也从 5%增加到 18%。Zhang 等（2016）将中国地下水灌溉服务市场出现的时间推算到更早，他们发现，华北平原早在 1990 年就已存在地下水灌溉服务市场。米建伟等（2008）基于河北省和河南省的调查数据研究发现，在 2007 年，存在地下水灌溉服务市场的村中有 54%的农户向有机井的农户购买了灌溉服务。

无论是在中国还是在南亚国家，地下水灌溉服务市场都是农民自发形成的，而且都具有非正式性、本土性和弱管制性的特点（Shah，1993；Zhang et al.，2008）。非正式性体现为交易没有正式的书面合同，都是基于口头承诺；本土性体现为交易基本上都发生在村庄内部，极少有跨村交易；弱管制性体现为政府部门对地下水灌溉服务市场的运作不施加直接干预。

目前，对农户是否选择购买地下水灌溉服务决定因素的定量研究很少，已有的少量研究认为，影响农户是否选择购买地下水灌溉服务的因素主要有以下四类：①自然资源与环境因素。自然资源（包括水资源和土地资源）短缺程度的加深被认为是诱导地下水灌溉服务市场发育的重要因素，从而会影响作为服务需求方的农户的服务购买行为（Shah，1993；Strosser and Meinzen Dick，1994；陈瑞剑、王金霞，2008；Zhang et al.，2008；Zhang et al.，2010；Zhang et al.，2016）。例如，村庄水资源短缺问题越严重，家庭人均耕地面积越小，农户越有可能选择购买地下水灌溉服务（Zhang et al.，2010）。自然环境（如气候）也会影响农户是否选择购买地下水灌溉服务。例如，干旱地区气温升高会增加农户购买地下水灌溉服务的可能性（Zhang et al.，2010）。②市场发育程度。已有研究发现，村庄水平上灌溉服务供给者数量越多，农户越有可能选择购买地下水灌溉服务（Zhang et al.，2016）。③技术因素。农户是否选择购买地下水灌溉服务可能受到灌溉条件（如输水渠道状况）和灌溉技术（如节水技术采用）的制约。如果村庄地下水灌溉更多的是通过地面管道或地下管道输水，那么农户更有可能选择购买地下水灌溉服务（Zhang et al.，2010）。④农户特征。已有研究发现，家庭人口数、地块分散程度、户主年龄等农户特征变量会影响农户是否选择购买地下水灌溉服务（Shah，1993；Zhang et al.，2010；Zhang et al.，2016）。例如，户主年龄越大，农户选择购买地下水灌溉服务的可能性越小（Zhang et al.，2010）。

地下水水价改革也是提高灌溉用水效率的一种有效的经济和政策工具（Huang et al.，2010；Wang et al.，2016）。在水价改革的探索过程中，河北省衡水市桃城区的"提补水价"改革引起了关注。该项改革试图探索出一条既能发挥水价的经济杠杆作用，从而有效调节水需求，又能通过政府补贴减少水价提高对农民收入的负面影响（Wang et al.，2016）。"提补水价"改革的具体做法是先"提"再"补"，即先将水价提高，然后将补贴资金和水价提高的部分作为节水调节基金再返给农民。

（四）地下水适应性灌溉管理应对气候风险的成效

已有的一些定量研究已经分析了机井产权演变及其衍生的地下水

灌溉服务市场对用水效率的影响（Manjunatha et al., 2011; Zhang et al., 2010）。Wang 等（2005）利用海河流域 30 个村的实地调查数据，对中国华北平原灌溉机井的产权演变开展了研究，结果表明日益加剧的水资源和耕地资源短缺，以及政策干预（主要是对机井投资的财政补贴）促进了机井产权从集体产权向非集体产权演变，这种演变已经影响了华北地区的耕种模式，农民更倾向于种植对水敏感和高价值的作物。不过机井产权向非集体产权演变对作物的产量并没有产生负面的影响，而且重要的是，这种演变并没有加速村级地下水位的下降。

作为用户驱动的或需求方的一种方法，水市场在将水从低价值灌溉者重新分配到高价值的灌溉者上发挥着越来越重要的作用（Bjornlund, 2006; Hadjigeorgalis, 2008; Wheeler et al., 2009; Zhang et al., 2010; Manjunatha et al., 2011）。Manjunatha 等（2011）研究发现，印度地下水灌溉服务市场中的购买者获得了较高的用水效率。他们还发现出售者的用水效率高于不参加服务市场的农民。Zhang 等（2010）发现，相较于用自己机井灌溉的农民，华北平原通过地下水灌溉服务市场获得灌溉的农民会减少用水量，但对作物单产和农民收入并没有产生负面影响。Jiang 和 Grafton（2012）研究发现，跨区域水权交易有助于减轻气候变化对农业的影响。Wheeler 等（2014）指出，未来的水交易也是适应气候变化的重要举措。

第四节　国内外研究述评

为了有效应对气候变化的挑战，实现地下水灌溉的可持续发展，需要充分了解气候的长期变化和极端气候事件对地下水灌溉供给的影响，以及地下水灌溉管理应对气候变化的适应性反应，在此基础上为决策者制定提高农户和社区适应气候风险能力的政策提供实证依据。然而，与现实需求相比，现有国内外关于气候变化对地下水灌溉供给和地下水适应性灌溉管理的研究还远远不够。已有研究的不足主要表现在以下几方面：

第一，已有的有关气候变化对地下水供给可靠性的研究侧重于气候变化对水文水循环的影响方面，没有考虑气候变化产生影响的社会经济环境。现有的大多数关于气候变化对地下水供给影响的研究都是水文研究，关注的是气候变化对地下水补给的影响，没有控制社会经济等非气候因素，更缺乏在末端的用水者层面上分析地下水灌溉供给问题。

第二，对地下水脆弱性的相关研究中，首先，以往的研究较多关注水质，即地下水对污染的脆弱性，对水量的关注相对较少；其次，以往的研究缺乏定量评估气候变化对地下水脆弱性的影响；再次，以往研究在地下水脆弱性评估中侧重于水文地质等物理因素，欠缺对人类社会适应能力的考虑，对制度和社会层面的强调更是不足；最后，以往研究对地下水脆弱性的评估很少按照暴露度、敏感性和适应能力的框架进行分析。

第三，尽管很多文献探讨了气候变化的适应性策略，并且在地下水适应性灌溉管理方面也开展了一些研究，但与现实需求相比，以往的研究也存在局限性。已有研究主要是从理论层面或宏观设计方面探讨地下水适应性管理，而且多是描述分析，对中国地下水灌溉管理的演变及其在减少气候变化影响的作用方面开展的定量评估十分有限。在现有的、为数不多的定量分析地下水灌溉管理及其影响的文献中，很少考虑气候变化因素，因此，对当前的地下水灌溉管理在减少气候变化负面影响方面能起到多大作用，尚不清楚。

第四，从研究的尺度看，以往关于地下水灌溉管理的研究多是在一个较大空间尺度上（国家、流域、地区水平上）开展的，社区、农户等末端层次上的研究非常匮乏，尤其是对中国的研究。然而，在末端的用水者层面上评价气候变化对地下水灌溉供给的影响及地下水适应性灌溉管理的成效，将为政策制定者提供更有意义的决策依据。

第十一章

气候变化、灌溉供给及管理变迁

第一节 气候变化及特征

一 样本区长期气候变化趋势

从图 11-1 可以看出，1981 年以来，样本区的年平均气温虽然存在一定幅度的波动，但是仍然呈现上升趋势。图 11-1（a）显示，1981 年所有样本县的年平均温度为 13.31℃，到 2017 年升高到 15.50℃。图 11-1（b）和图 11-1（c）显示，年平均气温上升的程度在同一样本省的样本县之间会有差异。以河北省为例，1981—2017 年，献县的年平均气温上升了 1.81℃，而唐县的年平均气温上升了 2.99℃。相较于河北省，河南省样本县年平均气温的变化更加一致，即年平均气温在过去 37 年中呈现上升趋势，而且这种上升趋势在 20 世纪 90 年代之后更加明显。

与年平均温度的变化趋势不同，样本区的年降水量 1981—2017 年呈现较大波动，没有明显的增加或减少趋势（见图 11-2）。从图 11-2（b）和图 11-2（c）的分县情况看，无论是河北省还是河南省，县级水平的年降水量并没有表现出明显趋势。可见，样本区降水量变化的主要特征是年际间的波动较大。通过计算得出，样本区年降水量的标准差在 1981—2017 年达到 97 毫米，将近年降水量均值的 20%。

（a）全部样本县的年平均温度

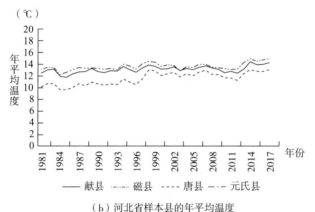

（b）河北省样本县的年平均温度

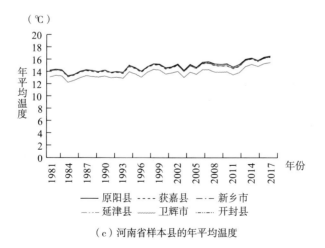

（c）河南省样本县的年平均温度

图 11-1　1981—2017 年样本区年平均气温的变化趋势

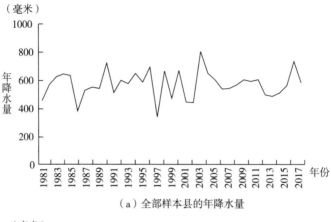

（a）全部样本县的年降水量

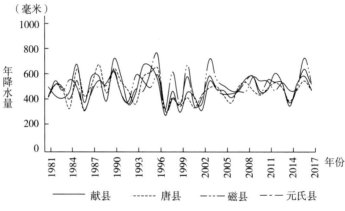

（b）河北省样本县的年降水量

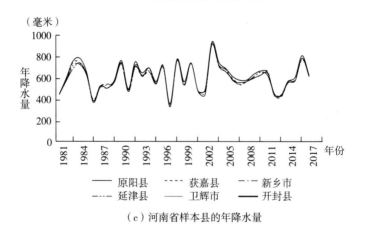

（c）河南省样本县的年降水量

图 11-2　1981—2017 年样本区年降水量的变化趋势

二　样本区干旱发生的变化

干旱问题一直是华北平原农业生产面临的最严重的问题。因此，除了关注年平均气温和降水量的变化趋势外，了解华北平原干旱发生的变化十分重要。为此，笔者首先利用气象站点的气象数据，结合中科院土壤研究所的土壤数据，采用刘巍巍等（2004）的方法计算出分月的帕默尔干旱指数（PDSI），并运用空间插值的方法生成了县级水平的 PDSI。PDSI 是最常用的反映干旱严重程度的指数，值越大意味着越湿润，而值越小意味着越干旱。具体而言，PDSI 值小于-4 代表极端干旱；介于-3.99——3 代表严重干旱；介于-2.99——2 代表中度干旱；介于-1.99——1 代表轻度干旱；介于-0.99——0.5 代表干旱初期；介于-0.49—0.49 代表接近正常（Dai，2011）。根据每个月的 PDSI 可以计算全年中发生了极端干旱或严重干旱的总月数，再除以 12 可得出各年度极端或严重干旱的月份比例。

总体上看，样本区的干旱情况有轻微缓解，PDSI 值小幅度增加（见图 11-3）。这一结果与已有研究比较一致。例如，刘文莉等（2013）基于 35 个气象站点的历史长期资料（1962—2011 年）对华北平原极端干旱事件的时空变化分析表明，华北平原极端干旱发生的频率有所下降。图 11-3（b）和图 11-3（c）也表明，各省样本县的干旱指数存在一定差异，但基本变动趋势一致。

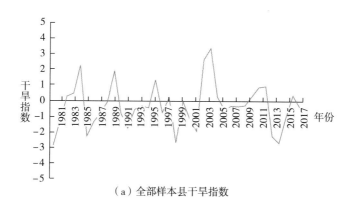

（a）全部样本县干旱指数

图 11-3　1981—2017 年样本区干旱发生的变化趋势

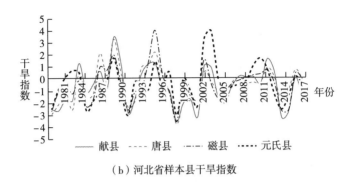

（b）河北省样本县干旱指数

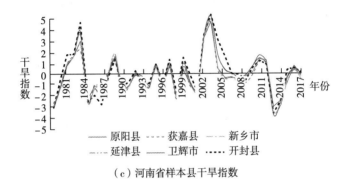

（c）河南省样本县干旱指数

图 11-3 1981—2017 年样本区干旱发生的变化趋势（续）

第二节 地下水灌溉供给变化及特征

为了描述华北平原地下水灌溉供给的变化，本节基于实地调查收集的数据，并借鉴已有相关文献，选取了 3 个变量。第一个变量从村级层面反映地下水灌溉供给可靠性，用村水够用的灌溉机井比重表示（取值介于 0—1）；第二个变量是村地下水水位的变动；第三个变量是地块按时得到灌溉的次数占总灌溉次数的比重，这是在地块水平上反映地下水灌溉供给可靠性的变量。下面将分别描述这 3 个变量的时间变化，从而理解华北平原过去 20 多年地下水灌溉供给的变化。

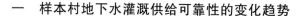

一 样本村地下水灌溉供给可靠性的变化趋势

一个系统的可靠性可以定义为在一定时间内任何故障或失败发生的概率（Karamouz et al.，2013）。不同的研究中对失败或期望的结果有不同的定义，因此不同的研究运用不同的方法评估水资源系统的供给可靠性（Halmova and Melo，2006；Macdonald et al.，2009；Bright et al.，2011；Karamouz et al.，2013）。例如，Halmova 和 Melo（2006）使用水量（所需的总供水量中的不足量）和无故障运行的持续时间（满足需求的天数）测度水供给的可靠性。Bright 等（2011）用供应不足的量和频率度量供水可靠性。例如，当水供给与灌溉需求的比率在超过20%的灌溉时间小于或等于0.5，就认为供给存在严重不足。除了数量和持续时间，Macdonald 等（2009）认为，可靠的农村供水也应该是所有社区成员都可以获得和负担得起的。Karamouz 等（2013）认为，水供给可靠性是水供给系统在一个时期内表现达标的天数比重。

村水够用的灌溉机井比重变量是从村级层面测度地下水灌溉供给可靠性。变量取值的具体计算方法是：用灌溉季节村里水够用的灌溉机井数除以全村可用于灌溉的机井总数。因此，变量的取值介于0—1之间。需要说明的是，"水够用的灌溉机井"是指在灌溉季节，那些没有出现过抽不上来水，或者虽能抽上水但出水量不能满足村民灌溉需要的机井。换言之，这些机井都没有影响村民的正常灌溉。之所以选取这一变量，是因为根据实地调查获取的信息，如果机井出现过一次或多次水不够用的情形，进而没有满足农民的灌溉需求，造成灌溉的延误或不充分，就可能会影响作物产量。

对调查数据的统计分析发现，1990—2015年，村庄机井向农民提供地下水灌溉的可靠性呈现下降趋势（见图11-4）。具体而言，在1990年，全村只有12%的灌溉机井出现过不够用的情况。也就是说，村水够用的灌溉机井比重为0.88。到2015年，全村有42%的机井在灌溉季节为村民提供灌溉服务时出现过水不够用的情况，即村水够用的灌溉机井比重下降到0.58。

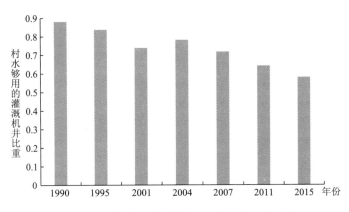

图 11-4　村水够用的灌溉机井比重的变化趋势

二　样本村地下水水位的变化趋势

通过对调查数据的分析可以发现，1990—2011 年，样本村的地下水水位呈现明显的下降趋势（见图 11-5）。在 1990 年，样本村的平均年均地下水水位为 12.4 米；到 2011 年，这一数值增加到了 30.5 米，平均每年下降 0.86 米。Li 等（2014）的分析表明，过去 50 年中，华北平原地下水水位平均每年下降 0.36 米。由此可见，20 世纪 90 年代后，华北平原地下水水位的下降速度更快。

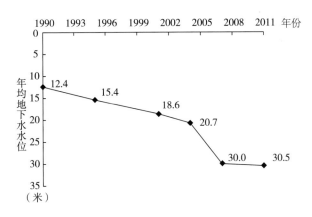

图 11-5　1990—2011 年样本区地下水水位的变化趋势

尽管总体上看，样本区地下水水位呈现下降趋势，但村与村之间存在明显差异。根据实地调查数据，有 36 个村在 1990—2011 年抽取地下水进行灌溉。在此期间，地下水水位保持不变的村数为零（见表11-1），即所有村庄在此期间水位都发生了变化。其中，只有 2.8% 的村在此期间水位上升，97.2% 的村地下水水位出现下降。并且，在这些地下水水位下降的村中，下降的幅度也有差异。具体而言，34.3% 的村地下水水位年均下降幅度在 0.25 米及以下，54.3% 的村年均下降幅度在 0.25—1.5 米（不包含 0.25 米和 1.5 米）。此外，还有11.4% 的村年均下降幅度已经达到或超过了国家警戒线 1.5 米，而这些水位下降十分严重的村全部位于河北省，占河北省样本村的近30%。河南省虽然所有样本村在 1990—2011 年水位都在下降，但相较于河北省，水位下降的幅度较小，超过一半的村年均下降幅度不超过 0.25 米。而河北省水位年均下降不超过 0.25 米的村仅占 7.1%，年均下降幅度在 0.25—1.5 米的村占据了大部分比例，达到了 64.3%。

表 11-1　　　　　1990—2011 年样本村地下水水位的变动

	样本村的比例（%）	不同省份样本村的比例（%）	
		河北省	河南省
水位不变	0.0	0.0	0.0
水位上升	2.8	6.7	0.0
水位下降	97.2	93.3	100.0
年均下降速度			
≤0.25 米	34.3	7.1	52.4
0.25—1.5 米	54.3	64.3	47.6
≥1.5	11.4	28.6	0.0

注：有 36 个村在 1990—2011 年都抽取地下水进行灌溉。

样本区地下水水位变化趋势和幅度不仅在村庄之间存在差异，而且在不同时段之间也存在差异。由于调查收集了 1990 年、1995 年、

2001 年、2004 年、2007 年和 2011 年的地下水水位数据，因此可以分时段分析地下水水位的变动。从图 11-6 可以看出，地下水水位下降的村庄比例除了在 2001—2004 年这一时段不足 50%，在其他几个时段都超过 70%。从图 11-6 也可以看出，在大部分时段，也会有一些村庄的地下水水位保持不变或出现上升。例如，在 2007—2011 年这个时段，75.6% 的村庄地下水水位下降了，20.0% 的村庄地下水水位有所上升，4.4% 的村庄地下水水位保持不变。由此可见，随着时间的推移，并非所有地方的地下水水位都在下降，但地下水水位的总体下降趋势是无法否认的。

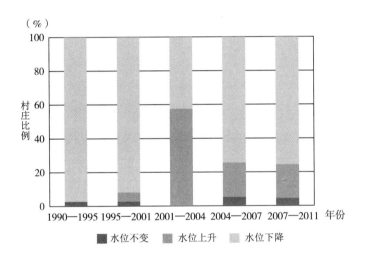

图 11-6　华北平原样本区地下水水位在不同时段间的变化差异

对于地下水水位下降的村庄，下降的速度在不同时段也有差异（见图 11-7）。从图 11-7 可以看出，在较早的两个时期（1990—1995 年和 1995—2001 年），地下水水位年均下降幅度小于或等于 0.25 米的村占较大比例。但在较晚的 3 个时期，年均下降幅度超过 0.25 米的村庄占据了绝对份额，尤其是年均下降达到或超过 1.5 米的村庄比例明显增加。例如，在 2004—2007 年，44.8% 的村地下水水位平均每年下降达到或超过 1.5 米，而下降幅度不超过 0.25 米的村庄只占到 13.8%。由此可见，样本区地下水水位的下降表现出先慢后快的速度，2004 年以后，下降速度超过国家警戒线（1.5 米）的村庄比例已不可忽视，地下水枯竭问题十分严重。

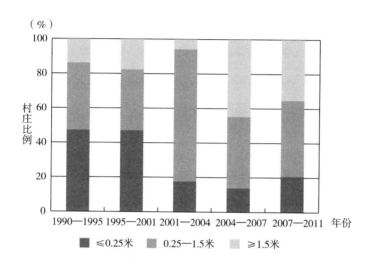

图 11-7　华北平原地下水水位下降的村在不同时段的下降幅度差异

三　样本地块地下水灌溉供给可靠性的变化趋势

地块水平上的地下水灌溉供给可靠性用地块按时得到灌溉的次数比重变量测度。该变量取值的具体计算方法为：用地块上灌溉时间符合农民要求的灌溉次数除以作物生长期内的总灌溉次数。在中国农村，地下水通常是应农民的要求而不是按照固定的时间输送的，因此是一种按需输送。农民通常根据作物需水状况、田间条件、降雨量、过往经验等决定需要地下水灌溉的时间。如果在农民要求的时间输送地下水，地下水灌溉供给被认为是及时的，否则就是不及时的。在调查过程中，受访农户报告了作物地块上灌溉的总次数和按自身要求时间得到灌溉的次数。他们认为，作物需要灌溉时如果没能及时地得到灌溉，会对作物生长造成负面的影响。

对调查数据的统计结果表明，2001—2015 年，农户在地块水平上获得地下水灌溉的可靠性呈现下降趋势（见表 11-2）。具体来说，在

2001 年，农户在小麦的整个生长期内平均采用地下水灌溉的次数为 4 次，其中，平均有 3.64 次是按照农户的要求及时得到灌溉的，通过计算可得，地块按时得到灌溉的次数比重为 0.91。到 2015 年，地块按时得到灌溉的次数比重下降到 0.83。

表 11-2　　　　　　地块按时得到灌溉的次数比重的变化趋势

| 年份 | 小麦生长期内地下水灌溉次数 | 及时得到灌溉的次数 | 地块的灌溉及时率 |
	（1）	（2）	（3）
2001	4	3.64	0.91
2004	3	2.67	0.89
2007	3	2.67	0.89
2011	3	2.61	0.87
2015	3	2.49	0.83

注：列（3）＝列（2）/列（1）。

第三节　地下水适应性灌溉管理的演变

在气候变化背景下，考虑到地下水供给减少和政府意图维持或增加粮食生产，提高地下水利用效率迫在眉睫。本节将基于北京大学中国农业政策研究中心（CCAP）五轮农村实地调查数据，描述过去 20 多年来华北平原灌溉机井产权的演变，及其衍生的地下水灌溉服务市场的发展，以便了解气候变化背景下华北平原地下水适应性灌溉管理的演变。

一　灌溉机井产权的演变

20 世纪 80 年代以前，集体产权机井占中国灌溉机井的绝对主导地位，尤其是在华北平原高度依赖地下水灌溉的一些地区，几乎所有的灌溉机井归集体所有（Wang et al.，2005；Zhang et al.，2008）。1980 年以后，随着农村经济的改革，中国机井的产权开始迅速地从集体产权向非集体产权演变（Wang et al.，2005；Zhang et al.，2008）。已有研究表明，在中国北方地区的井灌村中，非集体产权的机井比例已经从 1995 年的 58% 增加到 2004 年的 70%（Wang et al.，2007；Zhang et al.，2008）。

在全球气候变化的背景下，随着地表水资源的减少，华北平原越来越多地依赖地下水灌溉，灌溉机井数量不断增加，机井的产权也发生了变化，不断地从集体产权向非集体产权演变。一般来说，如果机井归村集体所有，则认为其是集体产权的机井；否则，则认为其是非集体产权的机井。在实地调查中发现，非集体产权的机井包括两种类型：一种类型是个体产权的机井，即由单个农户自己投资的机井；另一种类型是股份制产权的机井，即由几个农户（一般为 3—5 个农户）共同投资打的机井，机井的产权由这几个农户共同所有。

实地调查数据显示，1990 年，非集体产权机井占灌溉机井总数的52%（见图 11-8），到 2004 年，这一比例增加到 83%。然而，非集体产权机井的比例在 2004 年后开始下降。到 2015 年，下降到了61%。这种变化的原因或许可以归结为三个方面：第一，与打井成本的上升有关。随着地下水水位的下降，打井成本不断上升，超过了许多农户的支付能力。第二，与越来越多的农村劳动力外出就业有关。计划外出打工的农户可能不愿意投资打井。第三，与政府的灌溉投资政策有关。近年来，政府大幅增加了对农田水利设施的投资，许多新的机井由政府投资，属于村集体所有。

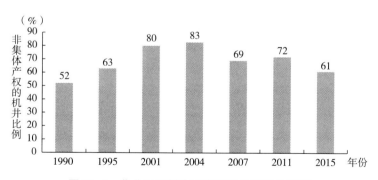

图 11-8　华北平原样本区灌溉机井产权的演变

二 地下水灌溉服务市场的发育

随着灌溉机井产权从集体产权向非集体产权演变，人们开始担心没有机井的农户无法获得地下水灌溉，这可能导致不公平问题。然而，事实表明，由于地下水灌溉服务市场的出现和发展，这种担忧是不必要的。地下水灌溉服务市场属于一种本土的、社区的非正规的制度安排，在这种自发形成的、非正规的制度安排下，有井的农户按照某种价格向其他农户有偿提供地下水灌溉服务。地下水灌溉服务市场的本质是无法获得地下水灌溉的农户与那些有井的农户之间的自发交易。地下水灌溉服务市场在中国北方地区和南亚一些国家发展迅速，受到了不少学者的关注。

20 世纪 90 年代初，华北平原地下水灌溉服务市场在受到学者关注之前就已悄然出现，并且发展迅速。基于本篇所用的多轮追踪调查数据可以发现，1990 年，就有 2.7% 的样本村庄出现了地下水灌溉服务市场，平均而言，地下水灌溉服务面积占全村总灌溉面积的比例（以下简称地下水灌溉服务面积比例）仅为 0.1%；到 2011 年，有地下水灌溉服务市场的村庄比例已达 68.1%，地下水灌溉服务面积比例达到 40.6%（见图 11-9）。在有偿提供地下水灌溉服务的农户中，最典型的是个体机井的所有者，还有少部分是股份制机井的所有者。

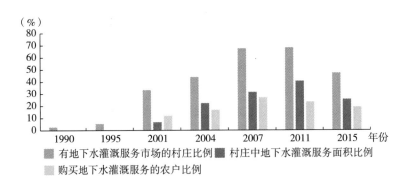

图 11-9　华北平原样本地区地下水灌溉服务市场的发展及变化

注：2001 年开展首轮调查时，村级问卷中除了收集 2001 年的数据，也收集 1990 年和 1995 的数据，但农户问卷只收集当年的数据，因此，购买地下水灌溉服务的农户比例数据在 1990 年和 1995 年并不是 0，而是缺失。

然而，2011年后，有地下水灌溉服务市场的村庄比例开始下降，到2015年下降到47.2%，灌溉服务的市场交易规模也出现萎缩，服务面积比例均值减少到25.4%。相较于有地下水灌溉服务市场村庄比例的转折性变化，购买地下水灌溉服务的农户比例出现转折性变化似乎更早一些。2001—2007年，购买地下水灌溉服务的农户比例从12.0%增加到26.9%，但2007年后开始下降，到2015年下降到19.1%（见图11-9）。

有地下水灌溉服务市场的村庄比例在2011年后之所以下降，可能是因为随着地下水水位的不断下降，很多已有的机井由于抽不上水而报废，灌溉机井越打越深，打井成本快速上升，已经超过了大多数农户的承受能力。新打的机井越来越多的是由村集体投资的，再加上打井许可证制度的严格实施，农户很难取得打井许可，使村里非集体产权的机井比例下降，地下水灌溉服务市场随之减少。

华北平原地下水灌溉服务市场的快速发展，使农民获取地下水灌溉的方式发生了变化（见表11-3）。从表11-3看，在2001年，72.0%的小麦地块是从集体产权的机井获得地下水灌溉的，到了2011年，这一比例下降到57.5%。但2011年以后，从集体产权机井获得灌溉的小麦地块比例有所增加，到2015年，增加到69.8%。相应地，从2001—2015年，从地下水灌溉服务市场获得灌溉的小麦地块比例呈现先增后降的趋势，从2001年的11.6%增加到2007年的21.6%，之后出现下降，到2015年降至16.0%。在同一时期，农户从自己的机井抽水灌溉的小麦地块比例也呈现先增后降的趋势，到2015年，这一比例为14.2%，比2011降低了9个百分点。

表11-3 2001—2015年样本区小麦地块获得地下水灌溉的方式

年份	小麦地块比例（%）		
	从地下水灌溉服务市场买水	从自己的机井抽水灌溉	从集体机井抽水灌溉
	（1）	（2）	（3）
2001	11.6	16.4	72.0
2004	15.8	21.5	62.7

续表

年份	小麦地块比例（%）		
	从地下水灌溉服务市场买水	从自己的机井抽水灌溉	从集体机井抽水灌溉
	（1）	（2）	（3）
2007	21.6	15.6	62.8
2011	19.3	23.2	57.5
2015	16.0	14.2	69.8

第十二章

气候变化背景下地下水
供给脆弱性评价

第一节 地下水供给脆弱性的评价方法

为了定量评价华北平原地下水供给脆弱性，本章运用目前在水资源脆弱性评价中应用最广泛的综合指数法，即计算一个综合指数来表征地下水供给的脆弱性。该方法通过分析造成水资源脆弱的主要因素，构造相应的指标体系，利用数理统计方法计算脆弱性指数，进行水资源脆弱性评价。在具体应用中，人们常使用层次分析法（Analytical Hierarchy Process，AHP）和模糊综合评价法两种方法（陈攀等，2011）。

本章采用层次分析法计算华北平原地下水供给脆弱性的综合评价指数。AHP 方法是由美国运筹学家匹兹堡大学教授萨迪（T. L. Saaty）于 20 世纪 70 年代初期提出的一种基于系统工程分析的多目标、多准则的决策方法。该评价方法最大的特点是将定性方法和定量方法相结合，将人的主观判断用数量形式进行表达和处理。AHP 在中国能源分析、城市规划、经济管理、科研成果评价、可持续发展评价等诸多领域得到了广泛应用（卢晓玲、周丽君，2011；刘晓琼、刘彦随，2009）。

运用 AHP 方法进行决策的主要步骤如下：首先，分析系统中各元素（指标）之间的关系，建立综合评价系统的递阶层次结构；其次，对同一层次的各元素关于上一层次中某一准则的重要性进行两两比较，构造两两比较判断矩阵，并按照表 12-1 给出的 1—9 标度对各评价指标赋予权重；最后，计算单一准则下元素的相对权重，并进行一致性检验（刘晓琼、刘彦随，2009；程乾生，1997）。

表 12-1 层次分析法中 1—9 标度的含义

标度	含义
1	表示两个元素相比，具有同样的重要性
3	表示两个元素相比，前者比后者稍重要
5	表示两个元素相比，前者比后者明显重要
7	表示两个元素相比，前者比后者强烈重要
9	表示两个元素相比，前者比后者极端重要
2、4、6、8	表示上述相邻判断的中间值
倒数	若元素 i 与元素 j 的重要性之比为 a_{ij}，那么元素 j 与元素 i 重要性之比为 $a_{ji}=1/a_{ij}$

一 建立综合评价系统的递阶层次结构

构建华北平原地下水供给脆弱性评价指标系统涉及多方面内容，也要考虑指标是否容易量化、数据是否容易获得。本章从目标层、准则层和指标层 3 个层次建立评价地下水供给脆弱性的综合评价系统。目标层就是地下水供给脆弱性。准则层包括地下水供给脆弱性的暴露度、敏感度和适应能力三个方面。在每个准则层下将具体选择一些指标来评价华北平原地下水供给脆弱性。指标计算所需要的数据均来自 CWIM 实地调查和国家气象站的实际观测。

二 构造两两比较判断矩阵

在构建好评价地下水供给脆弱性的指标体系后，要分别对各个层次按照表 12-1 显示的 1—9 标度，两两比较各个层次中所有元素相互间的重要性，构建判断矩阵，见表 12-2（蒋耀，2009）。为了相对客观公允地确定地下水供给脆弱性的判断矩阵，笔者咨询了一些水资源研究领域的专家，结合多位专家意见对华北平原地下水供给脆弱性评价的三大准则层和各准则层的指标进行 1—9 标度的重要性分析。

表 12-2　　　　　　　　　　判断矩阵

	A1	A2	A3	…	A5
A1	1	A12	A13	…	A1n
A2	A21	1	A23	…	A2n
A3	A31	A32	1	…	A3n
…	…	…	…	…	…
An	An1	An2	An3	…	Ann

注：Am（$m = 1$，2，…，n）为第 m 个评价因子，Aij（$i = 1$，2，…，n；$j = 1$，2，…，n）为第 i 个因子与第 j 个因子相对重要性比较而获得的值。

三　计算单一准则下元素的相对权重，并进行一致性检验

单一权重向量即各下属元素相对于上属元素重要性程度的量化评判结果，是根据判断矩阵的最大特征根所对应的特征向量，并经归一化处理（蒋耀，2009；刘勇等，2006）。

首先，计算判断矩阵的每一行元素乘积的 n 次方根 T_i：

$$T_i = \sqrt[n]{\prod_{j=1}^{n} A_{ij}}\,(i = 1,\ 2,\ \cdots,\ n) \tag{12.1}$$

式（12.1）中，n 为评价因子数目；A_{ij}（$i = 1$，2，…，n；$k = 1$，2，…，n）为第 i 个因子与第 j 个因子相对重要性比较而获得的值。

然后，求各评价因子的权重值 W_i：

$$W_i = \frac{T_i}{\sum\limits_{i=1}^{n} T_i}\,(i = 1,\ 2,\ \cdots,\ n) \tag{12.2}$$

由于地下水供给脆弱性评价的复杂性及认识的主观性，通过所构造的判断矩阵求出权重不一定合理，需要对判断矩阵进行一致性和随

机性检验（蒋耀，2009；刘勇等，2006）。单层次一致性检验公式为：

$$CR = CI/RI \tag{12.3}$$

式（12.3）中，CR 为判断矩阵的随机一致性比率；RI 为判断矩阵的平均随机一致性指标（见表 12-3）；CI 为判断矩阵的一致性指标，计算公式为：

$$CI = \frac{\lambda_{\max} - n}{n-1} \tag{12.4}$$

式（12.4）中，$\lambda_{\max}$ 为最大特征根，计算公式为：

$$\lambda_{\max} = \sum_{i=1}^{n} \frac{1}{n W_i} \sum_{j=1}^{n} A_{ij} W_j \tag{12.5}$$

表 12-3 平均随机一致性检验 RI 数值

	n										
	1	2	3	4	5	6	7	8	9	10	11
RI	0	0	0.58	0.9	1.12	1.24	1.32	1.41	1.45	1.49	1.51

当 $CR < 0.1$ 时，即认为判断矩阵具有满意的一致性，说明权重分配合理；否则，需要另行调整判断矩阵，并重新进行权重计算和一致性检验，直到通过一致性检验为止。各单层的权重向量一致性检验若都能通过的话，紧接着需要进行层次总排序的一致性指标检验，公式如下（蒋耀，2009）：

$$CR_{\text{总}} = \frac{\sum_{j=1}^{n} a_j CI_j}{\sum_{j=1}^{n} a_j RI_j} \tag{12.6}$$

总的一致性指标达标值与单层次一致性检验相同，也为 0.1。当 $CR_{\text{总}} < 0.1$ 时，表明层次总排序的一致性检验达标，通过该 AHP 分析得到的指标权重可用于进一步的地下水供给脆弱性评价。

最后，在求得各个评价指标的权重之后，为了体现各个具体指标对地下水供给脆弱性的影响程度，笔者运用加权平均法计算地下水供给的脆弱性综合指数（Sulliva，2011）。这样做是为了使计算出的脆弱性综合指数取值0—1，值越大，表示越脆弱。但是，由于地下水供给脆弱性评价指标体系中各指标承载的信息类型不一，各指标原始数据的单位差异很大，为了消除计算时造成的影响，在计算地下水脆弱性综合指数之前，对所有的指标要进行标准化。笔者参照已有研究的做法（Pandey et al.，2015；Lindoso et al.，2014），采用如下的标准化公式：

$$C_i = \frac{x_i - x_{min}}{x_{max} - x_{min}} \tag{12.7}$$

式（12.7）中，C_i 表示标准化之后的指标数据；x_i 表示标准化前的指标数值；x_{max} 和 x_{min} 分别表示各指标标准化之前的最大值和最小值。

对各指标数据完成标准化之后，笔者运用下面公式计算地下水供给脆弱性的综合指数：

$$V = \sum W_i \times C_i \tag{12.8}$$

第二节　构建地下水供给脆弱性的评价指标系统

本节将构建地下水供给脆弱性的评价指标系统，用于对华北平原依赖地下水灌溉地区的地下水供给脆弱性进行综合评价。根据华北平原的实际情况，考虑到数据容易获得、量化和计算的原则，笔者建立如表12-4所示的用于评价地下水供给脆弱性的综合评价系统。地下水供给脆弱性评价系统包括3个准则层：暴露度、敏感性和适应能力。每一个准则层下都选取了一些具体指标。其中，暴露度包括10个指标；敏感性包括13个指标；适应能力包括7个指标，共计30个指标。基于调查数据的各指标的描述性统计见表12-4。

表 12-4　　　地下水供给脆弱性评价指标的基本统计特征

准则层	指标层	均值	标准差	最小值	最大值
暴露度	长期平均气温（C1）	13.74	0.93	11.41	14.57
	长期平均降水（C2）	569.80	56.32	502.38	656.52
	长期气温标准差（C3）	0.59	0.15	0.49	1.04
	长期降水标准差（C4）	121.06	13.36	102.79	140.47
	长期干旱指数（C5）	−0.25	0.36	−0.71	0.26
	村水不够用的机井比例（C6）	24.04	33.44	0.00	100.00
	村是否水短缺（C7）	0.30	0.46	0.00	1.00
	村平均地下水位（C8）	21.90	24.44	1.50	115.00
	村3月与9月井水水位之差（C9）	2.87	3.24	0.00	24.00
	村因水位下降废弃的机井数（C10）	2.84	11.46	0.00	100.00
敏感性	有效灌溉面积比例（C11）	82.24	25.21	6.25	100.00
	村地下水灌溉面积比例（C12）	65.87	38.77	0.00	100.00
	村地表水灌溉面积比例（C13）	13.82	27.94	0.00	98.00
	村联合灌溉面积比例（C14）	20.32	32.28	0.00	100.00
	村人口（C15）	1652.05	1024.97	320.00	5300.00
	村人均耕地面积（C16）	0.10	0.04	0.04	0.26
	村人均实际纯收入（C17）	1685.82	1336.70	300.00	13000.00
	村到外地打工的劳动力比例（C18）	17.31	16.12	0.00	84.62
	村中学以及上文化的劳动力比例（C19）	57.51	22.92	8.00	100.00
	村距离乡镇政府的距离（C20）	3.38	2.24	0.00	15.00
	村沙土土壤（C21）	0.25	0.44	0.00	1.00
	村黏土土壤（C22）	0.48	0.50	0.00	1.00
	村壤土土壤（C23）	0.27	0.44	0.00	1.00
适应能力	村个体产权机井比例（C24）	42.03	43.12	0.00	100.00
	村集体产权机井比例（C25）	57.97	43.12	0.00	100.00
	村卖水机井比例（C26）	23.79	37.61	0.00	100.00
	村卖水面积比例（C27）	16.84	31.58	0.00	160.00
	机井密度（C28）	0.32	0.40	0.01	2.75
	深井比例（C29）	28.18	40.98	0.00	100.00
	采用节水技术的播种面积比例（C30）	37.38	25.63	0.00	100.00

注：观察值个数为250个。

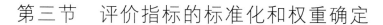

第三节　评价指标的标准化和权重确定

一　评价指标的标准化

由于各指标的原始数值单位差异较大，为了消除对计算过程的影响，按照式（12.7）给出的标准化公式，对所有的指标进行了标准化。标准化后的结果见表12-5。

表 12-5　　　　　　　　　　各评价指标的标准化结果

准则层	指标层	总体	1990 年	1995 年	2001 年	2004 年	2007 年	2011 年
暴露度（B1）	长期平均气温（C1）	0.738	0.747	0.747	0.722	0.732	0.746	0.736
	长期平均降水（C2）	0.437	0.459	0.459	0.456	0.446	0.408	0.409
	长期气温标准差（C3）	0.190	0.181	0.181	0.216	0.192	0.174	0.194
	长期降水标准差（C4）	0.485	0.516	0.516	0.504	0.492	0.447	0.450
	长期干旱指数（C5）	0.476	0.490	0.490	0.488	0.482	0.458	0.457
	村水不够用的机井比例（C6）	0.240	0.119	0.162	0.261	0.218	0.282	0.359
	村是否水短缺（C7）	0.304	0.135	0.297	0.429	0.195	0.326	0.404
	村平均地下水位（C8）	0.180	0.096	0.123	0.151	0.169	0.251	0.255
	村 3 月与 9 月井水水位之差（C9）	0.120	0.121	0.121	0.122	0.123	0.101	0.130
	村因水位下降废弃的机井数（C10）	0.028	0.006	0.006	0.005	0.014	0.064	0.061
敏感性（B2）	有效灌溉面积比例（C11）	0.811	0.749	0.765	0.811	0.816	0.840	0.861
	村地下水灌溉面积比例（C12）	0.659	0.544	0.539	0.655	0.659	0.746	0.761
	村地表水灌溉面积比例（C13）	0.141	0.157	0.155	0.121	0.109	0.145	0.159
	村联合灌溉面积比例（C14）	0.203	0.301	0.309	0.226	0.234	0.113	0.083
	村人口（C15）	0.267	0.208	0.220	0.245	0.257	0.314	0.336
	村人均耕地面积（C16）	0.253	0.296	0.276	0.252	0.235	0.249	0.224
	村人均实际纯收入（C17）	0.109	0.041	0.054	0.069	0.068	0.153	0.235
	村到外地打工的劳动力比例（C18）	0.205	0.153	0.169	0.216	0.189	0.184	0.297
	村中学以及上文化的劳动力比例（C19）	0.538	0.440	0.511	0.582	0.588	0.486	0.605
	村距离乡镇政府的距离（C20）	0.226	0.197	0.203	0.209	0.223	0.257	0.252

续表

准则层	指标层	总体	1990 年	1995 年	2001 年	2004 年	2007 年	2011 年
敏感性 （B2）	村沙土土壤（C21）	0.252	0.270	0.270	0.262	0.244	0.239	0.234
	村黏土土壤（C22）	0.480	0.432	0.432	0.452	0.463	0.522	0.553
	村壤土土壤（C23）	0.268	0.297	0.297	0.286	0.293	0.239	0.213
适应 能力 （B3）	村个体产权机井比例（C24）	0.420	0.155	0.268	0.376	0.579	0.524	0.549
	村集体产权机井比例（C25）	0.580	0.845	0.732	0.624	0.421	0.476	0.451
	村卖水机井比例（C26）	0.238	0.005	0.012	0.123	0.254	0.446	0.483
	村卖水面积比例（C27）	0.105	0.001	0.002	0.038	0.118	0.191	0.234
	机井密度（C28）	0.113	0.084	0.102	0.151	0.145	0.091	0.106
	深井比例（C29）	0.282	0.159	0.193	0.185	0.269	0.377	0.452
	采用节水技术的播种面积比例（C30）	0.374	0.129	0.129	0.357	0.358	0.523	0.641

注：观察值个数为 250 个。

二　评价指标权重的确定

权重反映了每个指标在地下水供给脆弱性评价中的影响大小。笔者采用层次分析法（AHP）确定每个指标的权重。

（一）构造判断矩阵

建立了层次分析模型后，就可以在各层元素中进行两两比较，构造出判断矩阵。判断矩阵是层次分析法的基本信息，也是进行相对重要度计算的重要依据（杜栋等，2008）。判断矩阵表示针对上一层次因素，本层次与之有关因素之间相对重要性的比较。例如当暴露度（B1）作为准则时，需要对其下一层的元素 C1，C2，…，C10 在 B1下赋予权重，就要两两比较它们对 B1 的相对重要性，并对这一重要性赋予一定的数值。本节按照表 12-1 给出的 1—9 标度方法量化指标之间的相对重要性。为了更加客观公允地给出判断矩阵，笔者在构造判断矩阵时，咨询了水资源研究领域的专家，尤其是对中国北方地区地下水灌溉及管理有深入研究的专家，进一步保障了判断矩阵的客观真实，提高了地下水供给脆弱性评价结果的可信度。

准则层对于目标层的判断矩阵见表 12-6。相应地，笔者分别构造了暴露度准则层下的判断矩阵（见表 12-7）、敏感性准则层下的判断矩阵（见表 12-8）以及适应能力准则层下的判断矩阵（见表 12-9）。

表 12-6　　　　　　　　　　　准则层的判断矩阵

	暴露度（B1）	敏感性（B2）	适应能力（B3）
暴露度（B1）	1	2	4
敏感性（B2）	1/2	1	3
适应能力（B3）	1/4	1/3	1

注：$\lambda_{max} = 3.0183$，$CI = 0.0091$，$RI = 0.58$，$CR = 0.0158 < 0.10$。

表 12-7　　　　　　　　　　　暴露度的判断矩阵

	C1	C2	C3	C4	C5	C6	C7	C8	C9	C10
C1	1	1/2	3	1/3	1/3	1/4	1/2	1/4	4	3
C2	2	1	5	3	1/2	1/2	2	1/2	5	4
C3	1/3	1/5	1	1/5	1/6	1/6	1/4	1/6	2	1/3
C4	3	1/3	5	1	1/3	1/3	1/2	1/3	4	3
C5	3	2	6	3	1	2	3	2	6	5
C6	4	2	6	3	1/2	1	3	1	5	3
C7	2	1/2	4	2	1/3	1/3	1	1/3	4	2
C8	4	2	6	3	1/2	1	3	1	5	3
C9	1/4	1/5	1/2	1/4	1/6	1/5	1/4	1/5	1	1/3
C10	1/3	1/4	3	1/3	1/5	1/3	1/2	1/3	3	1

注：$\lambda_{max} = 10.6545$，$CI = 0.0727$，$RI = 1.49$，$CR = 0.0488 < 0.10$。

表 12-8　　　　　　　　　　　敏感性的判断矩阵

	C11	C12	C13	C14	C15	C16	C17	C18	C19	C20	C21	C22	C23
C11	1	1/2	4	2	5	4	5	4	7	7	5	7	6
C12	2	1	6	4	6	5	6	5	8	8	6	8	7
C13	1/4	1/6	1	1/3	1/3	1/4	1/3	1/4	3	1/3	1/2	1/2	1/2
C14	1/2	1/4	3	1	4	3	4	3	7	7	5	7	6
C15	1/5	1/6	3	1/4	1	1/3	1	1/3	5	5	1/4	4	3

261

续表

	C11	C12	C13	C14	C15	C16	C17	C18	C19	C20	C21	C22	C23
C16	1/4	1/5	4	1/3	3	1	3	1	4	4	1/3	5	4
C17	1/5	1/6	3	1/4	1	1/3	1	1/3	5	5	1/4	4	3
C18	1/4	1/5	4	1/3	3	1	3	1	4	4	1/3	5	4
C19	1/7	1/8	1/3	1/7	1/5	1/4	1/5	1/4	1	1	1/6	1/3	1/4
C20	1/7	1/8	1/3	1/7	1/5	1/4	1/5	1/4	1	1	1/6	1/3	1/4
C21	1/5	1/6	3	1/5	4	3	4	3	6	6	1	5	3
C22	1/7	1/8	2	1/7	1/4	1/5	1/4	1/5	3	3	1/5	1	1/3
C23	1/6	1/7	2	1/6	1/3	1/4	1/3	1/4	4	4	1/3	3	1

注：$\lambda_{max}=14.6777$，$CI=0.1398$，$RI=1.56$，$CR=0.0896<0.10$。

表 12-9　　　　　　　　　适应能力的判断矩阵

	C24	C25	C26	C27	C28	C29
C24	1	6	1/3	1/3	4	4
C25	1/6	1	1/7	1/7	1/4	1/4
C26	3	7	1	1	5	5
C27	3	7	1	1	5	5
C28	1/4	4	1/5	1/5	1	1
C29	1/4	4	1/5	1/5	1	1
C30	2	4	1/2	1/2	4	4

注：$\lambda_{max}=7.3812$，$CI=0.0635$，$RI=1.32$，$CR=0.0481<0.10$。

（二）判断矩阵的一致性检验

为了保证应用层次分析法得到合理的结论，还需要对构造的判断矩阵进行一致性检验。所谓的一致性就是指在判断指标的重要性时，各判断之间不会相互矛盾（杜栋等，2008）。以上文的指标为例，两两判断时，假如判断村人口比村人均耕地面积明显重要，村人均耕地面积比村人均实际纯收入明显重要，那么，出现村人均实际纯收入又比村人口明显重要的判断的话，就违背了判断矩阵的一致性。按照前文介绍的一致性检验方法，笔者计算了度量判断矩阵偏离一致性的指

标 *CI* 和平均随机一致性指标 *RI*。在此基础上，通过计算 *CI* 和 *RI* 的比值，得出随机一致性比率 *CR*。当 *CR*<0.1 时，即认为判断矩阵具有满意的一致性。

根据这种检验方法，本节对 4 个判断矩阵（见表 12-6 至表 12-9）进行了一致性检验。利用现代综合评价软件包（Modern Comprehensive Evaluation，MCE）中的层次分析法（AHP）程序块（杜栋等，2008），直接可以求得各个判断矩阵的一致性比率 *CR*。对于准则层判断矩阵（见表 12-6），求得 *CR*=0.0158<0.1；对于暴露度准则层下的判断矩阵（见表 12-7），求得 *CR*=0.0488<0.1；对于敏感性准则层下的判断矩阵（见表 12-8），求得 *CR*=0.0896<0.1；对于适应能力准则层下的判断矩阵（见表 12-9），求得 *CR*=0.0481<0.1。由此可见，所有判断矩阵都具有满意的一致性。

（三）层次单排序和总排序

层次单排序就是根据判断矩阵计算相对于上一层次中的某一因素而言，本层次中各因素重要性次序的权值（杜栋等，2008）。常用的计算层次单排序的方法是方根法，即计算判断矩阵的最大特征根及其对应的特征向量。利用 MCE 软件包中的 AHP 程序块，可以直接求出各判断矩阵的各层次单排序，计算结果见表 12-10（第 4 列）。得出了各层次的单排序后，也可以计算每个指标针对最高层目标（地下水供给脆弱性）而言的重要性排序，即层次总排序。地下水供给脆弱性各个评价指标的层次总排序见表 12-10（第 5 列）。

表 12-10　地下水供给脆弱性评价层次单排序和总排序

准则层	权重	指标层	层次单排序权重	总排序权重
暴露度（B1）	0.558	长期平均气温（C1）	0.058	0.032
		长期平均降水（C2）	0.127	0.071
		长期气温标准差（C3）	0.024	0.013
		长期降水标准差（C4）	0.078	0.044
		长期干旱指数（C5）	0.221	0.123
		村水不够用的机井比例（C6）	0.172	0.096
		村是否水短缺（C7）	0.084	0.047

续表

准则层	权重	指标层	层次单排序权重	总排序权重
暴露度 （B1）	0.558	村平均地下水位（C8）	0.172	0.096
		村3月与9月井水水位之差（C9）	0.022	0.012
		村因水位下降废弃的机井数（C10）	0.043	0.024
敏感性 （B2）	0.320	有效灌溉面积比例（C11）	0.184	0.059
		村地下水灌溉面积比例（C12）	0.251	0.080
		村地表水灌溉面积比例（C13）	0.025	0.008
		村联合灌溉面积比例（C14）	0.142	0.045
		村人口（C15）	0.045	0.014
		村人均耕地面积（C16）	0.070	0.022
		村人均实际纯收入（C17）	0.045	0.014
		村到外地打工的劳动力比例（C18）	0.070	0.022
		村中学以及上文化的劳动力比例（C19）	0.013	0.004
		村距离乡镇政府的距离（C20）	0.013	0.004
		村沙土土壤（C21）	0.090	0.029
		村黏土土壤（C22）	0.021	0.007
		村壤土土壤（C23）	0.030	0.010
适应能力 （B3）	0.122	村个体产权机井比例（C24）	0.132	0.016
		村集体产权机井比例（C25）	0.026	0.003
		村卖水机井比例（C26）	0.282	0.034
		村卖水面积比例（C27）	0.282	0.034
		机井密度（C28）	0.054	0.007
		深井比例（C29）	0.054	0.007
		采用节水技术的播种面积比例（C30）	0.171	0.021

第四节　地下水供给脆弱性综合评价指数

一　计算方法

地下水供给脆弱性的3个准则层，即暴露度、敏感性和适应能力的评价指数可通过下式计算：

$$\text{Index}_i = \sum w_{ij} \times c_{ij} \tag{12.9}$$

式（12.9）中，Index_i 表示第 i 个准则层的评价指数，c_{ij} 表示第 i 个准则层下第 j 个指标标准化之后的值，w_{ij} 表示第 i 个准则层下第 j 个指标在该准则层的权重值。

地下水供给脆弱性是暴露度、敏感性和适应能力的函数，但具体的函数形式没有固定，可以根据研究区域的实际情况进行确定（Pandey and Jha，2012）。然而，比较公认的是，脆弱性是暴露度和敏感性的正函数，是适应能力的负函数（Lindoso et al.，2014）。根据已有相关研究和实际调查数据，笔者通过下面的公式计算地下水供给脆弱性的综合指数：

$$GWVI = w_e \text{Index}_e + w_s \text{Index}_s + w_a (1 - \text{Index}_a) \tag{12.10}$$

式（12.10）中，$GWVI$ 表示地下水供给脆弱性的综合指数，Index_e、Index_s 和 Index_a 分别表示暴露度、敏感性和适应能力的指数，w_e、w_s 和 w_a 分别表示暴露度、敏感性和适应能力对于地下水供给脆弱性的权重。按照式（12.10）求得的 $GWVI$ 取值 0—1，反映了华北平原地下水供给的脆弱性。值越接近 1，表明地下水资源越脆弱；反之，值越接近 0，表明地下水供给越不脆弱。

二　计算结果

根据式（12.9）和式（12.10），可以计算出地下水供给脆弱性的综合指数，以及暴露度、敏感性和适应能力准则层的指数，计算结果见表 12-11。从表 12-11 的结果可以看出，在过去 20 年中，地下水供给脆弱性综合指数有所增加，表明华北平原地下水资源变得更加脆弱了，但增加的幅度比较有限。在 1990 年，地下水脆弱性综合指数为 0.416；到 2011 年，指数值增加到 0.435。

表 12-11　　　　　　　地下水供给脆弱性综合指数

年份	脆弱性综合指数	暴露度	敏感性	适应能力
1990	0.416	0.306	0.414	0.079
1995	0.429	0.331	0.419	0.096

续表

年份	脆弱性综合指数	暴露度	敏感性	适应能力
2001	0.444	0.362	0.448	0.191
2004	0.418	0.335	0.447	0.276
2007	0.425	0.359	0.462	0.376
2011	0.435	0.380	0.478	0.426

研究发现，华北平原地下水供给脆弱性之所以小幅度增加，主要是因为在评价系统中考虑了人类社会适应能力的提高，强调了管理制度在脆弱性评价中的作用。根据表12-11报告的计算结果，1990—2011年，暴露度和敏感性的指数都有明显的增加，但适应能力提高得更加明显。具体而言，暴露度指数从0.306增加到0.380，敏感性指数从0.414增加到0.478，适应能力指数从0.079提高到0.426。图12-1更清楚地呈现了暴露度、敏感性和适应能力的变化。

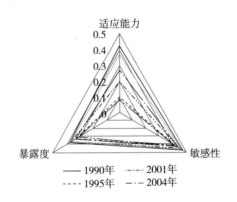

图12-1　暴露度、敏感性和适应能力的变化

由于脆弱性是暴露度和敏感性的正函数，所以它们的明显增加会使地下水供给变得更脆弱。然而，暴露于气候变化和水资源短缺的风险下，人类社会的适应能力在过去20多年有了非常显著的提高，由于脆弱性是适应能力的负函数，所以适应能力的显著提高会降低地下水供给的脆弱性，在很大程度上抵消了暴露度和敏感性增加对脆弱性的提高作用，最终使华北平原地下水供给脆弱性有小幅增加。由此可见，适应性措施对减缓地下水供给脆弱性具有非常重要的意义。

第十三章

气候变化对地下水灌溉供给
可靠性的影响

本章的目的是利用调查数据和国家气象站点观测数据，通过构建计量经济模型，识别气候变化对地下水灌溉供给可靠性的影响。

第一节　气候变化对村地下水灌溉
供给可靠性的影响

一　计量模型设定

为了分析气候变化在村级水平上对华北平原地下水灌溉供给可靠性的影响，在借鉴已有研究的基础上，本节利用五轮村级实地调查数据和历史长期的气候数据，构建了以下计量经济模型：

$$R_{kct} = \alpha + \beta c'_{ct} + \theta z'_{kct} + \varepsilon_{kct} \tag{13.1}$$

式（13.1）中，被解释变量 R_{kct} 表示第 c 县第 k 村在第 t 年（$t=$ 1990 年、1995 年、2001 年、2004 年、2007 年、2011 年或 2015 年）水够用的灌溉机井比重。等号右边是解释变量，其中，c'_{ct} 是关键解释变量，包括两类气候变量：第一类变量反映历史长期气候趋势，包括 5 个变量：过去 30 年（1986—2015 年）第 c 县的年平均温度和降水量，以及它们的平方项和交叉项。之所以选择用 30 年的天气平均值，是因为 30 年被世界气象组织（WMO）定义为反映一个国家或地区气候条件的典型时间跨度。平方项变量的设置是用来测度长期气候因素的非线性影响，而交叉项的设置是为了捕捉长期温度和降水对村级水平地下水灌溉供给可靠性的交互影响。第二类变量反映短期的天气条件，也包括 5 个变量：调查当年的平均温度和降水量，以及它们的平方项和交叉项。

z'_{kct} 是控制变量，共包括 3 组：第一组控制变量反映村里的灌溉水源和条件，包括 5 个变量：有效灌溉面积比例（实际灌溉面积占总耕地面积的比例）、只用地表水的灌溉面积比例、联合灌溉（既用地表水又用地下水灌溉）面积比例、机井密度（每公顷的机井数量）和深井比例（深井占总灌溉机井的比例）。第二组控制变量反映村内的作物种植结构，包括 3 个变量，分别为小麦的播种面积比例、玉米的播种面积比例和其他作物的播种面积比例（对照组是水稻的播种面积比例）。第三组控制变量反映村庄的其他特征，包括总人口、人均耕地面积、土壤的主要类型（沙土、黏土和壤土）。α、β 和 θ 是待估参数，ε_{kct} 是随机扰动项。由于被解释变量属于受限因变量，取值 0—1，而且存在大量等于 1 的取值，所以采用 Tobit 模型对式（13.1）进行估计。

变量的描述性统计见表 13-1。

表 13-1　　　　气候变化影响村地下水灌溉供给可靠性模型中变量的描述性统计

变量名称	均值	标准差	最小值	最大值
被解释变量				
村水够用的灌溉机井比重	0.73	0.35	0.00	1.00
解释变量				
气候变量				
长期年平均温度（℃）	13.95	0.94	11.76	14.84
长期年降水（毫米）	560.16	48.26	502.46	637.93
当年平均温度（℃）	14.14	1.04	10.71	15.82
当年降水量（毫米）	583.39	101.18	355.58	802.65

续表

变量名称	均值	标准差	最小值	最大值
控制变量				
村灌溉水源及条件				
有效灌溉面积比例（%）	83.18	24.89	6.25	100.00
只用地表水的灌溉面积比例（%）	14.26	28.32	0.00	98.00
联合灌溉面积比例（%）	18.43	31.81	0.00	100.00
机井密度	0.30	0.38	0.00	2.75
深井比例（%）	33.46	42.67	0.00	100.00
村种植结构				
小麦播种面积比例（%）	38.28	14.18	0.00	54.35
玉米播种面积比例（%）	31.29	17.43	0.00	93.72
其他作物播种面积比例（%）	24.10	20.76	0.00	87.10
村基本特征				
总人口	1719	1083.84	320.00	5370.00
人均耕地面积（公顷）	0.10	0.04	0.03	0.27
壤土（是=1，否=0）	0.28	0.45	0.00	1.00
黏土（是=1，否=0）	0.46	0.50	0.00	1.00

注：样本观测值个数为303。

二 模型估计结果

（一）气候变化影响村水够用的灌溉机井比重的估计结果

表13-2报告了式（13.1）的估计结果。从估计结果看，模型整体上运行良好。回归1为基准回归，是运用全部样本村庄数据对式（13.1）进行回归，反映的是气候变化对村级水平地下水灌溉供给可靠性的总体影响。然而，在从不同含水层抽取地下水进行灌溉的村庄，气候变化对地下水灌溉供给可靠性的影响可能存在差异，因此将全部样本村庄按照深井比例的不同分为两类：第一类村庄的深井比例小于50%，即多数灌溉机井是浅水井，这类村庄被归入"以浅井为主的村"；第二类村庄的深井比例大于等于50%，即多数灌溉机井是深水井，主要是抽取深层地下水，这类村庄被归入"以深井为主的村"。

笔者分别运用两个子样本对式（13.1）进行回归，回归结果分别见表13-2的回归2和回归3。

表13-2　气候变化对村水够用的灌溉机井比重影响的估计结果

变量名称	被解释变量：村水够用的灌溉机井比重		
	全部样本	以浅井为主的村	以深井为主的村
	回归1	回归2	回归3
气候变量			
长期年平均温度（℃）	0.4117	2.2547 **	-2.5963
	(0.52)	(2.29)	(1.61)
长期年平均温度的平方项	-0.2514 ***	-0.4244 ***	0.0146
	(2.63)	(3.76)	(0.08)
长期年降水（毫米）	-0.0742 ***	-0.1258 ***	-0.0746
	(2.57)	(2.86)	(1.26)
长期年降水的平方项	-0.0001 **	-0.0001 **	0.00001
	(2.25)	(2.33)	(0.31)
长期年平均温度×长期年降水	0.0119 ***	0.0172 ***	0.0041
	(2.77)	(2.97)	(0.54)
当年平均温度（℃）	1.4056 ***	0.6379	2.6588 **
	(3.67)	(1.48)	(2.18)
当年平均温度的平方项	-0.0378 ***	-0.0198	-0.0556 *
	(3.42)	(1.58)	(1.68)
当年降水量（毫米）	0.0083 ***	0.0036	0.0252 **
	(3.24)	(1.33)	(2.44)
当年降水量的平方项	1.92e-06	1.18e-06	4.15e-06
	(0.66)	(0.37)	(0.79)
当年平均温度×当年降水量	-0.0007 ***	-0.0003	-0.0022 **
	(3.13)	(1.45)	(2.53)
控制变量			
村灌溉水源及条件			
有效灌溉面积比例（%）	0.0001	0.0029 **	-0.0048 ***
	(0.05)	(2.54)	(2.71)

续表

变量名称	被解释变量：村水够用的灌溉机井比重		
	全部样本	以浅井为主的村	以深井为主的村
	回归1	回归2	回归3
只用地表水的灌溉面积比例（%）	0.0020***	0.0018**	0.0031**
	（2.61）	（1.98）	（1.96）
联合灌溉面积比例（%）	-0.0013***	-0.0008	-0.0034***
	（2.57）	（1.40）	（2.73）
机井密度	0.0611	-0.0012	0.5851**
	（0.92）	（0.02）	（2.08）
深井比例（%）	-0.0002		
	（0.37）		
村种植结构			
小麦播种面积比例（%）	0.0026	0.0008	-0.0063
	（1.15）	（0.30）	（0.93）
玉米播种面积比例（%）	0.0006	-0.0001	-0.0080
	（0.35）	（0.05）	（1.30）
其他作物播种面积比例（%）	0.0015	0.0005	-0.0037
	（0.97）	（0.34）	（0.59）
村基本特征			
总人口	-0.0001***	-0.0001***	-0.0001**
	（3.81）	（3.52）	（2.22）
人均耕地面积（公顷）	-2.6608***	-2.0702***	-2.1629***
	（5.35）	（2.93）	（3.07）
壤土（是=1，否=0）	0.1083**	0.1934***	-0.1961*
	（2.40）	（4.12）	（1.89）
黏土（是=1，否=0）	0.1080**	0.1458***	-0.0391
	（2.51）	（2.79）	（0.48）
常数项	11.0708	29.7505	21.8874
	（0.69）	（1.00）	（1.08）
观察值	303	200	103
PseudoR^2	0.2513	0.3399	0.3093

注：***、**和*分别代表在1%、5%和10%的统计水平下显著，括号中为稳健性 t 统计量，下同。长期气候变量指的是1986—2015年气候变量的平均值。

从表 13-2 的回归结果看，长期年平均温度可能会影响村级水平的地下水灌溉供给可靠性（回归 1）。长期年平均温度变量虽然不显著，但其平方项在 1% 的统计水平下显著，而且长期年平均温度与长期年降水的交叉项在 1% 的统计水平下显著，说明长期年平均温度对村级地下水灌溉供给可靠性的影响会依赖长期降水量的状况。在长期年平均温度和长期年降水的样本均值（分别为 13.95℃ 和 560.16 毫米）水平上，可以计算出长期年平均温度对村水够用的灌溉机井比重的边际影响为 -0.37。这意味着，如果长期年平均温度上升 1℃，村水够用的灌溉机井比重就会减少 0.37。对此可能的解释是，气温升高会增加作物的蒸散发量，使农户的灌溉需求量增加，由于在一个村庄内部，农户的种植结构具有一定相似性，他们的灌溉需求经常在时间上较为一致，这样就对村庄灌溉机井造成了压力，可能出现灌溉高峰期水不够用的情况。此外，回归 1 的结果显示，长期年平均温度和长期年降水的交互项在统计上显著，且系数符号为正，说明如果温度升高伴随着降水量的增加，升温对村级地下水灌溉供给可靠性的负面影响会有所减少。

表 13-2 的回归结果显示，村级地下水灌溉供给可靠性也受到长期年降水量的影响。长期年降水变量的一次项和平方项分别在 1% 和 5% 的统计水平下显著（回归 1）。根据变量系数可计算出长期年降水在均值水平上对村水够用的灌溉机井比重的边际影响 0.001。这意味着，在其他条件不变的情况下，长期年降水量如果增加 100 毫米，村水够用的灌溉机井比重会增加 0.1。长期年降水对村级地下水灌溉供给可靠性产生正向影响的原因可能是，长期降水的增加会增加含水层的补给，也会增加地表径流以及土壤中的含水量，这一方面降低了作物的灌溉需求，另一方面增加了地下水供给，从而增加了村水够用的灌溉机井比重，提高了地下水灌溉供给的可靠性。

村级地下水灌溉供给可靠性不仅受到长期气候条件的影响，也受到当年天气状况的影响。表 13-2 的回归 1 显示，当年平均温度变量的一次项和平方项均在 1% 的统计水平下显著，当年降水量变量的一次项在 1% 的统计水平下显著，当年平均温度和当年降水量的交互项的系数为负，且在1%的统计水平下显著。据此可以计算出当年平均温度和降水量对村水够用的灌溉机井比重的边际影响。当年平均温度的边际影响为-0.09，意味着当其他条件不变时，如果当年的平均温度升高1℃，村水够用的灌溉机井比重会减少0.09。当年降水量的边际影响为-0.002，表明当年降水量如果增加100毫米，村水够用的灌溉机井比重会减少0.2。如果对比长期气候条件和当年天气状况对村水够用的灌溉机井比重的边际影响，可以发现，长期年平均温度对村级地下水灌溉供给可靠性的影响要大于当年平均温度的影响，而长期年降水量的边际影响与当年降水量的边际影响的方向相反。对此可能的解释是，长期降水量的增加更多的是增加地下水补给，而当年降水量的增加更可能降低农民的灌溉积极性，他们预期有更多的降水，在灌溉时间的安排上相对会持观望态度，但当降水量无法满足作物的灌溉需求时，又会扎堆要求灌溉，使灌溉机井的抽水量猛增，降低灌溉供给的可靠性。

分样本回归的结果也值得讨论。从回归2的结果可以看出，在以浅井为主的村，村地下水灌溉供给可靠性主要是受到长期气候条件的影响；但从回归3的结果可以看出，在以深井为主的村，村地下水灌溉供给可靠性主要是受到短期天气状况的影响。根据回归结果可以计算出长期和短期气候变量对村水够用的灌溉机井比重的边际影响。在以浅井为主的村，长期年平均温度和年降水在样本均值水平上的边际影响均为正（分别为0.10和0.0003），而在以深井为主的村，当年平均温度和降水量在样本均值水平上的边际影响均为负（分别为-0.10和-0.005）。对此可能的解释是，在浅井占多数的村，水资源相对没有那么短缺，长期降水量增加会增加对浅层地下含水层的补给，从而增加地下水供给，而长期的升温趋势会影响农民的作物选择，他们倾向于选择耐干旱、需水少的作物，最终提高了村级地下水灌溉供给可靠性。在深井占多数的村，水资源较为短缺，地下水灌溉主要依赖深层含水层，而深层含水层地下水补给的速率非常缓慢，可能需要上百年时间，30年的气候变化很难对地下水供给产生影响。然而，当年气温升高会增加作物的灌溉需水量，使得村灌溉机井面临挑战，难以在灌溉高峰期提供充足、及时的灌溉。当年降水量的增加对村级地下水灌溉供给可靠性产生负向影响，可能的原因是，降水量的增加会影响农户原本的灌溉安排，为了节约灌溉费用，他们总是在不得不灌溉的情况下才选择灌溉，而当发现降水量的增加不能保证作物生长需要时，农户的灌溉需求迅速增加，使机井连续抽水，很多机井出现暂时没水的情况或者出水量减少的情况，使得村水够用的灌溉机井比重下降。

（二）社会经济因素影响村水够用的灌溉机井比重的估计结果

表13-2回归1的估计结果显示，一些控制变量对村水够用的灌溉机井比重也有显著影响。例如，只用地表水的灌溉面积比例在1%的统计水平下显著，且回归系数为正，意味着在保持其他因素不变的情况下，只用地表水灌溉的面积比例越大，村庄可获得的地表水资源越丰富，农户对地下水灌溉的需求越不紧迫，机井的灌溉供给可靠性也就越高。村总人口在1%的统计水平下显著，且回归系数为负，表明在保持其他因素不变的情况下，村人口数越多，村水够用的灌溉机井比重可能越低。这可能是因为，在人口多的村庄，农民生活用水的需求较大，由于一部分机井在提供灌溉的同时，也为农民提供生活用水，从而挤占了机井的一部分灌溉能力，使机井的灌溉压力加大。村人均耕地面积在1%的统计水平下显著，且系数为负，意味着在人均耕地面积较大的村庄，机井提供地下水灌溉的供给可靠性较低。相较于土壤类型为沙土的村庄，如果村庄的土壤类型属于壤土或者黏土，那么村地下水灌溉的供给可靠性更高。这可能是因为，壤土和黏土相较于沙土具有更好的保水性，使同等条件下农户的灌溉需求更低，减轻了机井的灌溉供给压力。

第二节　气候变化对地块灌溉
供给可靠性的影响

一　计量模型设定

为了分析长期和短期气候因素对地块水平灌溉供给可靠性的影

响，本节建立了如下计量经济模型：

$$R_{ijkct} = \alpha + \theta C_{ct} + \beta Z_{ijkct} + \mu Prov + \varepsilon_{ijkct} \qquad (13.2)$$

式（13.2）中，R_{ijkct} 代表第 c 县第 k 村第 j 户的小麦地块 i 在第 t 年的地下水灌溉供给可靠性，用小麦地块上灌溉时间符合农民要求的灌溉次数占总灌溉次数的比重（以下简称"地块按时得到灌溉的次数比重"）表示，因此，R_{ijkct} 取值 0—1。式（13.2）等号右边的解释变量中，C_{ct} 是关键解释变量，共包括 3 类变量：第一类反映历史长期气候趋势，用过去 30 年（1986—2015 年）第 c 县小麦生长期内的平均温度和降水表示。第二类变量反映短期的天气，用第 t 年第 c 县小麦生长期内的平均温度和降水量表示。第三类变量反映长期和短期的干旱程度，用第 c 县过去 30 年（1986—2015 年）或第 t 年小麦生长期内的帕默尔干旱指数（PDSI）表示。另外，对于前两类气候变量，生成了温度和降水的交叉项放入模型，这样做也是考虑到气温对地下水灌溉供给可靠性的影响可能会受到降水的影响，反之亦然。

Z_{ijkct} 是控制变量，包括一些可能会影响地块按时得到灌溉的次数比重的其他变量，例如村里的深井比例、农户基本特征、地块基本特征。$Prov$ 表示省虚拟变量，如果地块位于河南省，取值为 1；否则，取值为 0。α，θ，β 和 μ 是待估参数。ε_{ijkct} 是随机扰动项。

变量的描述性统计见表 13-3。

表 13-3　　　　　　　　变量的描述性统计

	均值	标准差	最小值	最大值
被解释变量				
地块按时得到灌溉的次数比重	0.90	0.25	0.00	1.00
解释变量				
气候变量				
长期平均温度（℃）	10.55	1.05	7.87	11.45
长期平均降水（毫米）	570.46	48.43	506.72	642.82
当年平均温度	11.26	1.31	7.88	12.96
当年降水量（毫米）	632.37	125.66	392.30	885.36

续表

	均值	标准差	最小值	最大值
村基本特征				
深井比例（%）	33.40	41.30	0.00	100.00
农户基本特征				
耕地规模（公顷）	0.50	0.28	0.05	2.00
地块数	4.00	2.82	1.00	25.00
户主年龄	51.22	10.62	25.00	77.00
户主受教育年限	7.07	2.96	0.00	15.00
非农劳动力比例（%）	47.05	30.38	0.00	100.00
地块基本特征				
从地下水灌溉服务市场买水（是=1，否=0）	0.17	0.38	0.00	1.00
从集体机井获取灌溉（是=1，否=0）	0.65	0.48	0.00	1.00
输水管道和衬砌渠道的比例（%）	63.49	47.58	0.00	100.00
地块离家距离（千米）	0.77	0.61	0.00	4.50
地块到机井放水口的距离（千米）	0.17	0.34	0.00	6.00

注：样本观测值个数为997。

二 模型估计结果

表13-4报告了式（13.2）的模型估计结果，共包括两种方案。第一种方案不包括干旱指数（回归1），第二种方案包括干旱指数（回归2）。之所以设置这两种方案，是因为以下两种原因：一是考虑到温度和降水很可能已经捕捉到干旱发生的天气条件中的大部分变化，在加入温度和降水变量后再加入干旱变量可能没有必要；二是考虑到干旱的发生可能会导致水资源量的变化，而这种变化可能仅靠温度或降水变化难以预测。

从表13-4的估计结果看，除了干旱变量外，两种方案其他气候变量的估计结果差别不大，这在一定程度上说明模型比较稳健。另外，可以看到，在加入温度和降水变量之后，干旱变量不显著，说明温度变量和降水变量已经捕捉到了气候因素对地下水灌溉供给可靠性的主要影响。为了理解方便，表13-5报告了各变量的边际影响。

表 13-4　　　　气候因素对地块按时得到灌溉的次数
比重影响的回归结果

被解释变量：地块按时 得到灌溉的次数比重	不包括干旱指数 回归 1	包括干旱指数 回归 2
气候变量		
长期平均温度（℃）	5.5287 ** （1.98）	4.8753 * （1.72）
长期平均降水（毫米）	0.1240 * （1.94）	0.1185 * （1.88）
长期平均温度×长期平均降水	-0.0108 ** （1.96）	-0.0096 * （1.73）
当年平均温度（℃）	-1.0419 *** （2.17）	-1.0997 *** （2.34）
当年降水量（毫米）	-0.0183 * （1.95）	-0.0213 *** （2.53）
当年平均温度×当年降水量	0.0017 *** （2.08）	0.0020 *** （2.50）
长期干旱指数		-2.2561 （1.05）
当年干旱指数		0.0502 （0.94）
村基本特征		
深井比例（%）	0.0005 （0.25）	0.0005 （0.22）
农户基本特征		
耕地规模（公顷）	0.0569 （0.23）	0.0411 （0.16）
地块数	-0.0654 *** （2.63）	-0.0650 *** （2.51）
户主年龄	-0.0032 （0.48）	-0.0035 （0.51）

续表

被解释变量：地块按时 得到灌溉的次数比重	不包括干旱指数	包括干旱指数
	回归 1	回归 2
户主受教育年限	0.0002	0.0017
	(0.01)	(0.07)
非农劳动力比例（%）	0.0011	0.0011
	(0.58)	(0.54)
地块基本特征		
从地下水灌溉服务市场获取灌溉（是＝1， 否＝0）	-0.2409*	-0.2176*
	(1.91)	(1.67)
从集体机井获取灌溉（是＝1，否＝0）	0.0432	0.0689
	(0.28)	(0.45)
输水管道和衬砌渠道的比例（%）	-0.0020	-0.0022
	(1.33)	(1.49)
地块离家距离（千米）	-0.1190*	-0.1370**
	(1.87)	(2.15)
地块到机井放水口的距离（千米）	-0.1126	-0.1073
	(0.79)	(0.75)
省虚拟变量（河南省＝1，河北省＝0）	0.0189	0.1224
	(0.04)	(0.23)
常数项	-50.4166	-47.2426
	(1.64)	(1.55)
观测值	997	997
准 R^2	0.1211	0.1258

注：长期气候变量指的是 1986—2015 年小麦生长期内的气候变量平均值。

表 13-4 的估计结果表明，小麦生长期内的长期平均温度可能会显著影响小麦地块按时得到灌溉的次数比重。长期平均温度变量显著，且系数为正。长期平均温度与平均降水的交互项显著，且系数为负，表明温度对小麦地块地下水灌溉及时性的影响会随着降水量而变动。根据表 13-4 中的回归结果，可以计算出长期平均温度和平均降

水在样本均值（分别为 10.55℃ 和 570.46 毫米）上的边际影响。根据表 13-4 中回归 1 的结果计算出的长期平均温度对地块按时得到灌溉的次数比重的边际影响为 -0.1181（见表 13-5）。这意味着，如果小麦生长期的长期平均温度升高 1℃，地块按时得到灌溉的次数比重将减少 0.1181。

表 13-5　　　　　气候变化对地块的灌溉及时率的边际影响

变量	被解释变量：地块按时得到灌溉的次数比重	
	回归 1：不包括干旱指数	回归 2：包括干旱指数
气候变量		
长期平均温度变化（℃）	-0.1181	-0.1120
长期平均降水量变化（毫米）	0.0019	0.0032
当年平均温度变化（℃）	0.0119	0.0251
当年降水量变化（毫米）	0.0003	0.0001

回归结果也表明，小麦地块按时得到灌溉的次数比重受到长期平均降水的影响。根据表 13-4 回归 1 的结果，可以计算出小麦生长期内长期平均降水的边际影响为 0.0019（见表 13-5），这表明在保持其他因素不变时，如果长期平均降水量增加 100 毫米，小麦地块按时得到灌溉的次数比重会提高约 0.19。

短期天气条件也会影响地块按时得到灌溉的次数比重。回归结果表明，当年小麦生长期内的平均温度和降水均在统计上显著，它们的交互项的影响也在统计上显著（见表 13-4）。利用表 13-4 中的系数，也可以计算出当年小麦生长期内的平均温度和降水的边际影响（见表 13-5）。例如，根据表 13-4 回归 1 的系数计算出的当年小麦生长期内平均温度的边际效应为 0.0119，这说明，在小麦生长期，如果平均气温上升 1℃，地块按时得到灌溉的次数比重会提高 0.0119。这个结果很有趣，与长期平均温度的影响相反。对此可能的解释是，短期温度的变化不会立即影响地下水供给。然而，当短期内出现高温时，农民可能更积极地采取措施确保及时获得灌溉，以减轻或防止因干旱造成的产量损失。相比之下，农民对长期气温变化的反应可能较小，因为这些变化对他们来说不太明显。再如，根据表 13-4 回归 1 的系数计算出的当年降水量对地块按时得到灌溉的次数比重的边际影响为 0.0003，即当年降水量增加 10 毫米时，地块按时得到灌溉的次数比重增加 0.003。这与长期平均降水的边际影响方向一致，但幅度较小。

一些控制变量的估计结果也很有趣。例如，从地下水灌溉服务市场获取灌溉在 10% 的统计水平下显著，且系数为负。结果表明，相较于从自家机井抽水灌溉，从地下水灌溉服务市场获取灌溉的小麦种植户按时得到灌溉的次数比重更低。这可能是因为，有机井的农民一般在满足自己的灌溉需要之后才会向其他农民提供灌溉。地块离家距离变量在回归 1 和回归 2 中均显著，且系数为负，表明地块离家越远，地块按时得到灌溉的次数比重越低，这是因为离家越远的地块，农户越不方便管理。

第十四章

气候变化对村地下水
水位变动的影响

第一节　描述性统计分析

已有研究认为，气候变化可能是引起地下水水位下降的重要因素（曹建民、王金霞，2009）。在设定计量模型之前，本节先基于北京大学中国农业政策研究中心（CCAP）长时期农村实地调查数据和国家气象站的历史气候数据，对气候变化与地下水水位变动的相关关系做初步的统计分析。

首先，将收集了地下水水位数据的样本村按照平均每年水位的变化率分为两组：一组是水位上升或不变的村庄，另一组是水位下降的村庄。其次，针对水位下降的这一组，根据水位的年均下降幅度大小分成 3 组：年均下降速度小于或等于 0.25 米的组、年均下降速度在 0.25—1.5 米（不包含 0.25 米和 1.5 米）的组、年均下降速度大于或等于 1.5 米的组。最后，统计不同组的气候变量取值变化，进而分析气候变化与村地下水水位变动之间可能存在的相关关系。

统计分析结果表明，地下水水位的变动可能与当年的平均气温和降水量存在相关关系（见表 14-1）。在水位上升或不变的村庄，当年降水量平均增加 22.18 毫米；而在水位下降的村庄，当年降水量平均减少 6.84 毫米。尽管在地下水水位下降速度不同的三组中，随着下降速度的增加，当年降水量的减少并没有表现出明显的趋势，但在下降幅度不超过 0.25 米和达到或超过 1.5 米的两组中，当年降水量变化的方向都为负，并且绝对值都比较大。这可能说明，当年降水量减少可能会使地下水水位下降。

表 14-1　　　　　地下水水位变动与气候变化的关系

	样本数	长期年平均温度变动	长期年降水量变动	当年平均温度变动	当年降水量变动
水位上升或不变	50	0.86	8.14	-0.01	22.18
水位下降	151	0.91	13.47	0.01	-6.84
年均下降速度					
≤0.25 米	47	1.03	38.77	0.02	-15.85
0.25—1.5 米	66	0.93	9.72	0.02	3.64
≥1.5 米	38	0.72	-11.30	-0.01	-13.92

相反地，当年平均温度的升高可能会引起地下水水位的下降。在水位上升或不变的村庄，当年平均温度平均每年降低 0.01℃；而在水位下降的村庄，当年平均温度平均每年升高 0.01℃。值得注意的是，对于地下水水位年均下降不超过 0.25 米和介于 0.25—1.5 米之间的村庄，当年平均温度每年上升 0.02℃。但在水位年均下降达到或超过 1.5 米的村庄，当年平均温度每年却降低了 0.01℃。因此，地下水水位变动与当年温度变化之间的关系还需进一步分析。

地下水水位的变动可能也与长期年平均温度和年降水量的变动相关。与当年气候变量不同，长期气候变量的变化反映的是一个地区的气候趋势，用 2001—2010 年的均值与 1981—1990 年的均值之差衡量。统计分析结果表明，相较于水位上升或不变的村庄，在水位下降的村庄，长期年平均温度升高得更快，但年均地下水水位下降的速度越快，长期年平均温度上升得却越慢。因此，长期年平均温度变动对地下水水位变动的影响也需要进一步的定量分析，以排除其他因素的干扰。

表 14-1 的结果还显示，在水位年均下降速度达到或超过 1.5 米的村庄，长期年降水量减少了，2001—2010 年平均年降水量比1981—1990 年减少了 11.30 毫米。但对于水位下降速度每年小于 1.5米的村，长期年降水量并没有呈现减少的趋势。这也可能说明，长期年降水量的减少可能是地下水水位下降的原因之一，但尚待开展多因素分析进行验证。

第二节　计量模型设定

虽然上述统计分析显示了气候变化可能会影响地下水水位的变动，但并没有控制其他因素的影响。而气候之外的其他因素，如灌溉率、种植结构、人口增长等都可能是引起地下水水位下降的重要原因（曹建民、王金霞，2009）。为此，有必要构建计量经济模型来定量分析气候变化对地下水水位变动的影响。

首先，借鉴以往研究（曹建民、王金霞，2009），基于本篇所用的实地调查数据和气候数据，可以建立村地下水水位影响因素模型，模型的表达式如下：

$$G_{kct} = \alpha + \beta T_{ct} + \theta Z_{kct} + \mu P + \varepsilon_{kct} \tag{14.1}$$

式（14.1）中，G_{kct} 代表第 c 县第 k 村在第 t 年的地下水水位。等号右边的 T_{ct} 包括 5 个气候变量：第 c 县历史长期（30 年）的年平均温度和年降水量、长期年平均温度和年降水量的交叉项、当年平均温度和降水量。此外，作为稳健性检验，用当年极度或严重干旱的月份比例变量代替当年的平均温度和降水量。

Z_{kct} 包括一系列影响地下水水位的其他因素。第一组变量控制村灌溉水源及条件，包括有效灌溉面积比例、只用地表水的灌溉面积比例、联合灌溉面积比例、机井密度（每公顷的机井数量）、深井比例和节水技术采用的播种面积比例。第二组控制变量是村种植结构变量，包括小麦播种面积比例、玉米播种面积比例和其他作物播种面积比例，水稻的播种面积比例作为对照组。前两组控制变量都是农业用水方面的影响因素（曹建民、王金霞，2009）。第三组变量控制村其他基本特征，包括总人口和村企业数量。这两个变量从一定程度上反映了村工业和生活用水对地下水水位的影响。P 是省虚拟变量，如果地块位于河南省，取值为 1；否则，取值为 0。这个变量控制了不随时间变化的其他与省相关的因素。由于年份虚拟变量与气候变量存在高度的共线性，所以没有被包括在模型中。α、θ 和 μ 是待估参数，ε_{kct} 是随机扰动项。

由于土地利用变化以及地下水开采程度等其他因素的影响，将地下水水位的变化归因于气候变化是非常困难的（IPCC，2014），因为地下水循环是一个非常复杂的系统。尽管在式（14.1）中，试图控制能影响地下水水位的因素，但除了这些因素外，还可能有其他没有观察到的因素对地下水水位产生影响，如土地利用的变化。因此，在估计式（14.1）时，面临的一个很大的挑战就是潜在的内生性问题，可能会导致结果不一致。为了在一定程度上解决这一问题，仿照曹建民、王金霞（2009）的做法，估计式（14.1）时做了一阶差分，即被解释变量和所有的解释变量都用当期与上一期的差值来代替。由于 CWIM 实地调查较好地收集了 1990 年、1995 年、2001 年、2004 年、2007 年和 2011 年的村地下水水位数据，所以本节计算了村地下水水位及其影响因素变量 1995 年与 1990 年的差值、2001 年与 1995 年的差值、2004 年与 2001 年的差值、2007 年与 2004 年的差值和 2011 年与 2007 年的差值。计算出所有变量的这些差值后，就可以估计式（14.2）所示的一阶差分模型，式（14.2）中的各符号定义与式（14.1）完全相同。

$$\Delta G_{kct} = \alpha + \Delta T_{ct}\beta + \Delta Z_{kct}\theta + \mu P + \varepsilon_{kct} \tag{14.2}$$

第三节　计量模型估计结果

式（14.2）的估计结果见表 14-2。回归 1 和回归 2 中加入了省

虚拟变量，回归 3 和回归 4 是不加省虚拟变量的估计结果。在回归 1
和回归 3 中，用当年平均温度变化和当年降水量变化表示短期气候条
件的变化，而在回归 2 和回归 4 中，用当年极度或严重干旱的月份比
例变化表示短期气候条件的变化。回归结果表明，气候变量估计系数
的符号与预期一致，而且在不同回归中的估计结果较为一致，表明结
果是稳健的。

表 14-2　　　　气候变化影响村地下水水位变动的估计结果

变量名称	被解释变量：村地下水水位变动			
	加省虚拟变量		不加省虚拟变量	
	回归 1	回归 2	回归 3	回归 4
气候变量				
长期年平均温度变化（℃）	1.8710	1.8262	1.0926	0.9182
	(0.94)	(0.90)	(0.76)	(0.67)
长期年降水量变化（毫米）	−0.1074**	−0.1068**	−0.1054**	−0.1044**
	(2.43)	(2.55)	(2.40)	(2.51)
长期年平均温度变化×长期年降水量变化	0.0777*	0.0773*	0.0660*	0.0637*
	(1.83)	(1.84)	(1.77)	(1.80)
当年平均温度变化（℃）	−0.6776		−0.7123	
	(1.14)		(1.16)	
当年降水量变化（毫米）	−0.0089***		−0.0089***	
	(3.95)		(3.94)	
当年极度或严重干旱的月份比例变化（%）		0.1102***		0.1098***
		(4.92)		(4.91)
控制变量				
农业用水				
有效灌溉面积比例变化（%）	0.0132	0.0144	0.0138	0.0151
	(0.44)	(0.52)	(0.46)	(0.54)
只用地表水的灌溉面积比例变化（%）	−0.0016	0.0075	−0.0010	0.0081
	(0.11)	(0.52)	(0.07)	(0.57)
联合灌溉面积比例变化（%）	−0.0083	−0.0051	−0.0082	−0.0050
	(0.83)	(0.55)	(0.82)	(0.54)

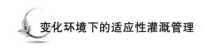

续表

变量名称	被解释变量：村地下水水位变动			
	加省虚拟变量		不加省虚拟变量	
	回归1	回归2	回归3	回归4
每公顷的机井数量变化	−0.5595	−0.5829	−0.6231	−0.6606
	(0.96)	(1.04)	(1.09)	(1.17)
深井比例变化（%）	−0.0149	−0.0091	−0.0158	−0.0101
	(0.77)	(0.48)	(0.81)	(0.53)
村节水技术采用的播面比例变化（%）	0.0048	0.0039	0.0040	0.0030
	(0.33)	(0.28)	(0.27)	(0.21)
村种植结构				
小麦播种面积比例变化（%）	0.0847	0.0361	0.0844	0.0355
	(1.24)	(0.55)	(1.25)	(0.55)
玉米播种面积比例变化（%）	0.0201	−0.0137	0.0199	−0.0133
	(0.31)	(0.22)	(0.31)	(0.22)
其他作物播种面积比例变化（%）	0.0095	−0.0241	0.0090	−0.0246
	(0.17)	(0.45)	(0.16)	(0.46)
其他控制变量				
总人口变化（人）	−0.0022	−0.0029	−0.0021	−0.0027
	(0.97)	(1.21)	(0.94)	(1.17)
村企业数量变化（个）	−0.0344	−0.0073	−0.0357	−0.0090
	(1.49)	(0.38)	(1.56)	(0.47)
省虚拟变量（河南省＝1，河北省＝0）	−0.9434	−1.0875		
	(0.59)	(0.64)		
常数项	2.3064 **	2.6301 **	2.5928 **	2.9654 ***
	(1.98)	(2.31)	(2.35)	(2.82)
观察值	201	201	201	201
R^2	0.2396	0.3014	0.2387	0.3001

注：长期气候变量指的是 2001—2010 年的均值与 1981—1990 年的均值之差。

表 14-2 的估计结果表明，升温可能会对地下水水位变动产生影响。虽然长期年平均温度变化在各回归中都不显著，但是长期年平均温度变化与长期年降水量变化交叉项在 10% 的统计水平下显著，表明

长期年平均温度变化对村地下水水位变动的影响会受到长期年降水量变化的影响。在长期年降水量变化的样本均值上（12.15 毫米）可以计算出长期年平均温度变化的边际效应（Wooldridge，2016）。计算结果显示，长期年平均温度变化的边际效应在 0.77—0.94（见表 14-3），表明升温的长期趋势会导致地下水水位的下降，在控制其他因素的影响下，如果温度上升 1℃，地下水水位可能会下降 0.77—0.94米。对此可能的解释是，升温会增加蒸散发量，从而影响地下水补给（Kløve et al.，2014）。蒸散发量的增加会使渗入地下的水量减少，从而减少地下水补给，而地下水开采量却没有减少甚至出现增加，造成了地下水水位下降。

表 14-3　　气候变化对村级水平上地下水水位变化的边际影响

变量名称	被解释变量：村地下水水位变化			
	加省虚变量		不加省虚变量	
	（1）	（2）	（3）	（4）
气候变量				
长期年平均温度变化（℃）	0.94	0.94	0.80	0.77
长期年降水量变化（毫米）	-0.04	-0.04	-0.05	-0.05
当年平均温度变化（℃）				
当年降水量变化（毫米）	-0.01		-0.01	
当年极度或严重干旱的月份比例变化（%）		0.11		0.11

降水变化可能会对地下水水位变动产生显著的影响。长期年降水量变化在 5% 的统计水平下显著，且估计系数为负。长期年降水量变化对村地下水水位变动的影响也会受到长期年平均温度变化的影响。经计算，长期年降水量变化的边际效应等于 -0.04 或 -0.05，意味着长期年降水量减少会导致地下水水位下降，即地下水埋深增加。保持其他因素不变时，长期年降水量每减少 10 毫米，地下水水位将会下降 0.4—0.5 米。这一结果也与其他学者的研究结果相近（曹建民、

王金霞，2009）。可能的解释是，降水量的减少除了导致土壤含水量和地表径流减少以外，还会减少地下水补给（Calow and Macdonald，2009），在其他因素（如开采率）不变时，会造成地下水水位加速下降。

计量估计结果还表明，当年降水量的减少也会影响地下水水位变动。当年降水量变化在1%的统计水平下显著，且回归系数为负，说明当年降水量减少会引起地下水水位下降，边际效应为-0.01，小于长期年降水量变化的边际效应。这可能是因为，长期降水变化除了通过影响地下水开采量影响地下水水位外，还可以通过影响地下水补给影响地下水水位；而当年降水量变化很难对地下水补给产生影响，它主要是通过影响土壤水分来影响地下水开采量，从而影响地下水水位。回归结果显示，当年平均温度的影响并不显著，这或许是因为温度相较于降水来说，对地下水水位的影响较小，尤其是短期的温度变化。

如果用当年极端或严重干旱的月份比例反映当年旱情，就会发现这一变量在1%的统计水平下显著，且回归系数为正（见表14-2），说明在保持其他因素不变时，当年越干旱，地下水水位下降得就越快。这一结果也与预期一致，因为越干旱，降水量可能会越少，而温度却可能越高，在井灌区农户会加大对抽取地下水的依赖，导致地下水水位更快地下降。经计算，当年极端或严重干旱的月份比例该变量的边际影响为0.11（见表14-3）。

第十五章

应对气候变化地下水适应性 灌溉管理的成效

从前两章可知，气候变化可能会威胁地下水灌溉供给。作为中国最大的农业主产区，华北平原的农业生产高度依赖于地下水灌溉（Wang et al.，2008；Wang et al.，2005），因此，气候变化对地下水灌溉供给的影响会间接地影响农业生产，威胁粮食安全。面对气候变化对华北平原地下水灌溉供给的威胁，如何采用适应性灌溉管理措施来减少其对农业生产的负面影响？

通过文献回顾发现，现有关于中国地下水灌溉管理的定量研究没有考虑气候变化，因此，对气候变化背景下地下水灌溉管理在减缓地下水灌溉供给危机方面起到多大作用，尚不清楚。本章将基于北京大学中国农业政策研究中心（CCAP）五轮农村实地调查数据和国家气象站的历史气候数据库，通过建立一系列实证计量经济模型分析农户获取地下水灌溉方式的改变对作物用水量和作物单产的影响，从而定量评估地下水适应性灌溉管理在应对气候风险、提高农业用水效率和保障粮食安全等方面的成效。

第一节 描述性统计分析

一 地下水适应性灌溉管理演变引发的农户灌溉方式变化

第十一章第三节描述了气候变化背景下华北平原地下水适应性灌

溉管理的演变，可以发现，过去 20 多年来，随着华北平原灌溉机井产权的演变，地下水灌溉服务市场迅速发展。地下水灌溉服务市场的发展使农户获取地下水灌溉的方式发生了改变，本节首先利用实地调查数据描述这种改变。

描述性统计结果表明，农户选择从地下水灌溉服务市场获取灌溉与村级地下水灌溉服务市场发育程度相关。在表 15-1 中，按照村庄提供灌溉服务的机井比例将小麦样本地块分为四组，可以发现，从地下水灌溉服务市场获取灌溉的地块比例与村庄提供灌溉服务的机井比例之间存在正相关关系。在更多的非集体产权机井参与地下水灌溉服务市场的村庄中，农户更多地从地下水灌溉服务市场获取灌溉。有趣的是，在提供灌溉服务的机井比例大于 50% 且小于 100% 的村庄，通过地下水灌溉服务市场获取灌溉的小麦地块比例最高，甚至高于那些 100% 机井提供灌溉服务的村庄。调查数据显示，在提供灌溉服务的机井比例大于 50% 且小于 100% 的村庄中，人均机井数最低。因此，一个可能的解释是，在这样的村庄，更多的农户需要通过地下水灌溉服务市场获得灌溉。

表 15-1 　　　　　村庄地下水灌溉服务市场的发展与
农户获取地下水灌溉方式之间的关系

村庄提供灌溉服务的机井比例	小麦地块数（块）	从地下水灌溉服务市场获取灌溉的小麦地块比例（%）
0	383	0
（0，50%］（平均为18%）	133	15
（50%，100%］（平均为75%）	124	48
100%	132	40

实地调查也显示，农户减少依赖集体机井进行灌溉与政府支持非集体产权机井有关。自 20 世纪 80 年代初期中国经济改革开始以来，政府一直提倡和鼓励灌溉机井的非集体管理。调查中发现在一些村庄，政府对非集体产权机井投资提供财政补贴或低利率的银行贷款。此外，地方水利部门也通过开会、下文件等形式在一些村庄提倡非集体产权机井的建设。描述性统计分析结果表明，在政府支持非集体产

权机井投资的村庄中，从集体产权机井灌溉的小麦地块比例低于没有政府支持的村庄。例如，在上级政府支持投资非集体产权机井的村庄中，24%的小麦地块通过集体机井得到灌溉。相比之下，在没有政府支持的那些村庄中，这一比例达到74%。

二　地下水适应性灌溉管理应对气候变化的效果

对调查数据的描述性统计分析结果表明，农户获取地下水灌溉的方式对作物灌溉用水量会产生影响。如表15-2所示，从地下水灌溉服务市场获取灌溉可以减少农户的小麦用水量。具体而言，如果农户通过地下水灌溉服务市场灌溉小麦，每公顷用水量为3248立方米，比用自己机井灌溉的农户低3.1%。然而，t检验的结果显示这种差异并不显著。分析结果还表明，从地下水灌溉服务市场获取灌溉农户的灌溉用水量也比从集体机井获取灌溉的农户低7.5%。t检验的值为2.02，差异在5%的统计水平下显著。此外，从集体机井获取灌溉农户的灌溉用水量比用自己机井灌溉的农户高4.8%，但t检验结果不显著。

尽管从地下水灌溉服务市场获取灌溉会减少小麦灌溉用水量，但是小麦单产并没有显著减少（见表15-2）。相较于用自己机井灌溉的农户，从地下水灌溉服务市场获取灌溉的农户的单产实际上略高（高0.4%），不过t检验的结果显示差异在统计上并不显著。从集体机井获取灌溉的农户的小麦单产显著地高于从地下水灌溉服务市场获取灌溉的农户或有井的农户。

表 15-2　农民获取地下水灌溉的方式、灌溉用水量与小麦单产

		小麦灌溉用水量（立方米/公顷）	小麦单产（千克/公顷）
农民获取地下水灌溉的方式			
从地下水灌溉服务市场获取灌溉的地块	(1)	3248	5557
从集体机井获取灌溉的地块	(2)	3513	5822
用自己机井灌溉的地块	(3)	3351	5534
t检验			
t统计量	(1)—(2)	2.02**	2.13**

		小麦灌溉用水量 （立方米/公顷）	小麦单产 （千克/公顷）
t 统计量	（1）—（3）	0.58	0.15
t 统计量	（2）—（3）	1.03	2.50***

第二节　计量模型设定

　　地下水灌溉服务市场被认为是应对气候变化有效的适应性灌溉管理策略。上一节的描述性统计分析也表明，地下水灌溉服务市场可能会影响灌溉用水量和作物单产，但没有控制其他一些重要因素的影响，如气候变量的影响。因此，本节通过建立一组计量经济模型，分析地下水适应性灌溉管理应对气候变化对小麦灌溉用水量和单产的影响。模型中的许多控制变量在其他相关的研究中也被包括（如 Wheeler et al.，2008；Wheeler et al.，2009；Wheeler et al.，2010；Zhang et al.，2010）。第一个计量模型设定如下：

$$\log(W_{ijkct}) = \alpha + \theta T_{ct} + \beta_1 G_{ijkct} + \beta_2 C_{ijkct} + \gamma Z_{ijkct} + \mu F + \delta P + \varepsilon_{ijkct} \qquad (15.1)$$

　　式（15.1）中，W_{ijkct} 代表第 c 县第 k 村第 j 户的地块 i 在第 t 年的灌溉用水量（立方米/公顷）。等号右边是解释变量。这里最受关注的是变量 G_{ijkct} 和 C_{ijkct}，代表农民获取地下水进行灌溉的方式。如果农民从地下水灌溉服务市场获取灌溉，变量 G_{ijkct} 取值为 1；否则取值为 0。如果农民从集体机井获取灌溉，变量 C_{ijkct} 取值为 1；否则取值为 0。用自己机井灌溉的地块作为对照组（G_{ijkct} 和 C_{ijkct} 都等于 0）。

　　气候变量的影响也是关注的重点。T_{ct} 包括 7 个气候变量。首先是县 c 第 t 年小麦生长期的平均温度和降水量，以及它们的二次项。此外，为了反映气候的长期变异，式（15.1）中还包括第 c 县过去 30 年（1981—2010 年）小麦生长期内平均温度标准差、过去 30 年（1981—2010 年）小麦生长期内降水量的标准差。为了捕捉极端天气事件的影响，式（15.1）中还包括根据干旱指数（PDSI）计算的小麦生长期内极度或严重干旱的月份比例。干旱指数低于或等于3的月份被认为发生了极端或严重干旱。

Z_{ijkct} 包括一系列影响灌溉用水量的其他因素。第一组变量控制农户特征，包括户主的年龄、户主受教育年限、农户的劳动力分配（非农工作的劳动时间比例）。第二组变量控制地块特征，包括地块面积、土壤类型（沙土、黏土和壤土）、土地产权（责任田、从其他农户转入地和承包集体机动地）、地块离家距离。灌溉成本也包括在模型中。在地下水灌溉服务市场中，F 是购买服务的农户向提供服务的农户支付的价格。P 是省虚拟变量，如果地块位于河南省，取值为1，否则取值为0。这个变量控制了不随时间变化的其他与省相关的因素。由于年份虚拟变量与气候变量存在高度的共线性，所以没有被包括在模型中。α、θ、β_1、β_2、γ、μ 和 δ 是待估参数。ε_{ijkct} 是随机扰动项。

对式（15.1）进行计量估计的主要挑战是农户获取地下水灌溉方式变量（G_{ijkct} 和 C_{ijkct}）存在潜在的内生性。如果农户根据预期的灌溉量选择获取地下水灌溉的方式，而这个预期的灌溉量与实际灌溉量（方程的被解释变量）高度相关，那么反向的因果关系就可能存在。为了解决内生性问题，得到参数的一致性估计，工具变量法被采用。为此，在估计式（15.1）之前，先估计以下两个方程：

$$G_{ijkct} = \alpha' + \theta'T_{ct} + \beta IV_{ijk} + \gamma'Z_{ijkct} + \mu'F + \delta'P + v_{ijkct} \tag{15.2}$$

$$C_{ijkct} = \alpha'' + \theta''T_{ct} + \beta''IV_{ijk} + \gamma''Z_{ijkct} + \mu''F + \delta''P + \omega_{ijkct} \tag{15.3}$$

式（15.2）和式（15.3）中控制了与式（15.1）中同样的外生变量。IV_{ijk} 包括两个工具变量：村庄提供灌溉服务的机井比例和投资非集体产权机井政策支持。村庄提供灌溉服务的机井比例反映在村级水平上地下水灌溉服务市场的发育程度。投资非集体产权机井政策支持指的是上级政府是否通过财政补贴、低息优惠贷款、开会或下文件的方式支持或提倡投资非集体产权的机井。第一节的描述性统计分析结果表明，农户从地下水灌溉服务市场获取灌溉与村庄提供灌溉服务的机井比例相关，农户获取地下水灌溉的方式也与政府对非集体产权机井投资的支持相关。但没有理由相信这两个村级的工具变量对农户地块水平上的灌溉用水量有独立的影响，除非是通过影响农户获得地下水灌溉的方式来产生影响。运用工具变量进行估计时，从式（15.2）和式（15.3）中得到的 G_{ijkct} 和 C_{ijkct} 的预测值代替式（15.1）中的 G_{ijkct} 和 C_{ijkct}，尽管仍然用 G_{ijkct} 和 C_{ijkct} 来计算标准误和 t 统计值，但可以得出一致性的估计系数。

既然农民获取地下水灌溉的方式影响作物单产的唯一渠道是通过灌溉用水量，那么本章运用与 Zhang 等（2010）相同的策略，分析农户获取地下水灌溉的方式通过灌溉用水量影响作物单产，因此可以建立以下的计量模型：

$$\log(Y_{ijkct}) = \alpha''' + \theta''' T_{ct} + \beta'' \log(\hat{W}_{ijkct}) + \lambda X_{ijkct} + \gamma''' Z_{ijkct} + \delta''' P + \psi_{ijkct} \quad (15.4)$$

式（15.4）中 Y_{ijkct} 代表作物单产。解释变量中最感兴趣的是 $\hat{W}_{ijkct}$，代表式（15.1）中灌溉用水量的预测值。X_{ijkct} 代表其他的生产投入，包括劳动力投入（每公顷工日）、化肥投入（千克/公顷）和每公顷其他投入的金额。每公顷其他投入（包括种子、农药、塑料薄膜、机械和服务等）的金额被按照农业生产资料指数折算成了 2001 年的水平。式（15.4）中气候变量（T_{ct}）和其他控制变量（P 和 Z_{ijkct}）的设置与式（15.1）相同。

第三节 计量模型估计结果

一 农户获取地下水灌溉方式的影响因素

式（15.2）和式（15.3）的估计结果表明，两个工具变量均与农户选择如何获取地下水灌溉相关（见表 15-3）。从回归 1 可以看出，村庄提供灌溉服务的机井比例在 1% 的统计水平下显著，且回归系数为正，说明在保持其他因素不变的情况下，在地下水灌溉服务市场发育程度更高的村庄，农户更可能从地下水灌溉服务市场购买服务。从回归 2 可以看出，政府支持非集体产权机井投资虚拟变量在 1% 的统计水平下显著，且系数为负，这意味着在有非集体产权机井投资政府支持的村庄，农户从集体产权机井获取地下水灌溉的可能性更小。

表 15-3 　　农户获取地下水灌溉方式对小麦灌溉用

水量与单产影响的估计结果

变量名称	是否从地下水灌溉服务市场获取灌溉（是＝1，否＝0）	是否从集体产权机井获取灌溉（是＝1，否＝0）	小麦每公顷灌溉用水量（取对数）	小麦每公顷单产（取对数）
	回归1	回归2	回归3	回归4
县级层面短期气候变量				
小麦生长期内平均温度（℃）	0.8182 ***	-0.6745 **	1.5614 ***	-0.0756
	(3.54)	(2.53)	(12.08)	(0.45)
小麦生长期内平均温度平方项	-0.0345 ***	0.0284 **	-0.0749 ***	0.0051
	(3.30)	(2.34)	(11.47)	(0.64)
小麦生长期内降水量（毫米）	0.0040 ***	-0.0060 ***	0.0068 ***	0.0014
	(2.97)	(3.59)	(2.99)	(1.47)
小麦生长期内降水量平方项	-0.0000 ***	0.0000 ***	-0.0000 ***	-0.0000
	(3.02)	(3.33)	(3.34)	(1.54)
小麦生长期极度或严重干旱的月份比例（%）	0.0062 **	-0.0139 ***	0.0068 ***	0.0014
	(2.09)	(4.44)	(2.99)	(1.47)
县级层面长期气候波动变量				
过去30年小麦生长期内平均温度的标准差	0.5124 ***	-0.3560 **	0.6032 ***	-0.4066 ***
	(3.85)	(2.42)	(4.07)	(3.52)
过去30年小麦生长期内降水量的标准差	-0.0003	-0.0032	-0.0170 ***	-0.0080 ***
	(0.16)	(1.54)	(7.19)	(5.30)
工具变量				
村庄提供灌溉服务的机井比例（%）	0.0046 ***	-0.0053 ***		
	(11.46)	(11.43)		
政府支持非集体产权机井投资（是＝1，否＝0）	-0.0226	-0.2770 ***		
	(0.57)	(5.97)		
农民获取地下水的方式				
从地下水灌溉服务市场获取灌溉（是＝1，否＝0）			-0.6093 ***	
			(2.71)	
从集体机井获取灌溉（是＝1，否＝0）			-0.2305	
			(1.48)	

续表

变量名称	是否从地下水灌溉服务市场获取灌溉（是=1，否=0）	是否从集体产权机井获取灌溉（是=1，否=0）	小麦每公顷灌溉用水量（取对数）	小麦每公顷单产（取对数）
	回归1	回归2	回归3	回归4
灌溉成本（元/方）	0.0249	−0.0828***	−0.0970***	
	(0.94)	(2.59)	(2.95)	
生产要素投入变量				
灌溉用水量（立方米/公顷）（对数值）				−0.0637
			(1.32)	
劳动力投入（工日/公顷）（对数值）				−0.0575***
			(6.09)	
化肥用量投入（公斤/公顷）（对数值）				0.0114
			(0.84)	
其他投入金额（元/公顷）（对数值）				0.0089
			(0.42)	
地块基本特征				
地块面积（公顷）	−0.2387**	−0.1754	−0.3142	−0.0757
	(2.43)	(1.31)	(1.49)	(1.10)
壤土（是=1，否=0）	−0.0855***	0.0294	0.0198	0.0648***
	(2.63)	(0.72)	(0.37)	(3.03)
黏土（是=1，否=0）	−0.0090	−0.0049	0.0045	0.0635***
	(0.29)	(0.14)	(0.11)	(3.25)
从其他农民转入地（是=1，否=0）	0.1377	−0.1084	0.0604	−0.0558
	(1.06)	(1.09)	(0.36)	(0.70)
承包集体机动地（是=1，否=0）	0.0087	0.0829	0.0788	−0.0658
	(0.12)	(0.82)	(0.75)	(0.98)
地块离家的距离（千米）	0.0193	−0.0405***	0.0114	−0.0187
	(1.12)	(2.80)	(0.39)	(1.34)
农户基本特征				
户主年龄	−0.0021*	0.0008	−0.0051**	0.0011
	(1.81)	(0.53)	(2.52)	(1.36)
户主受教育年限	−0.0068	0.0066	−0.0104	0.0087***
	(1.60)	(1.24)	(1.57)	(2.68)
非农工作的劳动时间比例（%）	0.0005	0.0019**	−0.0006	0.0017***
	(0.74)	(2.41)	(0.53)	(3.43)

续表

变量名称	是否从地下水灌溉服务市场获取灌溉（是=1，否=0）	是否从集体产权机井获取灌溉（是=1，否=0）	小麦每公顷灌溉用水量（取对数）	小麦每公顷单产（取对数）
	回归1	回归2	回归3	回归4
省虚拟变量（河南省=1，河北省=0）	-0.2160***	0.2270***	0.1567*	0.1263***
	(4.86)	(4.10)	(1.94)	(3.91)
常数项	-6.1053***	7.3604***	0.0000	9.9916***
	(4.26)	(4.33)	—	(9.98)
观测值	772	772	772	772
R^2	0.3389	0.4077	0.1349	0.2696

注：回归1和回归2是工具变量估计第一阶段的回归结果，回归3是第二阶段的回归结果。

气候因素也影响农户获取地下水灌溉。由于在气候变化背景下，地下水适应性灌溉管理明显地体现在灌溉机井产权的演变及其衍生的地下水灌溉服务市场的发展，所以在工具变量回归第一阶段的结果中，本节主要关注农户是否选择从地下水灌溉服务市场获取灌溉的影响因素。

估计结果表明，小麦生长期平均温度与农户选择从地下水灌溉服务市场获取灌溉之间存在一种倒"U"形的关系（回归1），可计算出拐点（由正相关转变为负相关的点）的平均温度是11.86℃，这个值接近小麦生长期最高的月平均温度（12.96℃）。这意味着对于大多数样本地区，小麦生长期平均温度升高会增加农户购买地下水灌溉服务的可能性。小麦生长期内降水量与农户决定购买地下水灌溉服务之间也存在倒"U"形的关系。一个可能的解释是，随着降水量的增加，尽管农户对地下水灌溉的需求下降，但对灌溉时间灵活性的需求增加。而地下水灌溉服务市场能够提供这种灵活性。当降水量接近冬小麦水需求的上界时〔根据Sun等（2013）的估计，上界约为773毫米〕，小麦的灌溉需求减少，因此，降水量与农户购买地下水灌溉服务之间出现负相关关系。从回归1的结果看，极度或严重干旱的月份比例在5%的统计水平下显著，且估计系数为正，说明农户在干旱的年份更可能参与地下水灌溉服务市场。这也与学者在其他地区的研究发现一致（如 Howitt et al.，2014；Loch et al.，2012）。

估计结果还表明，气候波动会影响农户参与地下水灌溉服务市场。过去 30 年小麦生长期内平均温度的标准差在 1% 的统计水平下显著，且估计系数为正，表明在气温波动较大的地区，农户更倾向于选择从地下水灌溉服务市场获取灌溉，而不是从集体机井获取灌溉，这可能是因为他们预期未来气温会有较大的波动，地下水灌溉服务市场在提供灌溉服务的时间上更具灵活性。过去 30 年小麦生长期内降水量的标准差在统计上不显著。可能的解释是，样本区大部分降水发生在 7—9 月，而小麦并不是生长在这一时期，较少地受到降水量波动的影响。可见，作物的灌溉需求对气温变化比对降水变化更加敏感，因为温度变化在炎热的夏季会导致潜在蒸散发量发生较大的变化，超过同一时期降水变化造成的影响（McCabe and Wolock，1992）。Rind 等（1990）也发现，干旱发生率的增加主要取决于气温的增加。

其他变量的估计结果也比较有趣。地块面积在 5% 的统计水平下显著，且估计系数为负（见表 15-3 回归 1），表明农户更倾向于用自己家的机井灌溉面积较大的地块（对照组）。这可能是因为，有更大面积地块的农户更可能自己打井。与沙土地块相比（对照组），农户通过地下水灌溉服务市场灌溉壤土地块的可能性较低，这可能是因为壤土地块具有较好的保水能力。农民更可能从地下水灌溉服务市场或从自己的机井灌溉离家较远的地块（回归 2），这可能是因为对于离家较远的地块，农民难以确保从集体机井保时保量地获取灌溉。户主年龄较大的农户较小可能选择购买地下水灌溉服务。花更多的时间在非农工作上的家庭更可能依赖集体机井，这可能是因为非农工作与地下水灌溉会竞争可用的家庭劳动力，非农工作占用时间较多的农户不太可能选择自己打井并且维护机井。

二 地下水适应性灌溉管理对灌溉用水量和作物单产的影响

采用工具变量法估计式（15.1）的结果表明，与那些从自己机井灌溉的地块相比，从地下水灌溉服务市场获取灌溉的小麦地块上的用水量更少。从回归 3 的结果可以看出，从地下水灌溉服务市场获取灌溉在 1% 的统计水平下显著，且估计系数为负。由于被解释变量采用对数形式，从地下水灌溉服务市场获取灌溉是虚拟变量，估计系数度量的是百分比差异，确切的百分比差异的计算公式为 $\exp^{\beta}-1$，其中 β 是虚拟变量的参数（Halvorsen and Palmquist，1980）。经计算，从地下水灌溉服务市场获取灌溉的农户比有井的农户减少约 46% 的灌溉用水量。从集体机井获取灌溉虚拟变量的系数虽然为负，但并不显著（回归 3），意味着有自己机井的农户和依赖集体机井灌溉的农户在小麦灌溉用水量上没有显著差异。这一结果与 Zhang 等（2010）的结果一致。从地下水灌溉服务市场获取灌溉的农户之所以小麦灌溉用水量相对较低，部分是因为他们的灌溉成本较高（Zhang et al.，2010）。调查数据分析表明，购买地下水灌溉服务的农户平均支付的价格是0.41 元/立方米，比有自己机井的农户的灌溉成本高 22%。然而，即使控制了灌溉成本，购买地下水灌溉服务的农户的小麦灌溉用水量仍然低于有自己机井的农户。

尽管购买地下水灌溉服务的农户减少了小麦的灌溉用水量，但小麦单产没有受到负面影响。表 15-3 回归 4 的结果显示，灌溉用水量不显著，表明灌溉用水量的减少对小麦单产没有产生显著的影响。一个可能的解释是，购买地下水灌溉服务的农户有更多的动机减少水的低效利用。在实地调查过程中发现，与依赖集体机井灌溉的农户或自己有井的农户相比，购买地下水灌溉服务的农户浪费水的现象较少。

地下水灌溉服务市场还可以使农户根据天气状况灵活地调整灌溉时间。在式（15.1）的一种替代模型中，加入气候变量与农户地下水灌溉获取方式的交叉项，估计结果见表 15-4。估计结果显示，只有气候变量与从地下水灌溉服务市场获取灌溉变量的交叉项在统计下显著。例如，小麦生长期极度或严重干旱的月份比例与从地下水灌溉服务市场获取灌溉交叉项在 5% 的统计水平下显著，且估计系数为正，说明与自己有井的农户相比，从地下水灌溉服务市场获取灌溉的农户在干旱年会灌溉更多的水。小麦生长期极度或严重干旱的月份比例与从集体机井获取灌溉交互项不显著，表明即使在干旱的情形下，与自己有井的农户相比，从集体机井获取灌溉的农户也不会增加灌溉用水量。在小麦生长期内降水量减少时，从地下水灌溉服务市场获取灌溉的农户也会灌溉更多的水。相反地，从集体机井获取灌溉的农户并不能根据降水情况调整灌溉用水量。这些结果表明，地下水灌溉服务市场的灵活性使农民能够调整灌溉用水量，从而提高灌溉效率。

表 15-4　　农民获取地下水灌溉方式对灌溉用水量的影响

变量名称	被解释变量：小麦每公顷灌溉用水量（取对数）
气候变量与农户获取地下水灌溉方式变量的交互项	
从地下水灌溉服务市场获取灌溉×小麦生长期内平均温度	-8.5874 ***
	(2.64)
从地下水灌溉服务市场获取灌溉×小麦生长期内平均温度平方项	0.4486
	(1.52)
从地下水灌溉服务市场获取灌溉×小麦生长期内降水量	0.1488
	(1.13)
从地下水灌溉服务市场获取灌溉×小麦生长期内降水量平方项	-0.0001 *
	(1.86)
从地下水灌溉服务市场获取灌溉×小麦生长期极度或严重干旱的月份比例	0.1333 **
	(1.98)
从集体机井获取灌溉×小麦生长期内平均温度	0.0000
	(0.00)
从集体机井获取灌溉×小麦生长期内平均温度平方项	-0.1065
	(0.14)
从集体机井获取灌溉×小麦生长期内降水量	0.0303
	(0.35)
从集体机井获取灌溉×小麦生长期内降水量平方项	-0.0000
	(0.33)
从集体机井获取灌溉×小麦生长期极度或严重干旱的月份比例	-0.1867
	(0.63)
县级层面长期气候波动变量	
过去30年小麦生长期内平均温度的标准差	1.3439
	(0.29)
过去30年小麦生长期内降水量的标准差	0.0328
	(0.44)

变量名称	被解释变量：小麦每公顷灌溉用水量（取对数）
地块基本特征	
地块面积（公顷）	0.7324
	(0.71)
壤土（是=1，否=0）	-0.1613
	(0.20)
黏土（是=1，否=0）	-0.1208
	(0.16)
从其他农民转入地（是=1，否=0）	-1.0454
	(0.34)
承包集体机动地（是=1，否=0）	1.1474
	(0.91)
地块离家的距离（千米）	0.0442
	(0.31)
农户基本特征	
户主年龄	0.0379
	(0.82)
户主受教育年限	0.0229
	(0.15)
非农工作的劳动时间比例（%）	-0.0001
	(0.01)
省虚拟变量（河南省=1，河北省=0）	0.6116
	(0.05)
观测值	772

表15-3回归3的结果显示，小麦灌溉用水量也受到气候变量的影响。小麦地块上的灌溉用水量与生长期内的平均温度之间呈现倒"U"形的关系，对此的解释可能需要考虑样本地区的气候模式和水资源短缺状况。华北平原冬小麦在生长期内常常要经历雨水缺乏的冬季和严重的春旱（张光辉等，2013）。当温度升高时，农户会灌溉更多的水量以弥补升温导致的蒸散发的增加，直到温度达到一个峰值点。小麦地块上的灌溉用水量与生长期内的降水量之间也存在一种倒

"U"形的关系。此外，长期的气候变异对小麦灌溉用水量也有影响。过去30年小麦生长期内平均温度的标准差的估计系数为正，而过去30年小麦生长期内降水量的标准差的系数为负，并且均在统计上显著。长期的气候变异会影响农民的预期，预期温度的较大波动会使农户灌溉更多，这可能是为了抵御低温（防止霜冻）或高温（防止热浪）。预期降水量的较大波动会使农民减少灌溉。在样本地区降水普遍较少的状况下，预期之外的强降水会引起降水的较大波动，农户可能会减少灌溉以降低突发的高强度降水导致的洪涝风险。

气候变量对小麦单产也有预期的影响（见表15-3回归4）。控制了生产投入变量后，小麦生长期内的平均温度和降水量并不影响小麦单产，这是因为农户通过生产投入（如灌溉）抵消了气候因素的影响。估计结果显示，小麦单产与过去30年小麦生长期内平均温度和降水量的标准差之间存在负的关系，并且在统计上显著。这意味着，小麦产量受到年际间气候较大波动的不利影响。

第十六章

结论和政策建议

第一节　主要结论

过去几十年，作为中国的主要农业生产区，华北平原的地下水供给已经处于十分脆弱的状况。由于地表水资源的减少，地下水利用的迅速扩张导致了地下水位快速下降，加速了地下水的枯竭，并引发了许多严重的环境问题。更糟糕的是，气候变化可能会加剧这种状况。气温升高、降水波动加剧、极端气候事件频发，对华北平原的地下水灌溉供给可靠性和农业生产带来了潜在的负面影响。然而，面对水资源短缺的加剧和气候变化的事实，华北平原的农户并不是消极接受，他们采取了积极的适应性措施，地下水灌溉管理方式也发生了变化。也就是说，地下水适应性灌溉管理在应对气候风险方面可能发挥了重要作用，但是在现有的研究中却很难找到证据，对气候变化如何影响华北平原地下水灌溉供给可靠性，以及地下水适应性灌溉管理的演变在减少气候风险方面发挥的作用尚不清楚，而本篇的研究目的正是尝试回答这些问题，以求为灌溉管理部门应对气候变化、制定可持续的水资源管理政策提供决策依据和实证参考。

本篇利用北京大学中国农业政策研究中心（CCAP）于 2001 年、2004 年、2008 年、2012 年、2016 年开展的五轮追踪调查，结合国家气象站点长期观测数据，定量评估了气候变化背景下华北平原的地下水供给脆弱性，通过构建计量经济模型，在控制社会经济因素的基础上，将气候变化对地下水灌溉供给可靠性和村地下水水位的影响分离出来，并将研究视角放在灌溉用水的末端用户上，分析了地下水适应性灌溉管理应对气候变化的成效。本篇的研究结果不仅填补了已有研究的空白，充实了现有的气候变化影响和适应理论，在现实中也具有重要意义。

1981年以来，样本区的年平均气温虽然存在一定幅度的波动，但是仍然呈现上升趋势。1981年所有样本县的年平均温度为13.31℃，到2017年升高到15.50℃。与年平均温度的变化趋势不同，样本区的年降水量在1981—2017年呈现较大波动，没有明显的增加或减少趋势。干旱问题一直是华北平原农业生产面临的最严重的问题。总体上看，样本区的干旱情况有轻微缓解，帕默尔干旱指数（PDSI）小幅度增加。这一结果与已有研究比较一致。

基于长期的追踪调查数据发现，在过去几十年，伴随着温度的升高、降水的剧烈波动，无论是从村级层面上看，还是从农户的地块层面上看，华北平原的地下水灌溉供给可靠性都下降了。1990—2015年，村庄灌溉机井向农户提供地下水灌溉的供给可靠性呈现下降趋势。在1990年，全村只有12%的灌溉机井出现过不够用的情况，到2015年，全村有42%的灌溉机井在灌溉季节为农户提供灌溉服务时出现过水不够用的情况。通过对调查数据的分析可以发现，1990—2011年，华北平原样本村的地下水水位呈现明显的下降趋势，平均每年下降0.86米。2004年以后，下降速度超过国家警戒线（1.5米）的村庄比例已不可忽视，地下水枯竭问题十分严重。2001—2015年，农户在地块水平上获得地下水灌溉的可靠性也呈现下降趋势。在2001年，农户在小麦的整个生长期内平均采用地下水灌溉的次数为4次，其中，平均有3.64次是按照农户的要求及时得到灌溉的，地块按时得到灌溉的次数比重为0.91。到2015年，地块按时得到灌溉的次数比重下降到0.83。

在全球气候变化的背景下，随着地表水资源的减少，华北平原越来越多地依赖地下水灌溉，灌溉机井数量不断增加，机井的产权也发生了变化，不断地从集体产权向非集体产权演变。实地调查数据显示，1990年，非集体产权机井占灌溉机井总数的52%，到2004年，这一比例增加到了83%。然而，非集体产权机井的比例在2004年后开始下降。到2015年，下降到了61%。随着灌溉机井产权从集体产权向非集体产权演变，地下水灌溉服务市场快速发育，减轻了人们对没有机井的农户无法获得地下水灌溉的担心。地下水灌溉服务市场的本质是无法获得地下水灌溉的农户与那些有井的农户之间的自发交易。数据分析结果显示，1990年，就有2.7%的样本村庄出现了地下水灌溉服务市场，平均而言，地下水灌溉服务面积占全村总灌溉面积的比例仅为0.1%；到2011年，有地下水灌溉服务市场的村庄比例已达68.1%，地下水灌溉服务面积比例达到40.6%。尽管到2015年，有地下水灌溉服务市场的村庄比例有所降低，但仍然接近一半的样本村庄有地下水灌溉服务市场。在有偿提供地下水灌溉服务的农户中，最典型的是个体机井的所有者，还有少部分是股份制机井的所有者。华北平原地下水灌溉服务市场的快速发展，使农户获取地下水灌溉的方式发生了变化。

在考虑气候变化的影响下，本篇通过构建地下水供给脆弱性的评价指标系统，并采用层次分析法（AHP）确定每个指标的权重，对华北平原地下水供给脆弱性进行了综合评价。结果表明，在过去20多年中，华北平原地下水供给的暴露度和敏感性都有明显的增加。由于脆弱性是暴露度和敏感性的正函数，所以它们的明显增加使地下水供给变得更脆弱。然而，暴露于气候变化和水资源短缺的风险下，人类社会的适应能力在过去20多年有了非常显著的提高，适应能力指数从1990年的0.079提高到了2011年的0.426。由于脆弱性是适应能力的负函数，所以适应能力的显著提高会降低地下水供给脆弱性，很大程度上抵消了暴露度和敏感性增加对脆弱性的提高作用，最终使华北平原地下水供给脆弱性有小幅增加。由此可见，华北平原地下水供给脆弱性之所以呈现小幅增加，主要是因为在评价系统中考虑了人类社会的适应能力，强调了管理制度在脆弱性评价中的作用。

计量模型估计结果表明，长期年平均温度可能会影响村级水平的地下水灌溉供给可靠性。如果长期年平均温度上升 1℃，村水够用的灌溉机井比重就会减少 0.37。村级地下水灌溉供给可靠性也受到长期年降水量的影响。在其他条件不变的情况下，长期年降水量如果增加 100 毫米，村水够用的灌溉机井比重会增加 0.1。村级地下水灌溉供给可靠性不仅受到长期气候条件的影响，也受到当年天气状况的影响。当其他条件不变时，如果当年的平均温度升高 1℃，村水够用的灌溉机井比重会减少 0.09；当年降水量如果增加 100 毫米，村水够用的灌溉机井比重会减少 0.2。可以发现，长期年平均温度对村级地下水灌溉供给可靠性的影响要大于当年平均温度的影响，而长期年降水量的边际影响与当年降水量的边际影响的方向相反。

从地块层面看，小麦生长期内的长期平均温度和长期降水可能会显著影响小麦地块上的地下水灌溉供给可靠性。如果小麦生长期的长期平均温度升高 1℃，地块按时得到灌溉的次数比重将减少约 0.12；如果长期平均降水量增加 100 毫米，小麦地块按时得到灌溉的次数比重会提高约 0.19。短期天气条件也会影响地块按时得到灌溉的次数比重。在小麦生长期，如果平均气温上升 1℃，地块按时得到灌溉的次数比重会提高约 0.01。这个结果很有趣，与长期平均温度的影响相反。当年降水量增加 10 毫米时，地块按时得到灌溉的次数比重增加 0.003。这与长期平均降水的边际影响方向一致，但幅度较小。

模型估计结果表明，升温的长期趋势会导致地下水水位的下降，在控制其他因素的影响下，如果温度上升 1℃，地下水水位可能会下降 0.77—0.94 米。长期年降水量减少也会导致地下水水位下降。保持其他因素不变时，长期年降水量每减少 10 毫米，地下水水位将会下降 0.4—0.5 米。另外，当年降水量减少会引起地下水水位下降，但小于长期年降水量变化的边际效应。

气候变化背景下，华北平原地下水适应性灌溉管理在提高灌溉用水效率、保障农业生产方面颇有成效。实证研究表明，与那些从自己机井灌溉的地块相比，从地下水灌溉服务市场获取灌溉的小麦地块上的用水量更少，从地下水灌溉服务市场获取灌溉的农户之所以小麦灌溉用水量相对较低，部分是因为他们的灌溉成本较高。尽管购买地下水灌溉服务的农户减少了小麦的灌溉用水量，但小麦单产没有受到负面影响。也有证据表明，地下水灌溉服务市场为农户提供了更多的灵活性，他们可以根据天气条件调整灌溉用水量，是农民抵御气候变化对地下水灌溉供给负面影响的有效适应性措施。因此，地下水灌溉服务市场被认为是应对气候变化有效的适应性灌溉管理策略。

第二节　政策建议

本篇的研究发现对华北平原具有重要意义，因为在这一地区气候变化和水资源管理是两个最重要的政策挑战。根据研究结论，本篇在地下水灌溉管理适应气候变化方面为决策者提供了以下几点政策建议，从而更好地应对气候变化、开展可持续的水资源管理和保障农业生产。

第一，在设计国家和地方层面的地下水灌溉管理政策时，应考虑气候变化的影响。

本篇的研究表明，气候变化可能会加大华北平原地下水灌溉供给的压力。无论是长期、短期的平均温度和降水量，还是干旱的发生都可能会对地下水灌溉供给可靠性产生显著的影响。而且，气候变化也会影响农户选择如何获取地下水灌溉。因此，在设计地下水灌溉管理政策时，需要考虑气候变化可能会产生的影响，从而能准确地预估水管理政策的效应，制定更实用、有效的政策。

第二，地下水管理决策中对气候变化影响的预估要考虑当地所开采的含水层特征。

从本篇的定量分析可以看出，在以浅井为主的村，村地下水灌溉供给可靠性主要是受到长期气候条件的影响；而在以深井为主的村，村地下水灌溉供给可靠性主要是受到短期天气状况的影响。因此，在政策设计过程中，要充分考虑到气候变化对开采不同含水层的地区的影响差异，从而制定应对气候变化的地下水适应性灌溉管理制度。

第三，在气候变化背景下开展地下水适应性灌溉管理，政府仍需提供兼顾地方特点的政策支持。

本篇的研究表明，作为适应气候变化的一种工具，地下水灌溉服务市场能够提高灌溉用水效率。因此，在那些集体管理机井占主导地位的地区，管理部门可以在加强打井监管和取水总量控制的前提下，鼓励机井实行非集体管理。然而，在那些非集体产权机井已经达到了一定水平的地区，应该支持地下水灌溉服务市场的发展，以提高用水效率。例如，可以增加输水渠道或管道等灌溉设施投资，从而为地下水灌溉服务交易提供更好的便利条件。

第四，进一步完善地下水灌溉服务市场的发展来应对气候变化的潜在风险。

尽管地下水灌溉服务市场被认为是应对气候变化有效的适应性管理策略，但本篇的研究结果表明，相较于从自家机井抽水灌溉，从地下水灌溉服务市场获取灌溉的小麦种植户按时得到灌溉的次数比重更低。这很可能与中国农村地区地下水灌溉服务市场的非正式性质相关。普遍来看，地下水灌溉服务市场中的交易没有任何书面合同，只是口头承诺，灌溉服务的提供很难保障，一旦有纠纷也无法裁决。为了减少交易成本，灌溉管理部门可以引导和鼓励农户采取规范化的交易形式，如签订交易合同等。另外，地下水灌溉服务市场上供给主体单一，基本都是投资打井的小农户，他们提供服务的专业化水平较低。这就限制了地下水灌溉服务市场在帮助农户应对气候变化风险方面的作用。对此，可以考虑培育专业化的地下水灌溉服务供给主体。

下篇思考题：

1. 气候变化背景下适应性灌溉管理是如何演变的？

2. 什么是水资源脆弱性？如何评估水资源脆弱性？

3. 如何较好地度量地下水灌溉供给脆弱性？华北平原地下水灌溉供给脆弱性如何变化？

4. 气候变化如何影响地下水灌溉供给可靠性？影响机理是什么？

5. 气候变化如何影响村级层面地下水水位变动？影响机理是什么？

6. 为了应对气候变化风险，地下水灌溉管理有哪些适应性反应？

7. 地下水适应性灌溉管理在应对气候风险方面有哪些成效？

8. 如何通过完善地下水灌溉管理应对气候风险？

参考文献

边文龙、王楠：《面板数据随机前沿分析的研究综述》，《统计研究》2016 年第 6 期。

蔡昉、都阳：《迁移的双重动因及其政策含义——检验相对贫困假说》，《中国人口科学》2002 年第 4 期。

蔡昉、王美艳：《如何实现保增长与保就业的统一》，《理论前沿》2009 年第 11 期。

蔡昉：《未来的人口红利——中国经济增长源泉的开拓》，《中国人口科学》2009 年第 1 期。

蔡小威：《以户承包管理机井》，《中国水利》1985 年第 1 期。

曹光乔等：《农业机械购置补贴对农户购机行为的影响——基于江苏省水稻种植业的实证分析》，《中国农村经济》2010 年第 6 期。

曹建民、王金霞：《井灌区农村地下水水位变动：历史趋势及其影响因素研究》，《农业技术经济》2009 年第 4 期。

曹建廷：《气候变化对水资源管理的影响与适应性对策》，《中国水利》2010 年第 1 期。

曹建廷：《水资源适应性管理及其应用》，《中国水利》2015 年第 17 期。

陈大波等：《三工河流域农户灌溉效率及影响因素》，《地理科学进展》2012 年第 4 期。

陈芳妹、龙志和：《新迁移经济学视角的 RD 模型述评》，《中国劳动经济学》2006 年第 2 期。

陈开军：《剩余劳动力转移与农业技术进步——基于拉-费模型的理论机制与西部地区八个样本村的微观证据》，《产业经济研究》

2010 年第 1 期。

陈攀等：《水资源脆弱性及评价方法国内外研究进展》，《水资源保护》2011 年第 5 期。

陈强：《计量经济学及 Stata 应用》，高等教育出版社 2015 年版。

陈瑞剑、王金霞：《中国北方地区地下水市场特征及其与当地水资源禀赋的关系研究（英文）》，《自然资源学报》2008 年第 6 期。

陈锡文：《"一号文件"的三点考虑》，《中国经济周刊》2009 年第 5 期。

陈学渊等：《海河流域水资源对农业生产的影响分析》，《中国农业资源与区划》2012 年第 5 期。

陈岩：《流域水资源脆弱性评价与适应性治理研究框架》，《人民长江》2016 年第 17 期。

成诚、王金霞：《黄河流域灌区灌溉管理改革与灌溉延误研究》，《人民黄河》2008 年第 10 期。

程乾生：《层次分析法 AHP 和属性层次模型 AHM》，《系统工程理论与实践》1997 年第 11 期。

大西晓生等：《中国农业用水效率的地区差别及其评价》，《农村经济与科技》2013 年第 24 期。

丹尼斯·维赫伦斯、童国庆：《应对不确定性因素的适应性水资源管理》，《水利水电快报》2011 年第 6 期。

董军海、张英林：《广宗县农民入股打井是个好办法》，《中国水利》1994 年第 1 期。

董晓霞：《种植业结构调整对农户收入影响的实证分析——以环北京地区为例》，《农业技术经济》2008 年第 1 期。

杜栋等：《现代综合评价方法与案例精选》，清华大学出版社 2008 年版。

杜鑫：《失业理论述评》，《晋阳学刊》2009 年第 5 期。

段培等：《种植业技术密集环节外包的个体响应及影响因素研究——以河南和山西 631 户小麦种植户为例》，《中国农村经济》2017 年第 8 期。

段文婷：《农村劳动力非农就业演变研究》，博士学位论文，天津理工大学，2014 年。

方诗标：《农业灌溉水利用效率影响因素研究》，硕士学位论文，扬州大学，2013 年。

冯保清：《我国不同分区灌溉水有效利用系数变化特征及其影响因素分析》，《节水灌溉》2013 年第 6 期。

付强等：《黑龙江省灌溉水利用效率影响因素分析》，《应用基础与工程科学学报》2017 年第 2 期。

高江波等：《气候变化影响与风险研究的理论范式和方法体系》，《生态学报》2017 年第 7 期。

高雷：《农户采纳行为影响内外部因素分析——基于新疆石河子地区膜下滴灌节水技术采纳研究》，《农村经济》2010 年第 5 期。

耿献辉等：《农业灌溉用水效率及其影响因素实证分析——基于随机前沿生产函数和新疆棉农调研数据》，《自然资源学报》2014 年第 6 期。

耿直等：《我国粮食主产区地下水管理现状及保护措施研究》，《中国水利》2009 年第 15 期。

顾涛等：《我国微灌发展现状及"十三五"发展展望》，《节水灌溉》2017 年第 3 期。

郭久亦、于冰：《世界水资源短缺：节约用水和海水淡化》，《世界环境》2016 年第 2 期。

郭善民、王荣：《农业水价政策作用的效果分析》，《农业经济问题》2004 年第 7 期。

韩青、袁学国：《参与式灌溉管理对农户用水行为的影响》，《中国人口资源与环境》2011 年第 10 期。

黄玉祥等：《农户节水灌溉技术认知及其影响因素分析》，《农业工程学报》2012 年第 18 期。

纪月清等：《我国农户农机需求及其结构研究——基于省级层面数据的探讨》，《农业技术经济》2013 年第 7 期。

贾瑞亮等：《我国气候变化对地下水资源影响研究的主要进展》，

《地下水》2012 年第 1 期。

姜彤等：《〈气候变化 2014：影响、适应和脆弱性〉的主要结论和新认知》，《气候变化研究进展》2014 年第 3 期。

姜文来：《"水利"与"利水"必须协同发展》，《中国经济报告》2011 年第 3 期。

蒋耀：《基于层次分析法（AHP）的区域可持续发展综合评价：以青浦区为例》，《上海交通大学学报》2009 年第 4 期。

景清华：《井渠结合灌溉管理模式探讨》，《中国农村水利水电》2010 年第 2 期。

孔祥智等：《当前我国农业社会化服务体系的现状、问题和对策研究》，《江汉论坛》2009 年第 5 期。

李代鑫：《中国灌溉发展政策》，《中国农村水利水电》2009 年第 6 期。

李德洗：《农户非农就业的粮食生产效应研究》，《中州学刊》2012 年第 4 期。

李谷成等：《家庭禀赋对农户家庭经营技术效率的影响冲击——基于湖北省农户的随机前沿生产函数实证》，《统计研究》2008 年第 1 期。

李国正、赵拥军：《缓解河北省地下水资源超采的主要技术途径》，《地下水》2007 年第 4 期。

李海鸥：《农业节水技术推广关键影响因素初探》，《工程技术》2017 年第 2 期。

李俊利、张俊飚：《农户采用节水灌溉技术的影响因素分析——来自河南省的实证调查》，《中国科技论坛》2011 年第 8 期。

李明艳等：《非农就业与农户土地利用行为实证分析：配置效应、兼业效应与投资效应——基于 2005 年江西省农户调研数据》，《农业技术经济》2010 年第 3 期。

李石新、郑婧：《中国农村非农就业现状及影响因素分析》，《中国经济与管理科学》2009 年第 7 期。

李实：《中国劳动力市场中的农民工状况》，《劳动经济研究》

2013 年第 1 期。

李双杰、范超：《随机前沿分析与数据包络分析方法的评析与比较》，《统计与决策》2009 年第 7 期。

李小云等：《气候变化的社会政治影响：脆弱性、适应性和治理——国际发展研究视角的文献综述》，《林业经济》2010 年第 7 期。

李玉敏、王金霞：《水资源短缺状况及其对农业生产影响的实证研究》，《水利经济》2013 年第 5 期。

廖西元等：《稻农采用节水技术影响因素的实证分析——自然因素和经济因素效应及其交互影响的估测》，《中国农村经济》2006 年第 12 期。

林坚、李德洸：《非农就业与粮食生产：替代抑或互补——基于粮食主产区农户视角的分析》，《中国农村经济》2013 年第 9 期。

林理升、王晔倩：《运输成本、劳动力流动与制造区域分布》，《经济研究》2006 年第 3 期。

林毅夫等：《中国的奇迹：发展战略与经济改革》，格致出版社 2010 年版。

刘昌明、陈志凯：《中国水资源现状评价和供需发展趋势分析》，中国水利水电出版社 2001 年版。

刘昌明：《中国农业水问题：若干研究重点与讨论》，《中国生态农业学报》2014 年第 8 期。

刘红梅等：《我国农户学习节水灌溉技术的实证研究——基于农户节水灌溉技术行为的实证分析》，《农业经济问题》2008 年第 4 期。

刘继文、良警宇：《生活理性：民族特色产业扶贫中农村妇女的行动逻辑——基于贵州省册亨县"锦绣计划"项目的经验考察》，《中国农村观察》2021 年第 2 期。

刘军等：《新疆棉花节水技术灌溉用水效率与影响因素分析》，《干旱区资源与环境》2015 年第 9 期。

刘军：《新疆农业高效节水灌溉技术长效利用研究》，博士学位论文，新疆农业大学，2016 年。

刘绿柳：《水资源脆弱性及其定量评价》，《水土保持通报》2002

年第 2 期。

刘荣华：《水利灌溉事业在我国农业生产中的地位和作用》，《农机使用与维修》2017 年第 6 期。

刘尚等：《气候变化下淮河流域水资源适应性管理初探》，《江西水利科技》2013 年第 2 期。

刘巍巍等：《帕默尔旱度模式的进一步修正》，《应用气象学报》2004 年第 2 期。

刘维佳：《中国农民工问题调查——以四川、浙江为例》，《理论动态》2005 年第 28 期。

刘文莉等：《近 50 年来华北平原极端干旱事件的时空变化特征》，《水土保持通报》2013 年第 4 期。

刘晓琼、刘彦随：《基于 AHP 的生态脆弱区可持续发展评价研究》，《干旱区资源与环境》2009 年第 5 期。

刘晓英、林而达：《气候变化对华北地区主要作物需水量的影响》，《水利学报》2004 年第 2 期。

刘亚克等：《农业节水技术的采用及影响因素》，《自然资源学报》2011 年第 6 期。

刘勇等：《基于层次分析法的绵山旅游资源评价与可持续发展对策》，《经济地理》2006 年第 2 期。

刘渝等：《农业水资源利用效率的影响因素分析》，《经济问题》2007 年第 6 期。

刘渝、张俊飚：《中国水资源生态安全与粮食安全状态评价》，《资源科学》2010 年第 12 期。

刘宇等：《影响农业节水技术采用的决定因素——基于中国 10 个省的实证研究》，《节水灌溉》2009 年第 10 期。

柳长顺等：《虚拟水交易：解决中国水资源短缺与粮食安全的一种选择》，《资源科学》2005 年第 2 期。

卢晓玲、周丽君：《基于层次分析法的向海自然保护区旅游资源评价》，《东北师范大学学报》（自然科学版）2011 年第 1 期。

陆文聪等：《中国粮食生产的区域变化：人地关系、非农就业与劳动报酬的影响效应》，《中国人口科学》2008 年第 3 期。

栾江：《农业劳动力转移与化肥施用存在要素替代关系吗？——来自我国粮食主要种植省份的经验证据》，《西部论坛》2017 年第 4 期。

马草原：《非农收入、农业效率与农业投资——对我国农村劳动力转移格局的反思》，《经济问题》2009 年第 7 期。

马芳冰等：《水资源脆弱性评价研究进展》，《水资源与水工程学报》2012 年第 1 期。

马晓河、崔红志：《建立土地流转制度，促进区域农业生产规模化经营》，《管理世界》2002 年第 11 期。

米建伟等：《地下水市场的参与：谁是卖水者？（英文）》，《自然资源学报》2008 年第 6 期。

潘志华、郑大玮：《适应气候变化的内涵、机制与理论研究框架初探》，《中国农业资源与区划》2013 年第 6 期。

彭致功等：《农业节水措施对地下水涵养的作用及其敏感性分析》，《农业机械学报》2012 年第 7 期。

钱龙、洪名勇：《非农就业、土地流转与农业生产效率变化——基于 CFPS 的实证分析》，《中国农村经济》2016 年第 12 期。

秦大河：《中国极端天气气候事件和灾害风险管理与适应国家评估报告》，科学出版社 2015 年版。

申红芳等：《稻农生产环节外包行为分析——基于 7 省 21 县的调查》，《中国农村经济》2015 年第 5 期。

史常亮等：《我国小麦化肥投入效率及其影响因素分析——基于全国 15 个小麦主产省的实证》，《农业技术经济》2015 年第 11 期。

宋春晓等：《气候变化和农户适应性对小麦灌溉效率影响——基于中东部 5 省小麦主产区的实证研究》，《农业技术经济》2014 年第 2 期。

宋洪远等：《关于农村劳动力流动的政策问题分析》，《管理世界》2002 年第 5 期。

苏卫良等：《非农就业对农户家庭农业机械化服务影响研究》，

《农业技术经济》2016 年第 10 期。

孙顶强等：《生产性服务对中国水稻生产技术效率的影响——基于吉、浙、湘、川 4 省微观调查数据的实证分析》，《中国农村经济》2016 年第 8 期。

唐国平等：《气候变化对中国农业生产的影响》，《地理学报》2000 年第 2 期。

田玉军等：《农业劳动力机会成本上升对农地利用的影响——以宁夏回族自治区为例》，《自然资源学报》2009 年第 3 期。

童绍玉等：《中国水资源短缺的空间格局及缺水类型》，《生态经济》2016 年第 7 期。

汪阳洁：《气候变化对中国水稻生产的影响及适应策略》，博士学位论文，中国科学院大学，2014 年。

王琛茜等：《我国水资源短缺风险评估及空间分析》，《首都师范大学学报（自然科学版）》2015 年第 1 期。

王德文、蔡昉：《中国农村劳动力流动与消除贫困》，《中国劳动经济学》2006 年第 3 期。

王电龙等：《华北平原典型井灌区地下水保障能力空间差异》，《南水北调与水利科技》2015 年第 4 期。

王冠军等：《新时期我国农田水利存在问题及发展对策》，《中国水利》2010 年第 5 期。

王贵玲等：《农业节水缓解地下水位下降效应的模拟》，《水利学报》2005 年第 3 期。

王金翠等：《华北平原气候时空演变特征》，《现代地质》2015 年第 2 期。

王金霞等：《水资源管理制度改革、农业生产与反贫困》，《经济学（季刊）》2005 年第 5 期。

王金霞等：《气候变化条件下水资源短缺的状况及适应性措施：海河流域的模拟分析》，《气候变化研究进展》2008 年第 6 期。

王金霞等：《水资源管理制度改革、农业生产与反贫困》，《经济学（季刊）》2005 年第 4 期。

王金霞：《水土资源可持续利用是粮食安全之关键》，《世界环境》2008 年第 5 期。

王庆平、刘金艳：《气候变化和人类活动对滦河下游地区水资源变化影响分析》，《中国水利》2010 年第 15 期。

王卫东等：《自营工商业的代际传承——基于全国 5 省 100 村 2000 户调查数据的实证研究》，《中国农村观察》2020 年第 2 期。

王小军等：《气候变化对区域农业灌溉用水影响分析》，《中国农村水利水电》2011 年第 1 期。

王晓娟、李周：《灌溉用水效率及影响因素分析》，《中国农村经济》2005 年第 7 期。

王学义、罗小华：《农村气候贫困人口迁移：一个初步的研究框架》，《人口学刊》2014 年第 3 期。

王学渊、赵连阁：《中国农业用水效率及影响因素——基于 1997—2006 年省区面板数据的 SFA 分析》，《农业经济问题》2008 年第 3 期。

王亚华：《中国灌溉管理面临的困境及出路》，《绿叶》2009 年第 12 期。

王亚华：《中国水治道变革》，清华大学出版社 2013 年版。

王业耀等：《气候异常对临汾盆地地下水系统的影响》，《资源科学》2009 年第 7 期。

王昱等：《西北内陆干旱地区农户采用节水灌溉技术意愿影响因素分析——以黑河中游地区为例》，《节水灌溉》2012 年第 11 期。

王志刚等：《农业规模经营：从生产环节外包开始——以水稻为例》，《中国农村经济》2011 年第 9 期。

翁建武等：《气候变化背景下水资源脆弱性评价方法及其应用分析》，《水资源研究》2012 年第 4 期。

吴绍洪等：《中国气候变化影响与适应：态势和展望》，《科学通报》2016 年第 10 期。

伍德里奇：《计量经济学导论：现代观点》（第 4 版），清华大学出版社 2009 年版。

夏军等：《多尺度水资源脆弱性评价研究》，《应用基础与工程科学学报》2012 年第 S1 期。

徐建文等：《近 30 年黄淮海平原干旱对冬小麦产量的潜在影响模拟》，《农业工程学报》2015 年第 6 期。

徐雪高等：《农户兼业化发展及未来研究展望》，《农业展望》2017 年第 2 期。

许朗、胡莉红：《井灌区玉米灌溉用水效率及其影响因素——以河南省滑县、山东省巨野县农户数据为例》，《江苏农业科学》2017 年第 10 期。

许朗、黄莺：《农业灌溉用水效率及其影响因素分析——基于安徽省蒙城县的实地调查》，《资源科学》2012 年第 1 期。

许朗、刘金金：《农户节水灌溉技术选择行为的影响因素分析——基于山东省蒙阴县的调查数据》，《中国农村观察》2013 年第 6 期。

杨宇、李容：《劳动力转移、要素替代及其约束条件》，《南京农业大学学报》（社会科学版）2015 年第 2 期。

杨宇等：《不同灌溉水源供水可靠性的评估》，《中国人口·资源与环境》2012 年第 11 期。

杨宇：《气候变化对华北平原冬小麦生产的影响及适应措施采用》，博士学位论文，中国科学院大学，2015 年。

张宝东等：《节水农业体系及节水潜力分析》，《地下水》2011 年第 1 期。

张兵、周彬：《欠发达地区农户农业科技投入的支付意愿及影响因素分析——基于江苏省灌南县农户的实证研究》，《农业经济问题》2006 年第 1 期。

张光辉等：《华北平原灌溉用水强度与地下水承载力适应性状况》，《农业工程学报》2013 年第 1 期。

张光辉等：《灌溉农田节水增产对地下水开采量影响研究》，《水科学进展》2009 年第 3 期。

张红宇：《促进农民增收的长期思路和政府行为》，《农业经济问题》2004 年第 3 期。

张建平等：《未来气候变化对中国东北三省玉米需水量的影响预测》，《农业工程学报》2009 年第 7 期。

张俊良、张清郎：《非农职业阶段的农民工流动特征分析》，《中国劳动》2009 年第 9 期。

张世法：《气候变化对海河流域水资源影响的研究与展望》，《海河水利》1995 年第 6 期。

张昕等：《地下水脆弱性评价方法与研究进展》，《地质与资源》2010 年第 3 期。

张新焕等：《基于 Logistic 模型的三工河流域农户节水灌溉驱动力分析》，《中国沙漠》2013 年第 1 期。

张秀琴、王亚华：《中国水资源管理适应气候变化的研究综述》，《长江流域资源与环境》2015 年第 12 期。

张秀琴：《气候变化背景下我国农业水资源管理的适应对策》，博士学位论文，西北农林科技大学，2013 年。

赵佳、姜长云：《兼业小农抑或家庭农场——中国农业家庭经营组织变迁的路径选择》，《农业经济问题》2015 年第 3 期。

赵培芳、王玉斌：《农户兼业对农业生产环节外包行为的影响——基于湘皖两省水稻种植户的实证研究》，《华中农业大学学报（社会科学版）》2020 年第 1 期。

赵勇等：《河北平原井灌区农户灌溉用水量差异的分析》，《节水灌溉》2007 年第 2 期。

郑昌晶等：《冀东平原农业节水技术及地下水响应》，《南水北调与水利科技》2010 年第 6 期。

钟甫宁，纪月清：《土地产权、非农就业机会与农户农业生产投资》，《经济研究》2009 年第 12 期。

钟太洋、黄贤金：《非农就业对农户种植多样性的影响：以江苏省泰兴市和宿豫区为例》，《自然资源学报》2012 年第 2 期。

周来友等：《丘陵地区非农就业类型对农地流转的影响——基于江西省东北部农户调查数据的分析》，《资源科学》2017 年第 2 期。

周玉玺等：《影响农户农业节水技术采用水平差异的因素分析——基于山东省 17 市 333 个农户的问卷调查》，《干旱区资源与环境》2014 年第 3 期。

朱丽莉、李光泗：《农村劳动力流动对我国粮食生产效率影响的实证分析》，《粮食经济研究》2016 年第 1 期。

朱启荣：《中国棉花主产区生产布局分析》，《中国农村经济》2009 年第 4 期。

Abdoulaye，T.，J. Sanders，"Stages and Determinants of Fertilizer Use in Semiarid African Agriculture：The Niger Experience"，*Agricultural Economics*，2015，Vol. 32，No. 2，pp. 167-179.

Abu-Madi.，M. O.，"Farm-level Perspectives Regarding Irrigation Water Prices in the Tulkarm District，Palestine"，*Agricultural Water Management*，2009，Vol. 96，pp. 1344-1350.

Adger，W. N.，et al.，*New Indicators of Vulnerability and Adaptive Capacity*，Tyndall Centre for Climate Change Research，2004.

Adhikari，B.，K. Taylor，"Vulnerability and Adaptation to Change：A Review of Local Actions and National Policy Response"，*Climate and Development*，2012，Vol. 4，No. 1，pp. 54-65.

Aguilera，H.，J. M. Murillo，"The Effect of Possible Climate Change on Natural Groundwater Recharge Based on a Simple Model：A Study of Four Karstic Aquifers in SE Spain"，*Environmental Geology*，2009，Vol. 57，No. 5，pp. 963-974.

Al-Hanbali，A.，A. Kondoh，"Groundwater Vulnerability Assessment and Evaluation of Human Activity Impact（HAI）Within the Dead Sea Groundwater Basin，Jordan"，*Hydrogeology Journal*，2008，Vol. 16，No. 3，pp. 499-510.

Alcamo，J.，et al.，"A New Assessment of Climate Change Impacts on Food Production Shortfalls and Water Availability in Russia"，*Global Environmental Change*，2007，Vol. 17，pp. 429-444.

Alessa，L.，et al.，"The Arctic Water Resource Vulnerability Index: An Integrated Assessment Tool for Community Resilience and Vulnerability with Respect to Freshwater", *Environmental Management*, 2008, Vol. 42, No. 3, pp. 523-541.

Alkama, R., et al., "Trends in Global and Basin-scale Runoff over the Late Twentieth Century: Methodological Issues and Sources of Uncertainty", *Journal of Climate*, 2011, Vol. 24, No. 12, pp. 3000-3014.

Aller, L., et al., "DRASTIC: A Standardized System for Evaluating Groundwater Pollution Potential using Hydrogeological Settings", The US Environmental Protection Agency (EPA): Washigton, DC, USA, 1987.

Almeida, W. A., et al., "Applying Water Vulnerability Indexes for River Segments", *Water Resource Management*, 2014, Vol. 28, pp. 4289-4301.

Babatunde, R., et al., "Determinants of Participation in Off-farm Employment among Small-holder Farming Households in Kwara State, Nigeria", *Prod. Agric. Technol. J.*, 2010, Vol. 6, No. 2, pp. 1-14.

Babel, M. S., S. M. Wahid, "Freshwater Under Threat: South Asia—Vulnerability Assessment of Freshwater Resources to Environmental Change", Nairobi, Kenya: United Nations Environment Programme, 2009.

Balica, S. F., N. Douben, N. G. Wright, "Flood Vulnerability Indices at Varying Spatial Scales", *Water Science & Technology A Journal of the International Association on Water Pollution Research*, 2009, Vol. 60, pp. 2571-2580.

Battese, G., T. Coelli, "Frontier Production Functions, Technical Efficiency and Panel Data: With Application to Paddy Farmers in India", Springer Netherlands, 1992.

Battese, G., T. Coelli, "A Model for Technical Inefficiency Effects in a Stochastic Frontier Production Function for Panel Data", *Empirical Economics*, 1995, Vol. 20, No. 2, pp. 325-332.

Battese, G., T. Coelli, "Prediction of Firm-level Technical Efficien-

cies with a Generalized Frontier Production Function and Panel Data",
Journal of Econometrics, 1988, Vol. 38, No. 3, pp. 387−399.

Berbel, J., J. A. Gomez−Limon, "The Impact of Water−pricing
Policy in Spain: An Analysis of Three Irrigated Areas", *Agricultural Water
Management*, 2000, Vol. 43, pp. 219−238.

Bjornlund, H., "Water Markets−Economic Instruments to Manage
Scarcity", *Journal of Agricultural and Marine Sciences*, 2006, Vol. 1,
pp. 11−19.

Blanke, A., et al., "Water Saving Technology and Saving Water in
China", *Agricultural Water Management*, 2007, Vol. 87, No. 2, pp.
139−150.

Brauw, A. D., J. Giles, "Migrant Labor Markets and the Welfare of
Rural Households in the Developing World: Evidence from China", *Global
Public Health*, 2012, Vol. 2, No. 4585, pp. 1−6.

Bright, J., et al., "Projected Effects of Climate Change on Water
Supply, Reliability in Mid−Canterbury", Report C08120/1 by Aqualine
Research Ltd., 2011.

Brown, A., M. D. Matlock, "A Review of Water Scarcity Indices
and Methodologies", *Sustain Consortium*, 2011, Vol. 106, pp. 1−19.

Cai, F., D. Wang, "The Sustainability of China's Economic Growth
and the Contribution of Labor", *Economic Research Journal*, 1999,
Vol. 10, pp. 62−68.

Calow, R., A. MacDonald, "What will Climate Change Mean for
Groundwater Supply in Africa?", Overseas Development Institute, 2009.

Carey, J. M., D. Zilberman, "A Model of Investment under Uncer-
tainty: Modern Irrigation Technology and Emerging Markets in Water", *A-
merican Journal of Agricultural Economics*, 2002, Vol. 84, No. 1, pp.
171−183.

Chang, H., et al., "Water Supply, Demand, and Quality Indica-
tors for Assessing the Spatial Distribution of Water Resource Vulnerability in

the Columbia River Basin", *Atmosphere - Ocean*, 2013, Vol. 51, No. 4, pp. 339-356.

Chaves, H., S. Alipaz, "An Integrated Indicator Based on Basin Hydrology, Environment, Life and Policy: The Watershed Sustainability Index", *Water Resources Management*, 2007, Vol. 21, No. 5, pp. 883-895.

Chebil, A., A. Frija, B. Abdelkafi, "Irrigation Water Use Efficiency in Collective Irrigated Schemes of Tunisia: Determinants and Potential Irrigation Cost Reduction", *Agric. Econ. Rev.*, 2012, Vol. 13, pp. 39-48

Chen, X., et al., "China's Water Sustainability in the 21st Century: A Climate-informed Water Risk Assessment Covering Multi-sector Water Demands", *Hydrology and Earth System Sciences*, 2014, Vol. 18, No. 5, pp. 1653-1662.

Cheng, H., Y. Hu, "Improving China's Water Resources Management for Better Adaptation to Climate Change", *Climatic Change*, 2012, Vol. 112, pp. 253-282.

Cheo, A. E., H. J. Voigt, R. L. Mbua, "Vulnerability of Water Resources in Northern Cameroon in the Context of Climate Change", *Environmental Earth Sciences*, 2013, Vol. 70, pp. 1211-1217.

Connell-Buck, C. R., et al., "Adapting California's Water System to Warm vs. Dry Climates", *Climatic Change*, 2011, Vol. 109, pp. 133-149.

Cremades, R., J. Wang, J. Morris, "Policies, Economic Incentives and the Adoption of Modern Irrigation Technology in China", *Earth System Dynamics*, 2015, Vol. 6, pp. 399-410.

Dai, A., "Characteristics and Trends in Various Forms of the Palmer Drought Severity Index during 1900 - 2008", *Journal of Geophysical Research*, 2011, Vol. 116, No. D12, pp. 1248-1256.

Damm, M., "Mapping Social-ecological Vulnerability to Flooding— A Sub-national Approach for Germany", Graduate Research Series Volume 3, United Nations University-Institute for Environment and Human Security

(UNU-EHS): Bonn, Germany, 2010.

Deininger, K., S. Jin, "Land Sales and Rental Markets in Transition: Evidence from Rural Vietnam", *Oxford Bulletin of Economics and Statistics*, 2008, Vol. 70, No. 1, pp. 67-101.

Dhehibi, B., et al., "Measuring Irrigation Water Efficiency with a Stochastic Production Frontier: An Application for Citrus Producing Farms in Tunisia", *African Journal of Agricultural & Resource Economics*, 2007, Vol. 1, No. 2, pp. 1-15.

Dixon-Woods, S., et al., "How Can Systematic Reviews Incorporate Qualitative Research? A Critical Perspective", *Qualitative Research*, 2006, Vol. 6, No. 1, pp. 27-44.

Doerfliger, N., P. Y. Jeannin, F. Zwahlem, "Water Vulnerability Assessment in Karst Environments: A New Method of Defining Protection Areas Using a Multi-attribute Approach and GIS Tools", *Environmental Geology*, 1999, Vol. 39, No. 2, pp. 165-176.

Draoui, M., et al., "A Comparative Study of Four Vulnerability Mapping Methods in a Detritic Aquifer under Mediterranean Climatic Conditions", *Environmental Geology*, 2008, Vol. 54, No. 3, pp. 455-463.

Du, Y., A. Park, S. Wang, "Migration and Rural Poverty in China", *Journal of Comparative Economics*, 2005, Vol. 33, No. 4, pp. 688-709.

Döll, P., J. Zhang, "Impact of Climate Change on Freshwater Ecosystems: A Global-scale Analysis of Ecologically Relevant River Flow Alterations", *Hydrology and Earth System Sciences*, 2010, Vol. 14, pp. 783-799.

Döll, P., "Vulnerability to the Impact of Climate Change on Renewable Groundwater Resources: A Global-scale Assessment", *Environmental Research Letters*, 2009, Vol. 4, pp. 1-12.

Eakin, H., M. C. Lemos, "Institutions and Change: The Challenge of Building Adaptive Capacity in Latin America", *Global Environmental Change*, 2010, Vol. 20, pp. 1-3.

Esqueda, G. S. T., et al., "Vulnerability of Water Resources to Climate change Scenarios. Impacts on the Irrigation Districts in the Guayalejo-tamesí River Basin", *Atmósfera*, 2011, Vol. 24, No. 1, pp. 141-155.

Falkenmark, M., "The Massive Water Scarcity Now Threatening Africa: WhyIsn't it Being Addressed?", *Ambio*, 1989, Vol. 18, No. 2, pp. 112-118.

Famiglietti, J. S., "The Global Groundwater Crisis", *Nature climate change*, 2014, Vol. 4, No. 11, pp. 945-948.

Feng, S., et al., "Land Rental Market, Off-farm Employment and Agricultural Production in Southeast China", *China Economic Review*, 2010, Vol. 21, No. 4, pp. 598-606.

Feng, W., et al., "Evaluation of Groundwater Depletion in North China Using the Gravity Recovery and Climate Experiment (GRACE) Data and Ground - based Measurements", *Water Resources Research*, 2013, Vol. 49, pp. 2110-2118.

Fischer, G., et al., "Climate Change Impacts on Irrigation Water Requirements: Effects of Mitigation, 1990-2080", *Technological Forecasting & Social Change*, 2007, Vol. 74, No. 7, pp. 1083-1107.

Fishman, R., N. Devineni, S. Raman, "Can Improved Agricultural Water Use Efficiency Save India's Groundwater?", *Environmental Research Letters*, 2015, Vol. 10, No. 8, 084022.

Foster, S., C. J. Perry, "Improving Groundwater Resource Accounting in Irrigated Areas: A Prerequisite for Promoting Sustainable Use", *Hydrogeology Journal*, 2010, Vol. 18, No. 2, pp. 291-294.

Foster, S. S. D., "Fundamental Concepts in Aquifer Vulnerability, Pollution Risk and Protection Strategy", in: W. Van Duijvenbooden, H. G. Van Waegeningh (eds.), *Vulnerability of Soil and Groundwater to Pollutants*, TNO Committee on Hydrological Research, 1987, pp. 69-86.

Frind, E., J. Molson, D. Rudolph, "Well Vulnerability: A Quantitative Approach for Source Water Protection", *Ground Water*, 2006, Vol. 44, No. 5, pp. 732-742.

Gain, A. K. , C. Giupponi, F. G. Renaud, "Climate Change Adaptation and Vulnerability Assessment of Water Resources Systems in Developing Countries: A Generalized Framework and a Feasibility Study in Bangladesh", *Water*, 2012, Vol. 4, pp. 345–366.

Gallopín, G. C. , "Linkages between Vulnerability, Globa Environmental Change Resilience, and Adaptive Capacity", *Glob Environ Chan Hum Policy Dimens*, 2006, Vol. 16, No. 3, pp. 293–303.

Gebrehaweria , G. , R. E. Namara, S. Holden, "Poverty Reduction with Irrigation Investment: An Empirical Case Study from Tigray, Ethiopia", *Agricultural Water Management*, 2009, Vol. 96, No. 12, pp. 1837–1843.

Ghosh, S. , K. M. Cobourn, L. Elbakidze, "Water Banking, Conjunctive Administration, and Drought: The Interaction of Water Markets and Prior Appropriation in Southeastern Idaho", *Water Resources Research*, 2014, Vol. 50, pp. 6927–6949.

Giles J. , "Is Life More Risky in the Open? Household Risk–coping and the Opening of China's Labor Markets", *Journal of Development Economics*, 2006, Vol. 81, No. 1, pp. 25–60.

Gogu, R. C. , V. Hallet, A. Dassargues, "Comparison of Aquifer Vulnerability Assessment Techniques: Application to the Ne' blon River Basin (Belgium) ", *Environmental Geology*, 2003, Vol. 44, pp. 881–892.

Gogu, R. C. , A. Dassargues, "Current Trends and Future Challenges in Groundwater Vulnerability Assessment Using Overlay and Index Methods", *Environmental Geology*, 2000, Vol. 39, No. 6, pp. 549–559.

Goodwin, B. K. , A. K. Mishra , "Farming Efficiency and the Determinants of Multiple Job Holding by Farm Operators", *American Journal of Agricultural Economics*, 2004, Vol. 86, No. 3, pp. 722–729.

Green, G. , D. Sunding , Z. D. Parker, "Explaining Irrigation Technology Choices: A Microparameter Approach", *American Journal of Agricultural Economics*, 1996, Vol. 78, No. 4, pp. 1064–1072.

Grogan , D. S. , et al. , "Quantifying the Link between Crop Production and Mined Groundwater Irrigation in China", *Science of the Total Environment*, 2015, Vol. 511, pp. 161–175.

Guo, J., et al., "Attribution of Maize Yield Increase in China to Climate Change and Technological Advancement between 1980 and 2010", *Journal of Meteorological Research*, 2014, Vol. 28, pp. 1168–1181.

Hadjigeorgalis, E., "Managing Drought through Water Markets: Farmer Preferences in the Rio Grande Basin", *Journal of the American Water Resources Association*, 2008, Vol. 44, No. 3, pp. 594–605.

Halmova, D., M. Melo, "Climate Change Impact on Reservoir Water Supply Reliability," *Climate Variability and Change —Hydrological Impacts*, Proceedings of the Fifth FRIEND World Conference held at Havana, Guba, IAHS Publ. 308, 2006.

Halvorsen, R., R. Palmquist, "The Interpretation of Dummy Variables in Semilogarithmic Equations", *American Economic Review*, 1980, Vol. 70, No. 3, pp. 474–475.

Hamouda, M. A., M. EL-Din, F. Moursy, "Vulnerability Assessment of Water Resources Systems in the Eastern Nile Basin", *Water Resources Management*, 2009, Vol. 23, No. 13, pp. 2697–2725.

He, X., H. Cao, F. Li, "Econometric Analysis of the Determinants of Adoption of Rainwater Harvesting and Supplementary Irrigation Technology in the Semiarid Loess Plateau of China", *Agricultural Water Management*, 2007, Vol. 89, No. 3, pp. 243–250.

Hiscock, K., R. Sparkes, A. Hodgosn, "Evaluation of Future Climate Change Impacts on European Groundwater Resources", in: Treidel, H., Martin-Bordes, J. L., Gurdak, J. J. (eds.), *Climate Change Effects on Groundwater Resources: A Global Synthesis of Findings and Recommendations*, Taylor & Francis Publishing, 2012, pp. 351–366.

Hoekstra, A. Y., J. de Kok, "Adapting to Climate Change: A Comparison of Two Strategies for Dike Heightening", *Natural Hazards*, 2008, Vol. 47, No. 2, pp. 217–228.

Holly, H. , et al. , "Water Savings through Off - farm Employment", *China Agricultural Economic Review*, 2010, Vol. 2, No. 2, pp. 167-184.

Howitt, R. , et al. , "Economic Analysis of the 2014 Drought for California Agriculture", *Prepared for California Department of Food and Agriculture by UC Davis Center for Watershed Sciences and ERA Economics*, 2014.

Hua, Y. , et al. , "Agricultural Water - saving and Sustainable Groundwater Management in Shijiazhuang Irrigation District, North China Plain", *Journal of Hydrology*, 2010, Vol. 393, No. 3, pp. 219-232.

Huang, J. , L. Gao, S. Rozelle, "The Effect of Off-farm Employment on the Decisions of Households to Rent Out and Rent in Cultivated Land in China", *China Agricultural Economic Review*, 2012, Vol. 4, No. 1, pp. 5-17.

Huang, Q. , et al. , "Irrigation Water Demand and Implications for Water Pricing Policy in Rural China", *Environment and Development Economics*, 2010, Vol. 15, pp. 293-319.

Huang, Q. , J. Wang, Y. Li, "Do Water Saving Technologies Save Water? Empirical Evidence from North China", *Journal of Environmental Economics & Management*, 2016, Vol. 82, pp. 1-16.

Ibe, K. M. , G. I. Nwankwor, S. O. Onyekuru, "Assessment of Groundwater Vulnerability and its Application to the Development of Protection Strategy for the Water Supply Aquifer in Owerri, Southeastern Nigeria", *Environmental Monitoring and Assessment*, 2001, Vol. 67, No. 3, pp. 323-360.

IPCC, *Climate Change 2001: Working Group II: Impacts, Adaptation and Vulnerability, Contribution of Working Group II to the Third Assessment Report of the Intergovernmental Panel on Climate Change*, Cambridge: Cambridge University Press, 2001.

IPCC, *Climate change 2007: Impacts, Adaptation and Vulnerability, Contribution of Working Group II to the Fourth Assessment Report of the Inter-*

governmental Panel on Climate Change, Cambridge: Cambridge University Press, 2007.

IPCC, *Climate Change* 2013: *The Physical Science Basis. Contribution of Working Group I to the Fifth Assessment Report of the Intergovernmental Panel on Climate Change*, Cambridge: Cambridge University Press, 2013.

IPCC, *Climate Change* 2014: *Impacts, Adaptation, and Vulnerability. Part A: Global and Sectoral Aspects. Contribution of Working Group II to the Fifth Assessment Report of the Intergovernmental Panel on Climate Change*, Cambridge: Cambridge University Press, 2014.

IPCC, *Managing the Risks of Extreme Events and Disasters to Advance Climate Change Adaptation: A Special Report of Working Groups I and II of the Intergovernmental Panel on Climate Change*, Cambridge: Cambridge University Press, 2012.

Ito, Y., K. Momii, K. Nakagawa, "Modeling the Water Budget in a Deep Caldera Lake and its Hydrologic Assessment: Lake Ikeda, Japan", *Agricultural Water Management*, 2009, Vol. 96, No. 1, pp. 35-42.

Janssen, M. A., J. M. Anderies, "A Multi-method Approach to Study Robustness of Social - Ecological Systems: The Case of Small-scale Irrigation Systems", *Journal of Institutional Economics*, 2013, Vol. 9, No. 4, pp. 427-447.

Jeelani, G., "Aquifer Response to Regional Climate Variability in a Part of Kashmir Himalaya in India", *Hydrogeology Journal*, 2008, Vol. 16, No. 8, pp. 1625-1633.

Ji, C., et al. "Outsourcing Agricultural Production: Evidence from Rice Farmers in Zhejiang Province", *PLoS ONE*, 2017, Vol. 12, No. 1, e0170861.

Jia, P., Y. Du, M. Wang, "Rural labor migration and poverty reduction in China", *China & World Economy*, 2017, Vol. 25, No. 6, pp. 45-64.

Jiang, Q., R. Q. Grafton, "Economic Effects of Climate Change in the Murray – Darling Basin, Australia", *Agricultural Systems*, 2012, Vol. 110, pp. 10–16.

Jiménez Cisneros, B. E. , et al. , "Freshwater Resources", in: *Climate Change* 2014: *Impacts, Adaptation, and Vulnerability. Part A: Global and Sectoral Aspects. Contribution of Working Group* Ⅱ *to the Fifth Assessment Report of the Intergovernmental Panel on Climate Change* [Field, C. B. , V. R. Barros, D. J. Dokken, K. J. Mach, M. D. Mastrandrea, T. E. Bilir, M. Chatterjee, K. L. Ebi, Y. O. Estrada, R. C. Genova, B. Girma, E. S. Kissel, A. N. Levy, S. MacCracken, P. R. Mastrandrea, and L. L. White (eds.)], Cambridge University Press, Cambridge, United Kingdom and New York, NY, USA, 2014, pp. 229–269.

Jubeh, G. , Z. Mimi, "Governance and Climate Vulnerability Index", *Water Resources Management*, 2012, Vol. 26, No. 14, pp. 4147–4162.

Kaneko, S. , et al. , "Water Efficiency of Agricultural Production in China: Regional Comparison from 1999 to 2002", *Archives of Virology*, 2004, Vol. 145, No. 5, pp. 859–869.

Karagiannis, G. , V. Tzouvelekas, A. Xepapadeas, "Measuring Irrigation Water Efficiency with a Stochastic Production Frontier", *Environmental & Resource Economics*, 2003, Vol. 26, No. 1, pp. 57–72.

Karamouz, M. , E. Goharian, S. Nazif, "Reliability Assessment of the Water Supply Systems under Uncertain Future Extreme Climate Conditions", *Earth Interactions*, 2013, Vol. 17, pp. 1–27.

Kelly, P. M. , W. N. Adger, "Theory and Practice in Assessing Vulnerability to Climate Change and Facilitating Adaptation", *Climatic Change*, 2000, Vol. 47, No. 4, pp. 325–352.

Kim, Y. , E. S. Chung, "Fuzzy VIKOR Approach for Assessing the Vulnerability of the Water Supply to Climate Change and Variability in South Korea", *Applied Mathematical Modelling*, 2013, Vol. 37, No. 22, pp. 9419–9430.

Kimhi A. , "Family Composition and Off–Farm Participation Decisions in Israeli Farm Households", Labor and Demography 0307001, University Library of Munich, Germany, 2003.

Kiparsky, M., et al., "Potential Impacts of Climate Warming on Water Supply Reliability in the Tuolumne and Merced River Basins, California", *PLoS ONE*, 2014, Vol. 9, No. 1, e84946.

Kløve, B., et al., "Climate Change Impacts on Groundwater and Dependent Ecosystems", *Journal of Hydrology*, 2014, Vol. 518, pp. 250-266.

Knight J., L. Song, *Towards a Labour Market in China*, Oxford: Oxford University Press, 2005.

Kohler, T., et al., "Mountains and Climate Change: A Global Concern", *Mountain Research and Development*, 2010, Vol. 30, No. 1, pp. 53-55.

Kopp, R. J., "The Measurement of Productive Efficiency: A Reconsideration", *Quarterly Journal of Economics*, 1981, Vol. 96, pp. 477-503.

Kumbhakar, S. C., B. D. Bailey, "A Study of Economic Efficiency of Utah Dairy Farmers: A System Approach", *The Review of Economics and Statistics*, 1989, Vol. 71, No. 4, pp. 595-604.

Kung, K., "Off-Farm Labor Markets and the Emergence of Land Rental Markets in Rural China", *Journal of Comparative Economics*, 2002, Vol. 30, No. 2, pp. 395-414.

Kurosaki, I., "Weather Risk, Wages in Kind, and the Off-Farm Labor Supply of Agricultural Households in a Developing Country", *American Journal of Agricultural Economics*, 2009, Vol. 91, No. 3, pp. 697-710.

Lamb R., "Fertilizer Use, Risk, and Off-Farm Labor Markets in the Semi-Arid Tropics of India", *American Journal of Agricultural Economics*, 2011, Vol. 85, No. 2, pp. 359-371.

Larson, K. L., et al., "Vulnerability of Water Systems to the Effects of Climate Change and Urbanization: A Comparison of Phoenix, Arizona and Portland, Oregon (USA)", *Environmental Management*, 2013, Vol. 52, No. 1, pp. 179-195.

Lee, Y. H. , P. Schmidt, "A Production Frontier Model with Flexible Temporal Variation in Technical Inefficiency", in: Fried, H. O. , C. A. K. Lovell, P. Schmidt (eds.), *The Measurememt of Productive Efficiency: Techniques and Applications*, New York: Oxford University Press, 1993.

Li, K. , et al. , "Effects of Changing Climate and Cultivar on the Phenology and Yield of Winter Wheat in the North China Plain", *International Journal of Biometeorolgy*, 2016, Vol. 60, pp. 21-32.

Li, X. , G. Li, Y. Zhang, "Identifying Major Factors Affecting Groundwater Change in the North China Plain with Grey Relational Analysis", *Water*, 2014, Vol. 6, pp. 1581-1600.

Lien, G. , S. C. Kumbhakar, "Hardaker J B. Determinants of Off-farm Work and its Effects on Farm Performance: The Case of Norwegian Grain Farmers", *Agricultural Economics*, 2010, Vol. 41, No. 6, pp. 577-586.

Liggett, J. , et al. , "Intrinsic Aquifer Vulnerability Maps in Support of Sustainable Community Planning, Okanagan Valley, BC", In 59th Canadian Geotechnical Conference and 7th Joint CGS/IAH-CNC Groundwater Specialty Conference, Vancouver, BC, 2006.

Liggett, J. E. , S. Talwar, "Groundwater Vulnerability Assessments and Integrated Water Resource Management", *Watershed Management Bulletin*, 2009, Vol. 13, No. 1, pp. 18-29.

Lindley, S. , et al. , "Climate Change, Justice and Vulnerability", *European Journal of Operational Research*, 2011, Vol. 213, No. 213, pp. 442-454.

Lindoso, D. P. , et al. , "Integrated Assessment of Smallholder Farming's Vulnerability to Drought in the Brazilian Semi-arid: A Case Study in Ceará", *Climatic Change*, 2014, Vol. 127, pp. 93-105.

Liu, Y. , C. Sciences, "Determinants of Agricultural Water Saving Technology Adoption: An Empirical Study of 10 Provinces of China", *Ecological Economy*, 2008, Vol. 4, No. 4, pp. 462-472.

Liu, Y. , et al. , "Study on Water Resource Vulnerability Evaluation of Hani Terrace Core Area in Yuanyang, Yunnan", *Procedia Earth & Planetary Science*, 2012, Vol. 5, pp. 268-274.

Loch, A. , et al. , "Allocation Trade in Australia: A Qualitative Understanding of Irrigator Motives and Behavior", *Australian Journal of Agricultural and resource economics*, 2012, Vol. 56, No. 1, pp. 42-60.

Ma, W. , A. Abdulai, C. Ma, "The Effects of Off - farm Work on Fertilizer and Pesticide Expenditures in China", *Review of Development Economics*, 2018,, Vol. 22, No. 2, pp. 573-591.

Macchi, M. , "Framework for Climate-based Climate Vulnerability and Capacity Assessment in Mountain Areas", International Centre for Integrated Mountain Development (ICIMOD), Kathmandu, Nepal, 2011.

Macdonald, A. , et al. , "What Impact will Climate Change Have on Rural Groundwater Supplies in Africa?", *Hydrological Sciences Journal*, 2009, Vol. 54, No. 4, pp. 690-703.

Madramootoo, C. A. , H. Fyles, "Irrigation in the Context of Today's Global Food Crisis", *Irrigation and Drainage*, 2010, Vol. 59, pp. 40-52.

Manjunatha, A. V. , et al. , "Impact of Groundwater Markets in India on Water Use Efficiency: A Data Envelopment Analysis approach", *Journal of Environmental Management*, 2011, Vol. 92, pp. 2924-2929.

Marston, R. A. , "Land, Life, and Environmental Change in Mountains", *Annals of the Association of American Geographers*, 2008, Vol. 98, No. 3, pp. 507-520.

Masetti, M. , "Influence of Threshold Value in the Use of Statistical Methods for Groundwater Vulnerability Assessment", *Science of The Total Environment*, 2009, Vol. 407, pp. 3836-3846.

Mathenge M. , M. Smale, D. Tschirley, "Off-farm Employment and Input Intensification among Smallholder Maize Farmers in Kenya", *Journal of Agricultural Economics*, 2015, Vol. 66, No. 2, pp. 519-536.

McCabe, G. J. , D. M. Wolock, "Sensitivity of Irrigation Demand in a Humid-temperate Region to Hypothetical Climatic Change", *Journal of the*

American Water Resources Association, 1992, Vol. 28, No. 3, pp. 535-543.

McNulty, S., et al., "Robbing Peter to Pay Paul: Tradeoffs Between Ecosystem Carbon Sequestration and Water Yield", Proceeding of the Environmental Water Resources Institute Meeting. Madison, August 23-27, 2010. Madison, WI.

Medellin-Azuara, J., et al., "Adaptability and Adaptations of California' Swater Supply System to Dry Climate Warming", *Climatic Change*, 2008, Vol. 87, pp. S75-S90.

Meinzen-Dick, R., "Groundwater Markets in Pakistan: Participation and Productivity", Research Reports 105, International Food Policy Research Institute, Washington, D.C., 1996.

Miles, E. L., et al., "Assessing Regional Impacts and Adaptation Strategies for Climate Change: The Washington Climate Change Impacts Assessment", *Climatic Change*, 2010, Vol. 102, No. s1-2, pp. 9-27.

Mines, R., A. De Janvry, "Migration to the United States and Mexican rural development: A Case study", *American Journal of Agricultural Economics*, 1982, Vol. 64, No. 3, pp. 444-454.

Mukherji, A., "Groundwater Markets in Ganga-Meghna-Brahmaputra Basin: Theory and Evidence", *Economic and Political Weekly*, 2004, Vol. 31, pp. 3514-3520.

Neukum, C., H. Hötzl, "Standardization of vulnerability Maps", *Environmental Geology*, 2007, Vol. 51, No. 5, pp. 689-694.

Nkamleu, G., A. Adesina, "Determinants of Chemical Input Use in Peri-urban Lowland Systems: Bivariate Probit Analysis in Cameroon", *Agricultural Systems*, 2000, Vol. 63, No. 2, pp. 111-121.

Olsson, L., et al., "Livelihoods and poverty. 2014", in: *Climate Change* 2014: *Impacts, Adaptation, and Vulnerability. Part A: Global and Sectoral Aspects. Contribution of Working Group II to the Fifth Assessment Report of the Intergovernmental Panel on Climate Change* [Field, C. B., V. R. Barros, D. J. Dokken, K. J. Mach, M. D. Mastrandrea, T. E. Bilir,

M. Chatterjee, K. L. Ebi, Y. O. Estrada, R. C. Genova, B. Girma, E. S. Kissel, A. N. Levy, S. MacCracken, P. R. Mastrandrea, and L. L. White (eds.)], Cambridge University Press, Cambridge, United Kingdom and New York, NY, USA, 2014, pp. 793-832.

Pandey, R., S. Jha, "Climate Vulnerability Index-measure of Climate Change Vulnerability to Communities: A Case of rural Lower Himalaya, India", *Mitigation and Adaptation Strategies for Global Change*, 2012, Vol. 17, No. 5, pp. 487-506.

Pandey, R., S. kala, V. P. Pandey, "Assessing Climate Change Vulnerability of Water at Household Level", *Mitigation and Adaptation Strategies for Global Change*, 2015, Vol. 20, No. 8, pp. 1471-1485.

Pandey, V. P., et al., "Vulnerability of Freshwater Resources in Large and Medium Nepalese River Basins to Environmental Change", *Water Sci. Technol.*, 2010, Vol. 61, pp. 1525-1534.

Pandey, V. P., M. S. Babel, F. Kazama, "Analysis of a Nepalese Water Resources System: Stress, Adaptive Capacity and Vulnerability", *Water Sci. Technol.*, 2009, Vol. 9, pp. 213-222.

Pant, N., "Ground Water Issues in Eastern India", in: Meinzen-Dick, R., M. Svendsen (eds.) *Future Directions for Indian Irrigation: Research and Policy Issues*, Washington, D. C.: International Food Policy Research Institute (IFPRI), 1990, pp. 254-286.

Parish, W. L., Z. F. Li, "Nonfarm Work and Marketization of the Chinese Countryside", *The China Quarterly*, 1995, No. 143, pp. 697-730.

Peng, S., "Water Resources Strategy and Agricultural Development in China", *Journal of Experimental Botany*, 2011, Vol. 62, No. 6, pp. 1709-1713.

Pfeiffer L., L. Alejandro, J. E. TayLor, "Is Off-farm Income Reforming the Farm? Evidence from Mexico", *Agricultural Economics*, 2009, Vol. 40, No. 2, pp. 125-138.

Phimister, E., D. Roberts, "The Effect of Off-farm Work on the Intensity of Agricultural Production", *Environmental & Resource Economics*, 2006, Vol. 34, No. 4, pp. 493−515.

Piao, S., et al., "The Impacts of Climate Change on Water Resources and Agriculture in China", *Nature*, 2010, Vol. 467, No. 7311, pp. 43−51.

Pittock, J., C. M. Finlayson, "Australia's Murray−Darling Basin: Freshwater Ecosystem Conservation Options in an Era of Climate Change", *Marine and Freshwater Research*, 2011, Vol. 62, No. 3, pp. 232−243.

Plummer, R., et al., "An Integrative Assessment of Water Vulnerability in First Nation Communities in Southern Ontario, Canada", *Global Environmental Change*, 2013, Vol. 23, No. 4, pp. 749−763.

Plummer, R., R. D. Loee, D. Armitage, "A Systematic Review of Water Vulnerability Assessment Tools", *Water Resources Management*, 2012, Vol. 26, No. 15, pp. 4327−4346.

Pokhrel, A., "A Theory of Sustained Cooperation with Evidence from Irrigation Institutions in Nepal", PhD Dissertation, Massachusetts Institute of Technology (MIT) −Urban Studies and Planning, International Development, Political Economy. USA, 2014.

Porter, J. R., et al., "Food Security and Food Production Systems", in: *Climate Change 2014: Impacts, Adaptation, and Vulnerability. Part A: Global and Sectoral Aspects. Contribution of Working Group II to the Fifth Assessment Report of the Intergovernmental Panel on Climate Change* [Field, C. B., V. R. Barros, D. J. Dokken, K. J. Mach, M. D. Mastrandrea, T. E. Bilir, M. Chatterjee, K. L. Ebi, Y. O. Estrada, R. C. Genova, B. Girma, E. S. Kissel, A. N. Levy, S. MacCracken, P. R. Mastrandrea, and L. L. White (eds.)], Cambridge University Press, Cambridge, United Kingdom and New York, NY, USA, 2014, pp. 485−533.

Poussin, J., et al., "Exploring Regional Irrigation Water Demand Using Typologies of Farms and Production Units: An Example from Tunisia", *Agricultural Water Management*, 2008, Vol. 95, No. 8, pp. 973−983.

Raskin, P. , et al. , "Water Futures: Assessment of Long – range Patterns and Problems", Stockholm, Sweden: Stockholm Environment Institute, 1997.

Rind, D. , et al. , "Potential Evapotranspiration and the Likelihood of Future Drought", *Journal of Geophysical Research*, 1990, Vol. 95, No. DI, pp. 9983–10004.

Rodríguez Díaz, J. A. , E. Camacho Poyato, R. López Luque, "Model to Forecast Maximum Flows in On – demand Irrigation Distribution Networks", *Journal of Irrigation & Drainage Engineering*, 2007, Vol. 133, No. 3, pp. 222–231.

Rozelle, S. , et al. , "Leaving China's Farms: Survey Results of New Paths and 'Remaining' Hurdles to Rural Migration", *China Quarterly*, 1999, Vol. 158, pp. 367–393.

Rozelle, S. , J. Taylor, "Debrauw A. Migration, Remittances, and Agricultural Productivity in China", *American Economic Review*, 1999, Vol. 89, No. 2, pp. 287–291.

Schoengold, K. , D. L. Sunding, "The Impact of Water Price Uncertainty on the Adoption of Precision Irrigation Systems", *Agricultural Economics*, 2014, Vol. 45, No. 6, pp. 729–743.

Schoengold, K. , D. Sunding, G. Moreno, "Price Elasticity Reconsidered: Panel Estimation of an Agricultural Water Demand Function", *Water Resources Research*, 2006, Vol. 42, No. 9, pp. 2286–2292.

Schuck, E. , et al. , "Adoption of More Technically Efficient Irrigation Systems as a Drought Response", *International Journal of Water Resources Development*, 2005, Vol. 21, No. 4, pp. 651–662.

Seager, J. , "Perspectives and Limitations of Indicators in Water Management", *Regional Environmental. Change*, 2001, Vol. 2, No. 2, pp. 85–92.

Shah, T. , *Groundwater Markets and Irrigation Development: Political Economy and Practical Policy*, Bombay, India: Oxford University Press, 1993.

Shah, T. , "Innovations in Groundwater Management: Examples from

India", International Water Management Institute, 2011.

Shah, T., O. P. Stingh, A. Mukheryji, "Some Aspects of South A-sia's Groundwater Irrigation Economy: Analyses from a Survey in India, Pakistan, Nepal Terai and Bangladesh", *Hydrogeology Journal*, 2006, Vol. 14, No. 3, pp. 286-309.

Shahid, S., "Impact of Climate Change on Irrigation Water Demand of Dry Season Boro Rice in Northwest Bangladesh", *Climatic Change*, 2011, Vol. 105, pp. 433-453.

Shen, D., "Climate Change and Water Wesources: Evidence and Estimate in China", *Current. Science.*, 2010, Vol. 98, No. 8, pp. 1063-1068.

Shi, X., N. Heerink, Q. Futian, "Does Off-farm Employment Contribute to Agriculture-based Environmental Pollution? New Insights from a Village-level Analysis in Jiangxi Province, China", *China Economic Review*, 2011, Vol. 22, No. 4, pp. 524-533.

Shiferaw, B., V. Reddy, S. Wani, "Watershed Externalities, Shifting Cropping Patterns and Groundwater Depletion in Indian Semi-arid Villages: The Effect of Alternative Water Pricing Policies", *Ecological Economics*, 2008, Vol. 67, No. 2, pp. 327-340.

Silva, C., et al., "Predicting the Impacts of Climate Change—A Case Study of Paddy Irrigation Water Requirements in Sri Lanka", *Agricultural Water Management*, 2007, Vol. 93, pp. 19-29.

Sivakumar, B., "Water Crisis: From Conflict to Cooperation—an Overview", *Hydrological Sciences Journal*, 2011, Vol. 56, No. 4, pp. 531-552.

Smit, B., J. Wandel, "Adaptation, Adaptive Capacity and Vulnerability", *Global Environmental Change*, 2006, Vol. 16, No. 3, pp. 282-292.

Smithers, J., B. Smit, "Human Adaptation to Climatic Variability and Change", *Global Environmental Change*, 1997, Vol. 7, No, 2, pp. 129-146.

Sorichetta, A., et al., "Reliability of Groundwater Vulnerability Maps Obtained through Statistical Methods", *Journal of Environmental*

Management, 2011, Vol. 92, pp. 1215-1224.

Soutter, M., A. Musy, "Coupling 1D Monte-carlo Simulations and Geostatistics to Assess Groundwater Vulnerability to Pesticide Contamination on a Regional Scale", *Journal of Contaminant Hydrology*, 1998, Vol. 32, No. 1-2, pp. 25-39.

Speelman, S., et al., "Technical Efficiency of Water Use and its Determinants, Study at Small-scale Irrigation Schemes in North-West Province, South Africa", *Seminar of the EAAE: Pro-poor Development in Low Income Countries: Food, Agriculture, Trade, & Environment*, Montpellier, France, 2007.

Stark O., *The Migration of Labor*, Cambridge, Massachusetts: Basil Blackwell, 1991.

Stark, O., D. Bloom, "The New Economics of Labor Migration", *American Economic Review*, 1985, Vol. 75, No. 2, pp. 173-178.

Stark, O., D. E. Bloom, "The New Economics of Labor Migration," *American Economic Review*, 1985, Vol. 75, No. 2, pp 173-178.

Stark, O., D. Levhari, "On Migration and Risk in LDCs", *Economic Development and Cultural Change*, 1982, Vol. 31, No. 1, pp. 191-196.

Stark, O., "Bargaining, Altruism and Dmographic Phenomena", *Population and Development Review*, 1984, Vol. 10, pp. 679-92.

Stark, O., J. Taylor, "Migration Incentives, Migration Types: The Role of Relative Deprivation", *The Economic Journal*, 1991, Vol. 1, pp. 1163-1178.

Strosser, P., R. Meinzen-Dick, "Groundwater Markets in Pakistan: An Analysis of Selected Issues", in: Moench, M. (ed.), *Selling Water: Conceptual and Policy Debates over Groundwater Markets in India*, Gujarat, India: VIKSAT, Pacific Institute, Natural Heritage Institute, 1994.

Su, W., et al., "Household-level Linkages Between Off-farm Employment and Agricultural Fixed Assets in Rural China", *China Agricultural Economic Review*, 2015, Vol. 7, No. 2, pp. 185-196.

Sullivan, C. A., et al., "The Water Poverty Index: Development and Application at the Community Scale", *Natural Resources Forum*, 2003, Vol. 27, pp. 189–199.

Sullivan, C. A., J. Meigh, "Integration of the Biophysical and Social Sciences Using an Indicator Approach: Addressing Water Problems at Different Scales", *Water Resources Management*, 2007, Vol. 21, pp. 111–128.

Sullivan, C. A., "Quantifying Water Vulnerability: A Multi-dimensional Approach", *Stochastic Environmental Research and Risk Assessment*, 2011, Vol. 25, No. 4, pp. 627–640.

Sun, S., et al., "Analysis of Spatial and Temporal Characteristics of Water Requirement of Winter Wheat in China", *Transactions of the Chinese Society of Agricultural Engineering*, 2013, Vol. 29, pp. 72–82.

Tang, J., "Demand-oriented Irrigation Water Management in Northwestern China: Methodologies, Empirics, Institutions and Policies", phD Dissertation, University of Groningen, 2015.

Taylor J. E., S. Rozelle, A. de Brauw, "Migration and Incomes in Source Communities: A New Economics of Migration Perspective from China", *Economic Development and Cultural Change*, 2003, Vol. 52, No. 1, pp. 75–101.

Taylor, O., "Relative Deprivation and International Migration Oded Stark", Demography, 1989, Vol. 26, No. 1, pp. 1–14.

Thompson T., H. Pang, Y. Li, "The Potential Contribution of Subsurface Drip Irrigation to Water-saving Agriculture in the Western USA", *Journal of Integrative Agriculture*, 2009, Vol. 8, No. 7, pp. 850–854.

Turner, B. L., et al., "A Framework for Vulnerability Analysis in Sustainability Science", *Proceedings of the National Academy of Sciences*, 2003, Vol. 100, No. 14, pp. 8074–8079.

United Nations Development Programme (UNDP), "Reducing Disaster Risk: A Challenge for Development", New York: UNDP, Bureau for Crisis Prevention and Recovery (BRCP), 2004.

Uricchio, V. F. , R. Giordano, N. Lopez, "A Fuzzy Knowledge-based Decision Support System for Groundwater Pollution Risk Evaluation", *Journal of Environmental Management*, 2004, Vol. 73, No. 3, pp. 189-197.

Van Stempvoort, D. , L. Evert, L. Wassenaar, "Aquifer Vulnerability Index: A GIS Compatible Method for Groundwater Vulnerability Mapping", *Canadian Water Resources Journal*, 1993, Vol. 18, pp. 25-37.

Verba, J. , A. Zaporozec, "Guidebook on Mapping Groundwater Vulnerability", *Journal of Physics A: Mathematical and Theoretical*, 1994, Vol. 44, No. 8, pp. 1-8.

Vías, J. M. , et al. , "A Comparative Study of Four Schemes for Groundwater Vulnerability Mapping in a Diffuse Flow Carbonate Aquifer under Mediterranean Climatic Conditions", *Environmental Geology*, 2005, Vol. 47, No. 4, pp. 586-595.

Wan, L. , et al. , "Sensitivity and Vulnerability of Water Resources in the Arid Shiyang River Basin of Northwest China", *Journal of Arid Land*, 2014, Vol. 6, No. 6, pp. 656-667.

Wang, C. , et al. , "Impacts of Migration on Household Production Choices: Evidence from China", *Journal of Development Studies*, 2014, Vol. 50, No. 3, pp. 413-425.

Wang, E. , et al. , "Climate, Agricultural Production and Hydrological Balance in the North China Plain", *International Journal of Climatology*, 2008, Vol. 28, pp. 1959-1970.

Wang, J. , et al. , "Changing to More Efficient Irrigation Technologies in Southern Alberta (Canada): An Empirical Analysis", *Water International*, 2015, Vol. 40, No. 7, pp. 1040-1058.

Wang, J. , et al. , "Do Incentives Still Matter for the Reform of Irrigation Management in the Yellow River Basin in China", *Journal of Hydrology*, 2014, Vol. 517, pp. 584-594.

Wang, J. , et al. , "Empirical Research on the Change of Irrigation Management Patterns and Its Impacts on Crop Water Use," *Geographical*

Research, 2011, Vol. 30, No. 9, pp. 1683-1692.

Wang, J., et al., "Forty Years of Irrigation Development and Reform in China", *Australian Journal of Agricultural and Resource Economics*, 2020, Vol. 64, No. 1, pp 126-149.

Wang, J., et al., "Incentives in Water Management Reform: Assessing the Effect on Water Use, Production, and Poverty in the Yellow River Basin", *Environment and Development Economics*, 2005, Vol. 10, pp. 769-799.

Wang, J., et al., "Privatization of Tubewells in North China: Determinants and Impacts on Irrigated Area, Productivity and the Water Table", *Hydrogeology Journal*, 2006, Vol. 14, pp. 275-285.

Wang, J., et al., "The Development, Challenges and Management of Groundwater in Rural China", in: *The Agricultural Groundwater Revolution: Opportunities and Threats to Development* [M. Giordano and K. G. Villholth (eds.)], 2007, pp. 37-62.

Wang, J., et al., "Understanding the Water Crisis in Northern China: How do Farmers and the Government Respond", *International Journal of Water Resources Development*, 2009, Vol. 25, No. 1, pp. 141-158.

Wang, J., et al., "Water Resources Management Strategy for Adaptation to Droughts in China", *Mitigation & Adaptation Strategies for Global Change*, 2012, Vol. 17, No. 8, pp. 923-937.

Wang, J., J. Huang, J. Yang, "Overview of Impacts of Climate Change and Adaptation in China's Agriculture", *Journal of Integrative Agriculture*, 2014, Vol. 13, No. 1, pp. 1-17.

Wang, J., J. Huang, S. Rozelle, "Evolution of Tubewell Ownership and Production in the North China Plain", *Australian Journal of Agricultural and Resource Economics*, 2005, Vol. 49, No. 2, pp. 177-195.

Wang, J., J. Huang, T. Yan, "Impacts of Climate Change on Water and Agricultural Production in Ten Large River Basins in China", *Journal of Integrative Agriculture*, 2013, Vol. 12, No. 7, pp. 1267-1278.

Wang, J. , L. Zhang, J. Huang, "How Could We Realize a Win-win Strategy on Irrigation Price Policy? Evaluation of a Pilot Reform Project in Hebei Province, China", *Journal of Hydrology*, 2016, Vol. 539, pp. 379-391.

Wang, J. , "The Impact of Climate Change on China's agriculture", *Agricultural Economics*, 2009, Vol. 40, pp. 323-337.

Wang, X. , F. B. Ma, J. Y. Li, "Water Resources Vulnerability Assessment Based on the Parametric-system Method: A Case Study of the Zhangjiakou Region of Guanting Reservoir Basin, North China", *Procedia Environmental Sciences*, 2012, Vol. 13, pp. 1204-1212.

Wang, X. Y. , Q. Zhang, "Poverty under Drought: An Agro-pastoral Village in North China", *Journal of Asian Public Policy*, 2010, Vol. 3, No. 3, pp. 250-262.

Wang, Y. , C. Chen, E. Araral, "The Effects of Migration on Collective Action in the Commons: Evidence from Rural China", *World Development*, 2016, Vol. 88, pp. 79-93.

Wei, L. , G. Lu, The Research on Price Elasticity of Agricultural Water Demand in Chahayang Irrigation Area, Orient Acad Forum Marrickville, 2009.

Wei, M. , "Evaluating AVI and DRASTIC for Assessing Pollution Potential in the Lower Fraser Valley, British Columbia: Aquifer Vulnerability and Nitrate Occurrence", In CWRA 51st Annual Conference - Mountains to Sea: Human Interaction with the Hydrologic Cycle, Victoria, BC, 1998.

Weiβ, M. , J. Alcamo, "A Systematic Approach to Assessing the Sensitivity and Vulnerability of Water Availability to Climate Change in Europe", *Water Resources Research*, 2011, Vol. 47, No. 2, pp. 2144-2150.

Wheeler, S. , et al. , "Price Elasticity of Water Allocation Demand in the Goulburn-Murray Irrigation District", *Aust. J. Agric. Resour. Econ.*, 2008, Vol. 52, pp. 37-55.

Wheeler, S. , et al. , "Reviewing the Adoption and Impact of Water Markets in the Murray-Darling Basin, Australia", *Journal of Hydrology*,

2014, Vol. 518, pp. 28-41.

Wheeler, S., et al., "The Changing Profile of Water Traders in the Goulburn-Murray Irrigation District, Australia", *Agricultural Water Management*, 2010, Vol. 97, No. 9, pp. 1333-1343.

Wheeler, S., et al., "Who Trades Water Allocations? Evidence of the Characteristics of Early Adopters in the Goulburn-Murray Irrigation District, Australia 1998 - 1999", *Agricultural Economics*, 2009, Vol. 40, No. 6, pp. 631-643.

Woldeamlak, S., O. Batelaan, F. Smedt, "Effects of Climate Change on the Groundwater System in the Grote-Nete Catchment, Belgium", *Hydrogeology Journal*, 2007, Vol. 15, pp. 891-901.

Wooldridge, J., *Econometric Analysis of cross Section and Panel Data*, MIT Press Books, The MIT Press, 2010.

Wooldridge, J., *Solutions Manual and Supplementary Materials for Econometric Analysis of Cross Section and Panel Data*, MIT Press Books, The MIT Press, Edition 1, Vol. 1, 2003.

Wooldridge, J., "Simple Solutions to the Initial Conditions Problem in Dynamic, Nonlinear Panel Data Models with Unobserved Heterogeneity", *Journal of Applied Econometrics*, 2005, Vol. 20, No. 1, pp: 39-54.

Wooldridge, J., *Introductory Econometrics: A Modern Approach*, Cincinnati: South-Western College Publishing, 2016.

Wu, G., et al., "A Dynamic Model for Vulnerability Assessment of Regional Water Resources in Arid Areas: A Case Study of Bayingolin, China", *Water Resour Manage*, 2013, Vol. 27, pp. 3085-3101.

Wu, W., et al., "Groundwater Vulnerability Assessment and Feasibility Mapping Under Reclaimed Water Irrigation by a Modified DRASTIC Model", *Water Resources Management*, 2014, Vol. 28, No. 5, pp. 1219-1234.

Xu, X., et al., "Assessing the Groundwater Dynamics and Impacts of water Saving in the Hetao Irrigation District, Yellow River basin", *Agricultural Water Management*, 2010, Vol. 98, No. 2, pp. 301-313.

Yang, J., et al., "Migration, Local Off-farm Employment, and Agricultural Production Efficiency: Evidence from China", *Journal of Productivity Analysis*, 2016, Vol. 45, No. 3, pp. 247-259.

Yang, Y., J. Wang, H. Chen, "Assessment on Water Supply Reliability of Different Irrigation Water Sources", *China Population, Resources and Environment*, 2012, Vol. 22, No. 11, pp. 1-4.

Yi, C., "Off-farm Employments and Land Rental Behavior: Evidence from Rural China", *China Agricultural Economic Review*, 2008, Vol. 8, No. 1, pp. 37-54.

Yin, N., et al., "Impacts of Off-farm Employment on Irrigation Water Efficiency in North China", *Water*, 2016, Vol. 8, No. 10, pp. 452-467.

Yoo S., J. Choi, M. Jang, "Estimation of Design Water Requirement Using FAO Penman - Monteith and Optimal Probability Distribution Function in South Korea", *Agricultural Water Management*, 2008, Vol. 95 No. 7, pp. 845-853.

Yu, X., et al., "A Review of China's Water Management", *Sustainability*, 2011, Vol. 7, pp. 5773-5792.

Zhang, L., et al., "Development of Groundwater Markets in China: A Glimpse into Progress", *World Development*, 2008, Vol. 36, No. 4, pp. 706-726.

Zhang, L., et al., "Impact of the Methods of Groundwater Access on Irrigation and Crop Yield in the North China Plain: Does Climate Matter?", *China Agricultural Economic Review*, 2016, Vol. 8, No. 4, pp. 613-633.

Zhang, L., et al., "Off-farm Employment over the Past Four Decades in rural China", *China Agricultural Economic Review*, 2018, Vol. 10, No. 2, pp. 190-214.

Zhang, L., "Accessing Groundwater and Agricultural Production in China", *Agricultural Water Management*, 2010, Vol. 97, pp. 1609-1616.

Zhang, Z., et al., "Groundwater Dynamics under Water Saving Irrigation and Implications for Sustainable Water Management in an Oasis: Tarim River Basin of Western China", *Hydrology & Earth System Sciences*, 2014, Vol. 18, No. 10, pp. 3951–3967.

Zhang, Z., H. Cai, "Effects of Regulated Deficit Irrigation on Plastic-mulched cotton", *Journal of Northwest Sci-Tech University of Agriculture and Forestry*, 2001, Vol. 29, pp. 9–12.

Zhao, Y., "Causes and Consequences of Return Migration: Recent Evidence from China", *Journal of Comparative Economics*, 2002, Vol. 30, No. 2, pp. 376–394.

Zhou, S., et al., "Factors Affecting Chinese Farmers' Decisions to Adopt a Water-saving Technology", *Canadian Journal of Agricultural Economics*, 2008, Vol. 56, No. 1, pp. 51–61.

Zhou, Y., et al., "Factors Affecting Farmers Decisions on Fertilizer Use: A Case Study for the Chaobai Watershed in Northern China", *Journal of Sustainable Development*, 2010, Vol. 4, No. 1, pp. 80–102.

Zhou, Y., "Vulnerability and Adaptation to Climate Change in North China: The Water Sector in Tianjin", Hamburg University and Centre for Marine and Atmosphere Science, Hamburg: Research Unit Sustainability and Global Change, 2004.

Zia, S., et al., "Understanding the Farmers Behaviour towards Water Saving Irrigation Technologies", Conference on International Research on Food Security, Natural Resource Management and Rural Deve lopment, University of Bonn, 2011.

Zou X., et al., "Cost-effectiveness Analysis of Water-saving Irrigation Technologies Based on Climate Change Response: A Case Study of China", *Agricultural Water Management*, 2013, Vol. 129, pp. 9–20.

Zuo, A., et al., "Measuring Price Elasticities of Demand and Supply of Water Entitlements Based on Stated and Revealed Preference Data", *American Journal of Agricultural Economics*, 2016, Vol. 98, No. 1, pp. 314–332.

后　记

这本书的背后实际上是一个长期的研究过程，研究思想的形成得益于深入的农村调查实践，其中，有很多人的付出。

就拿这本书分析所用的实地调查数据来说，最早可推到 2001 年，那时，本书的作者之一王金霞教授就是问卷的主要设计者、调查的组织者和管理者。该调查被命名为"中国水资源制度和管理调查"（简称 CWIM），从 2001 年的首轮调查开始，到 2016 年第五轮调查结束，前后跨越了 16 年，参加调查的人员约 200 人，这在同类农村实地调查中是极少见的。长期的追踪调查为深入、持续地开展农村水资源管理相关研究奠定了基础。本书关注的农村经济转型和气候变化对农户灌溉行为的影响，以及适应性灌溉管理的成效，就是基于五轮调查数据开展的研究成果，体现了研究的动态性和发展性。

长期的研究离不开协作的团队和领队人对团队成员的培养。离开了这一点，本书也就不会存在。第一作者张丽娟 2003 年师从王金霞教授开展水资源管理方面的研究，她也是第二轮（2004 年）、第三轮（2008 年）、第四轮（2012 年）和第五轮（2016 年）调查的领队之一。她的硕士论文和博士论文的研究方向都是地下水灌溉管理，在王老师指导下最先在国内关注农民自发形成的地下水灌溉服务市场。本书的部分内容也是这一研究的延续。第二作者姜雨婷是王金霞教授 2015 级的博士研究生，参加过多次农村调查，研究的方向是劳动力转移、农业资源与环境管理，在农村劳动力转移对农户灌溉决策影响的研究方面投入三年多时间，做了大量工作，为本书的形成做出了重要贡献。第四作者孙天合 2013 年师从王金霞教授主要从事水资源经济与环境管理等领域的研究，也是第五轮调查的带队人之一，在本书研究的数据分析过程中发挥了重要作用，在本书的撰写和完善过程中有重要贡献。因此，本书是团队研究成果的体现。上篇除了第七章外，主要由姜雨婷执笔；第七章和下篇章节主要由张丽娟执笔；王金霞教授对全书内容进行了补充和完善；孙天合参与了全书的设计和修订。

此外，本书的完成离不开北京大学中国农业政策研究中心（CCAP）名誉主任、北京大学新农村发展研究院院长黄季焜教授的支持和指导。他那种"勤恳严谨做学问，潜心科研惠三农"的精神影响着团队里的每一个人。在研究过程中，黄教授在调查问卷设计、调查开展、论文模型建立与数据分析等方面都给予了深入的指导，提出了极具建设性的意见。感谢美国斯坦福大学的 Scott Rozelle 教授和阿肯色大学的黄秋琼教授，他们在数据的收集、整理和分析以及模型建立方面给予了很多启发。CCAP 的多位老师和同学，曾在不同环节提供了帮助，未能一一列举，在此一并致谢。感谢所有参与过 CWIM 调查的 CCAP 和非 CCAP 的学生和研究助理等。最后，还要感谢中国社会科学出版社的刘晓红老师在书稿修改过程中的辛苦付出，刘老师的认真、敬业和专业让我们由衷钦佩。

需要说明的是，虽然书稿经历了多轮审核与校对，难免仍有不足之处，敬请读者批评指正。

张丽娟　姜雨婷

王金霞　孙天合

2022 年 4 月 22 日